普通高等教育“十二五”规划教材
国家示范性软件学院系列教材
高等学校规划教材

软件项目管理

杨律青　编著
张金隆　主审

電子工業出版社
Publishing House of Electronics Industry
北京·BEIJING

内 容 简 介

本书是国家示范性软件学院教学成果，以作者多年来信息系统开发经验、软件项目管理经验、软件学院教学经验为基础，以 PMBOK 体系进行内容组织，详细介绍了具备“软件开发”特色的项目管理，将最新软件开发技术和项目管理贯穿到整个软件项目开发的过程中去。内容包括软件开发过程管理、软件项目时间管理、软件项目质量管理、软件团队建设、软件项目成本管理、软件项目沟通管理、软件项目风险管理、软件整体管理等。

本书全面系统，实践性强，融合了软件工程、软件开发过程等思想精华。案例和实验内容丰富，采用大量案例来解释和验证软件项目管理的基本概念、基本原理及基本方法。本书配有 PPT、实验与课程设计、项目管理文档等教学资源，可登录电子工业出版社华信教育资源网（www.hxedu.com.cn），免费注册下载。

本书可作为高等学校软件项目管理课程的教材，也可作为从事软件项目管理、软件系统分析与设计、软件开发及应用等工作人员的参考书。

图书在版编目（CIP）数据

软件项目管理/杨律青编著．—北京：电子工业出版社，2012.1
高等学校规划教材
ISBN 978-7-121-13666-5

I．①软… II．①杨… III．①软件开发－项目管理－高等学校－教材 IV．①TP311.52

中国版本图书馆 CIP 数据核字（2011）第 100340 号

策划编辑：史鹏举
责任编辑：史鹏举
印　　刷：北京虎彩文化传播有限公司
装　　订：北京虎彩文化传播有限公司
出版发行：电子工业出版社
北京市海淀区万寿路 173 信箱　　邮编　100036
开　　本：787×1092　1/16　印张：15.75　字数：500 千字
版　　次：2012 年 1 月第 1 版
印　　次：2023 年 1 月第 13 次印刷
定　　价：30.00 元

凡所购买电子工业出版社图书有缺损问题，请向购买书店调换。若书店售缺，请与本社发行部联系，联系及邮购电话：（010）88254888。

质量投诉请发邮件至 zlts@phei.com.cn，盗版侵权举报请发邮件至 dbqq@phei.com.cn。

服务热线：（010）88258888。

前　　言

信息技术被视为 21 世纪——知识经济时代的前奏曲。在信息技术革命中，软件无疑扮演了极其重要的角色。据 IDC 统计，全球软件业的年均增长率一直保持在 15%～20%，在许多经济发达国家，软件产业的地位被提到空前的高度。软件产业作为一个独立形态的产业，正在各国的经济中占据越来越举足轻重的地位，它的影响和重要性已经走过了一段长长的路。信息产业及其技术的竞争也必将走向国际化，而我国的信息产业要有一个跨越式的发展，最核心的问题是提高民族软件的竞争力。一个国家软件的发达程度，也在一定程度上体现了国家的综合国力，决定着国家未来的国际竞争地位。

中国的软件产业发展非常迅速，但中国软件企业却很难做强做大，可持续发展的企业比例很少，这并非中国软件市场不够大和不够规范。随着业务的快速发展，中国大型集团公司的企业信息化大型项目，大部分都是使用国外知名软件产品，或与国外公司签约合作开发，主要原因是我们国内设计、开发和实施复杂大型软件的能力比较弱，软件项目失败率也很高。据 Standish Group 公布了一项软件行业的调查报告：在中国，大约 70%的软件项目超出预定开发周期，大型项目平均超出计划交付时间 20%～50%，90%以上的软件项目开发费用超出预算，并且项目越大，超出项目计划的程度越高。要改变这一现状，必须造就一批真正能够设计复杂系统的高级系统分析设计人员、一群有丰富经验的高级项目管理人员，才有可能逐渐使中国的软件产业与发达国家的软件业相抗衡。

企业应用软件是目前应用范围最广的软件，也是本书研究案例的重点，通过项目实施形成的企业应用软件，其功能是辅助企业的管理和决策，为企业各层面的人员(包括基层作业人员、中层主管和高层决策者)提供准确、及时、有效和实用的信息，实现日常办公的电子化，提高企业员工的工作效率和协同作业能力，最终达到提高企业核心竞争力和企业生产力的目的。企业应用软件项目实施的目标是，在既定的时间、成本上，实现软件的功能，保证软件的质量。

然而，企业应用软件项目的实施面临着越来越多的问题，企业应用软件(特别是大中型企业的应用软件)项目实施的失效，造成越来越大的经济损失，这个问题一直被国内外许多专家关注，提出了许多解决问题的方法。如软件工程、RUP、CMM、软件项目管理等，但面对众多的理论、标准和方法，它们有通用性强、标准化、理论性强，而实用性和针对性不足的问题，企业应用软件项目的管理者难以从大量的现有理论中选择和积累适合于自身企业软件项目管理方法、开发过程。它们在减小和量化大中型企业应用软件项目的风险方面，感到难以找到清晰的思路，在实际实施中难以控制和管理项目风险。企业应用软件项目管理中存在的问题不能很好地解决，必然导致企业应用软件的目标难以实现。

本书从软件立项开始到项目维护，结合软件行业的特点，分别针对软件产品与定制软件而组织编写。本书以解决软件项目实施中面临的问题作为开发点，以 PMI(国际项目管理协会)和 PMP(美国项目管理学会)提出的 PMBOK(项目管理知识结构体系)的九大知识领域内容为主线，着重探讨软件项目管理方法、软件的开发过程及改进、应用软件的技术实现等关键技术和问题，形成一套结构严谨、内容全面、科学而实用的软件项目管理和实施方法。本书的特点如下：

- 紧密结合软件项目的案例(如 MIS、ERP、OA、EC 等实际的 IT 项目)，书中介绍许多软件企业的实际案例，这些案例大多数是本书作者在中国软件企业工作近二十年中，担任 CIO、技术经理、大中型项目经理期间亲自经历的案例，因而分析透彻，具有很高的实用性，是作者二十年 IT 项目管理经验的总结与知识结晶。
- 结合 IT 行业企业背景，体现 IT 最新技术，本书将结合物联网、云计算、SOA 等新的 IT 技术。

- 按最新的 PMBOK 的知识体系展开和组织，知识全面系统，还融合了软件工程、ISO 9000-3、CMM、RUP、PSP、TSP、XP 等思想与精华。
- 本书提出作者独创的企业应用软件项目实施方法模型，从过程维、管理维和技术维来全面而系统地论述软件项目管理的内涵。
- 本书结合多年的《软件项目管理》教学经验，将介绍软件 Project、Rational Rose、Visio、Vss 等实用工具的使用。
- 本书用建模工具产生的图文、调查研究的数据来说明和解释抽象的项目管理概念和原理，内容通俗、直观和容易理解。

软件项目管理是“建设有软件行业特色的项目管理”，本书从软件开发的社会化的角度出发，指出社会化协同作业中必须有各种类型的管理，它的思想和行为整合了软件开发的技术特征，并贯穿到整个开发的过程中去。它是有“软件开发”特色的项目管理，是当今软件开发和项目管理这两门实用学科的交集，本书概括了软件项目管理成功的要素和经验总结。

本书由多位作者合著，由有多年软件项目管理实践经验的高校教师、多年信息技术开发经验的高级工程师和顾问组成，强调实用性，充分体现技术性，避免过多理论性，减少抽象性。更好地帮助同学们系统地理解和掌握软件项目管理的各项原理、方法、技能和工具，并能很好地运用到现实的项目管理中去。本书希望读者达到的目标如下：

- 系统掌握国际(项目)管理的新理念与新知识
- 了解软件项目管理基本方法与工具的使用
- 总结沉淀已久的工作(项目)管理经验
- 系统而科学提升项目管理水平
- 重新审视企业与组织的现状及发展
- 帮助自身职业新一轮的发展

教育部管理科学与工程类专业教学指导委员会委员、全国工商管理硕士(MBA)教学指导委员会委员、华中科技大学管理学院院长张金隆教授对本书进行了主审，并给予很多宝贵意见。在此，对张金隆教授表示衷心的感谢！

本书可作为高等院校计算机和管理类相关专业，如计算机应用、软件工程、信息管理等专业的教材和参考书。

本书作者为本书的编写投注了很多的时间与精力，阅读了大量书籍文献，也参考了专业网站的文章，力图将自身的经验系统化地论述，但由于时间的原因，书中仍有许多不足，敬请读者指正。

编著者

目　　录

第1章　软件项目及项目管理概述

无论是“软件”、“项目”、“项目管理”，还是“软件项目”和“软件项目管理”，已经越来越被人们所熟悉，而且普遍存在于我们生活、工作和社会的各方面。本章将介绍软件、项目、项目管理、软件项目和软件项目管理的定义，说明软件和项目的特征，项目管理学科的发展及项目管理的知识体系(PMBOK)的组成等内容。通过这些内容的讲解，让读者掌握必要的基本概念。

1.1　软件概念及其发展

软件行业是一个极具挑战性和创造性的新行业，本节主要介绍软件的基本概念及其发展过程，阐述企业应用软件的特点。

1.1.1　软件及其特点

什么是软件呢？我们的日常生活和工作已离不开软件，不止在你的PC和iPad中有软件。在家里，手机、游戏机和PDA、家用电器中都有嵌入式软件；走在大街上，我们看到的大屏幕显示系统、公交车的E卡通读写器、的士车的GPS系统，都需要软件支持；走进银行和商场，都需要计算机系统管理和处理事务，有的货物还通过电子标签进行跟踪。总之，有计算机的地方就离不开软件。如果说，20世纪80年代软件还是比较陌生的专有名词的话，到20世纪90年代，软件逐渐被人们认识。进入21世纪，软件已经深入到我们生活中，那么，怎样定义这个看似熟悉又难于下准确定义的名词呢？

软件是计算机系统中与硬件相互依存的另一部分，软件和硬件似乎是一对分不开的孪生兄弟，就好像随身听和磁带的关系。软件通常被人理解成计算机硬件上运行的程序，其实，软件除了包括程序外，还包括数据及其相关文档，是三者完整集合。其中，程序是依据硬件的配置情况，按事先设计的功能和性能要求执行的指令序列；数据是使程序能正常操纵信息的数据结构；文档是与程序开发、维护和使用有关的图文材料。

软件的特点是：

(1) 软件是一种逻辑实体，而不是具体的物理实体。因而它具有抽象性，软件看不见、摸不着，但可存储在磁盘、磁带中，通过运行表现出其功能和性能特征。

(2) 软件的生产与硬件不同，硬件生产与其他实物产品一样，有一个生产流程，而软件却没有明显的制造过程，虽然软件工程规定了软件开发的若干环节(里程碑)，但各环节间的工作可以交互进行、可以回溯进行等。但对软件的质量控制，也必须着重在软件开发的每个环节上下工夫。

(3) 在软件的运行和使用期间，没有硬件那样的机械磨损、老化问题。任何机械、电子设备在运行和使用中，其失效率大都遵循如图1.1(a)所示的U形曲线(即浴盆曲线)。软件的情况与硬件不同，因为它不存在磨损和老化问题，然而存在退化问题，随着技术环境的变化，需要不断升级，对于某一应用软件来说，如果业务发生变化，软件也往往需要修改和完善。因此，软件通常必须要多次修改或维护，修改后，失效率又降低，重复多次后，形成如图1.1(b)所示的曲线。

(4) 软件的开发和运行常常受到计算机系统的限制，对计算机系统有着不同程度的依赖性。为了解除这种依赖性，在软件开发中提出了软件移植的问题。20世纪90年代后期，Java语言非常热门、流行，Java编写出来的软件，具有好的可移植性，或者说平台无关性，因此，微软又隆重推出了.NET平台及C#语言，与基于Java技术的J2EE平台相抗衡。

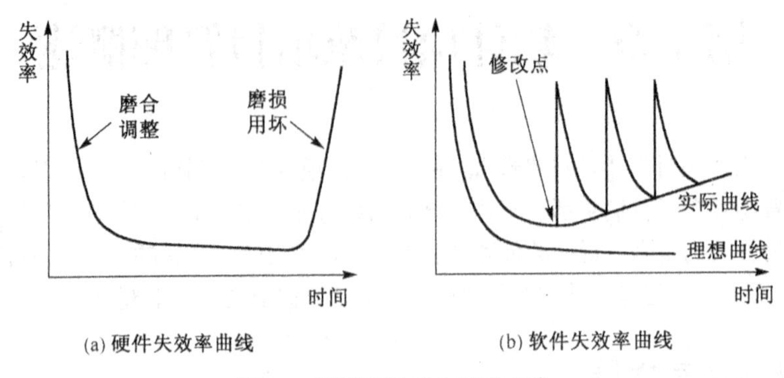

图1.1　硬件和软件失效率曲线

(5) 软件的开发至今尚未完全摆脱手工艺的开发方式。为什么呢？因为大部分软件都是“定制”的，摆脱不了“量体裁衣”的特点。虽然面向对象开发技术推出后，出现了大量组件或构件式开发，但实际上，我们又真正看到过多少真正的软件工厂呢？国内又有多少个像生产微软Windows操作系统那样的制作过程呢？所以大量软件工程师一起工作，手工编写软件的过程，需要大量的协调与管理工作。

(6) 软件本身是复杂的。软件的复杂性可能来自它所反映的实际问题的复杂性，也可能来自程序逻辑结构的复杂性，比如，一个大企业管理是复杂而有特性的，开发出的ERP系统或OA系统也一定是复杂的。

(7) 软件成本相当昂贵。软件的研制工作需要投入大量、复杂、高强度的脑力劳动，它的成本是比较高的，为什么要反盗版，其实就是维护开发者的利益，开发者可是花了大血本的啊！但国内往往忽视软件的开发成本，有一个粗略的统计，在国内，建立一个计算机系统的硬件费用、软件费用、维护费用之比为3:2:1，而国外，正好倒过来，是1:2:3！其中维护费用中大部分是软件的维护费用。

(8) 软件工作涉及社会因素。许多软件的开发和运行涉及机构、体制及管理方式等问题，甚至涉及人的观念和人们的心理。它直接影响到软件项目的成败。举个例子来说，在一个单位推行信息化建设，单位工作人员平均年纪越大，推行起来就越难，一个单位的计算机化水平是从一个侧面反映队伍年轻化或者领导队伍年轻化的情况。

1.1.2　企业应用软件的特点

企业应用软件的目标是为了辅助企业的管理和决策，为企业各层面的人员提供准确、及时、有效和实用的信息，它与其他软件在特点上有鲜明的区别，企业应用软件具有的特点是：

(1) 应用软件与企业文化和战略、企业组织结构、企业实际管理模式、企业的重点业务及实际作业方式紧密结合，各行业间、各企业间及企业各岗位间的差异大，因此，软件定制的部分比例高。

(2) 企业应用软件是某些业务模式的电子承载体，因组织结构调整快，业务变化快，管理模式的变动频率高，要求软件有较高的灵活性。

(3) 扩展性要求较高，企业组织的扩展，业务范围的扩展，要求软件能适应这些变化和发展。

(4) 集成性要求高，往往不同平台间要求数据的集成和协同作业，需通过开发接口来实现。

(5) 企业内部及企业间的协同作业性要求高，业务流程性作业含量高，业务复杂度与企业规模的大小基本成正比例关系。

(6) 跨区域应用的现象突出。对于大多数大中型企业来说，办公、生产、销售的场地可能分开，分公司或子公司的地点与总公司也可能分开，因此，使用同一套应用软件的用户，是在不同的区域。

(7) 信息量大，对实时性要求高。企业业务作业包括生产、销售、财务、物料管理等，应用软件必须存储各种计算机作业的数据，数据间和模块间相互关联，实时性要求高。

1.1.3 软件的发展

软件作为一个新生事物，它一定有一个不断发展的过程，从软件工程的角度，自20世纪40年代中期出现了世界上第一台计算机以后，就有了程序的概念。其后经历了几十年的发展，计算机软件经历了三个发展阶段：

- 程序设计阶段，约为20世纪50至60年代。
- 程序系统阶段，约为20世纪60至70年代。
- 软件工程阶段，约为20世纪70年代以后。

几十年来软件最根本的变化体现在：

(1) 人们改变了对软件的看法。20世纪50年代到60年代，程序设计曾经被看做是一种任人发挥创造才能的技术领域。当时人们认为，写出的程序只要能在计算机上得出正确的结果，程序的写法可以不受任何约束。随着计算机的广泛使用，人们要求这些程序容易看懂、容易使用，并且容易修改和扩充。于是，程序便从个人按自己意图创造的“艺术品”转变为能被广大用户接受的工程化产品。

(2) 软件的需求是软件发展的动力。早期的程序开发者只是为了满足自己的需要，这种自给自足的生产方式仍然是其低级阶段的表现。进入软件工程阶段以后，软件开发的成果具有社会属性，它要在市场中流通以满足广大用户的需要。同时，开发的过程也从个人开发到集体开发的方式，软件开发的活动也具有社会属性，软件开发的管理日趋重要。

(3) 软件工作的范围从只考虑程序的编写扩展到涉及整个软件生存周期。

在软件技术发展的第二阶段，随着计算机硬件技术的进步，要求软件能与之相适应。然而软件技术的进步一直未能满足形势发展提出的要求，致使问题积累起来，形成了日益尖锐的矛盾，这就导致了软件危机。如果软件危机的障碍不能突破，进而摆脱困境，软件的发展是没有出路的。

从软件技术的角度，业内将软件的发展分成四个阶段，如图1.2所示，我们可以从比较高的角度来说：“软件是信息产业的核心，是关系国家经济和社会发展的战略性产业，软件交付的功能是产品、系统和服务。软件的程序、文档和数据，帮助生成任何个人、公司或政府可以获取的最重要的日用品信息。”软件的技术发展有以下几个趋势：

- 软件工程及其方法、软件辅助开发工具、软件平台和中间件将广泛使用。
- UML 建模和面向对象、组件(构件)式开发不断深入。
- 基于 Web 的软件框架(J2EE 和.NET)和无线互连技术趋于实用。
- 软件平台无关、可移植性强的特点将越来越凸显。
- 数据仓库技术和数据挖掘技术成为数据库技术的亮点。
- 中文信息处理技术和汉化已普及，信息格式多样化，多媒体技术将不断发展。
- 软件将促进系统的人工智能和知识库的广泛应用。
- 分布式、嵌入式、移动通信计算的普及及使用。
- 依托3G通信和三网融合，物联网、云计算等技术的应用将不断发展。

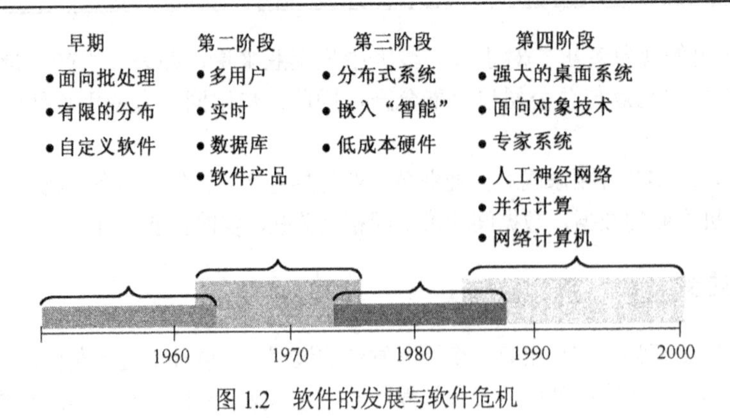

图 1.2 软件的发展与软件危机

1.2 项目的概念及软件项目的特点

自从有了人类，人们就开展了各种有组织的活动。随着社会的发展，有组织的活动逐步分化为两种类型：

- 一类是连续不断、周而复始的活动，称为“运作”(Operations)，如企业日常的生产产品的活动。
- 另一类是临时性、一次性的系列活动，称为“项目”(Projects)，如企业的技术改造活动、一个网络工程、某信息管理系统的建设、一项环保工程的实施等。

从家庭自已组织野餐到大型聚会，从阿波罗登月到开发微软的操作系统，从修建三峡到神舟发射，这些都是“项目”，可见项目存在于日常生活和工作中。下面说明什么项目、软件项目的含义与特征。

1.2.1 项目的概念和项目要素

“项目”是专业术语，“项目”如今已普遍存在于人们的工作和生活中，并对人们的工作和生活产生着重要的影响。以下都是项目的例子：

- 建造一座大楼、一座工厂或一座水库
- 举办各种类型的活动，如一次会议、一次旅行、一次晚宴、一次庆典和体育转播等
- 新企业、新产品、新工程的建设和开发
- 城市道路设施建设，如修建地铁、海底隧道、快速公交车道(BRT)
- 某社区领导选举
- 某高校博导带领几个博士生和硕士生解决某个研究课题
- 新建网络系统或开发一套管理软件
- 实施一种全新的经营程序或流程

因此，项目是一个特殊的将被完成的有限任务，它是在一定时间内，满足一系列特定目标的多项相关工作的总称。

上述定义实际包含三层含义：

(1) 项目是一项有待完成的任务，且有特定的环境与要求。

(2) 在一定的组织机构内，利用有限资源(人力、物力、财力等)在规定的时间内完成任务。

(3) 任务要满足一定性能、质量、数量、技术指标等要求。

项目又可以换一种说法：项目是在一定的资源约束下，完成既定目标的一次性的系列任务。

项目定义中涉及的因素有：开始日期、结束日期、预定的资源、一次性工作、临时组织、团队合作、明确具体的目标、明确界定的范围等，项目的特点如下：

- 项目具有目的性，有明确的目标

- 项目具有寿命周期
- 项目具有一定独特性(一次性)
- 项目都有其固有客户
- 项目组织开放性和临时性
- 开发实施的渐进性
- 项目具有较强冲突性
- 项目具有一定风险性
- 项目活动的整体性

由于社会环境变化是绝对的，而当今社会唯一不变的就是变化，因此，一个企业或组织要想存在和发展，就必须适应环境的变化，适时地开展项目。

项目包含的基本要素如下：

(1) 项目的总体属性

项目实质上是一系列的工作。尽管项目是有组织地进行的，但它并不就是组织本身；尽管项目的结果可能是某种产品，但项目也并非就是产品本身。如果谈到一个“工程项目”时，应当把它理解为，它是包括项目选定、设计、采购、制造(施工)、安装调试、移交用户在内的整个过程。

(2) 项目的过程

项目是必须完成的、临时性的、一次性的、有限的任务，这是项目过程区别于其他常规“活动和任务”的基本标志，也是识别项目的主要依据。

各个项目经历的时间可能是不同的，但各个项目都必须在某个时间完成，有始有终是项目的共同特点。无休止地或重复地进行的活动和任务确实存在，但它们不是项目。

(3) 项目的结果

项目都有一个特定的目标，或称独特的产品或服务。任何项目都有一个与以往或与其他任务不完全相同的目标(结果)，它通常是一项独特的产品或服务。这一特定目标通常要在项目初期设计出来，并在其后的项目活动中一步一步地实现。

(4) 项目的共性

项目也像其他任务一样，有资金、时间、资源等许多约束条件，项目只能在一定的约束条件下进行。这些约束条件既是完成项目的制约因素，同时也是管理项目的条件，是对管理项目的要求。有些文献用“目标”一词来表达这些内容，如把资金、时间、质量称为项目的“三大子目标”，用以提出对项目的特定的管理要求。从管理项目的角度看，这样要求是十分必要的。

(5) 客户或投资者

客户是提供必要的资金，以达到目标的实体，它可能是一个人，或一个组织，或由两个或更多的人构成的一个团队，或是许多个组织。“客户”具有一个更广泛的涵义，不仅包括目标资助人(如企业的管理层)，而且包括其他利害关系方，例如，使用信息系统的最终用户。管理项目的人员和项目团队需要成功地完成项目目标，使客户满意。

(6) 项目的不正确性

在项目开始前，它应当在一定的预定和预算基础上准备一份计划。用文件记录这些假定是很重要的，因为它们将影响项目预算、进度计划和工作范围。

项目以一套独特的任务、任务所需的估计时间、各种资源和这些资源的有效性为假定条件，并以资源的相关估计成本为基础。这种假定和预算的组合产生了一定程度的不准确性，影响项目目标的成功实现。例如，项目可能到预定日期会实现，但是最终成本可能会由于最初低估了某些资源的成本，而高于预计成本。

项目目标的成功实现通常受 4 个因素制约：工作范围、成本、进度计划和客户满意度，如图 1.3 所示。

图 1.3 项目目标实现的 4 个因素制约

(1) 项目范围，也称工作范围，即为使客户满意而必须做的所有工作。使客户满意的途径，是交付物(有形产品或是所提供的东西)要满足项目开始时所指定的认定标准与要求。

(2) 项目成本，就是客户同意为可接受的项目交付物所付的款额。项目成本以预算为基础，包括将用于支付项目的雇佣人员的薪水、原材料供应、设备和工具租金，以及将支付负责执行某些项目任务的分包商及咨询商的费用。

(3) 项目进度计划，就是使某项活动开始及结束时间具体化的进度计划。项目目标通常依据客户与执行工作的个人或组织商定的具体日期，来规定项目范围必须完成的时间。

(4) 在一定时间、预算内完成工作范围，以使客户满意。为了确信项目能够成功，很有必要在项目开始前建立一份计划；计划应当包括所有工作任务、相关成本和必要的完成项目所需的时间估计。如果没有这样的计划，将增加不能按时在预算内完成全部工作范围的风险。

项目目标的三重约束为：功效(功能与性能)、时间和费用，如图 1.4 所示。

项目与软件一样，也有生命周期的概念，一般地，其生命周期分成启动、计划、实施和结束四个阶段，如图 1.5 所示。

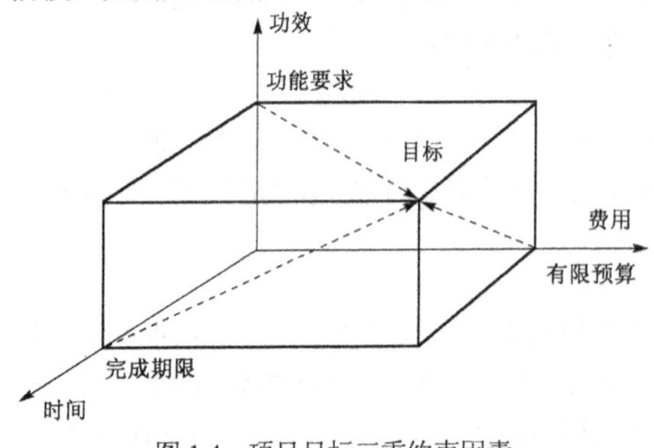

图 1.4 项目目标三重约束因素

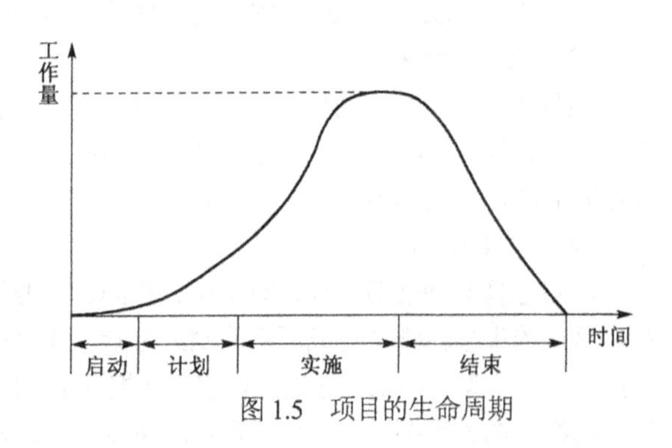

图 1.5 项目的生命周期

下面说明项目群与项目、项目与子项目的关系。

项目群也称为大型项目，是通过协调来进行统一管理的一组相互联系的项目，它本身可能不是一个项目，可以理解成比项目更高一层的大项目，比如高校的“985”计划、“863 计划”、“星火计划”等。其目标是具有战略性的。

项目常常可以被分解为更易管理的单元或子项目，而子项目常常可以由外部企业承包或项目执行组织中的其他职能单位完成，以下是一些子项目的举例：

- 单个的项目阶段。
- 在建筑项目中的水泵安装或电路铺设。
- 一个软件开发项目中的程序自动测试。
- 某药物研究开发项目中提供临床检验用药的批量生产。

从实施者的角度来看，子项目常常被视做一种服务而非产品，而且这种服务是独一无二的。因此子项目也被认为是项目，并作为项目来进行管理。

1.2.2　软件项目的特点

除一般项目的特点外，软件项目还有一些独特的特点：

（1）智力密集

软件项目的管理者和开发者大多是学历较高、素质较好和智商较高的年轻人，软件开发是一项强的脑力劳动。

（2）可见性差

软件开发没有一个明显的生产过程，软件存储于磁带、磁盘设备中，开发过程中没有有形的产品产生。

（3）单个项目多

软件项目一般是定制的(除非开发通用的产品，如 ERP、OA、EC 等)，针对企事业组织的某一需求和业务模式，软件产品适合于不同用户，而大多数软件项目开发出的软件一般只适用于某一类行业(如机械行业、电子行业)或某一类用户(如青年人、游戏爱好者、网上购物者等)，其针对性强。

（4）人工量大

软件开发大部分是人工的脑力劳动，开发过程没有原材料、辅料、包装物等，虽有组件式开发，但软件整个开发过程，一般需要经过需求分析、设计、测试等过程，并且要编写大量文档，软件项目经历的各个环节渗透了大量的手工劳动，它们要求十分细致、复杂，代码中一个变量出错，即可能造成软件运行不正常，不经过周密的测试，软件的正确性难以保证。所以工作人工参与量很大(而自动化生产线，输入端投料，另一边出产品，主要工作是机器和设备，其人工操作量相对比较小)。

（5）维护期长，维护成本高

通常，定制软件开发周期长，维护周期更长。长的维护期必然带来高的维护成本，在国内软件项目开发过程中，经常忽略维护的时间和成本。软件项目与业务管理密切结合，业务制度、流程和管理模式的改变，必然带来软件的改变需求，许多软件往往因缺乏必要的维护而无法正常运行下去。

（6）软件工作渗透人为的因素

软件的推广使用，受大量的人为因素影响。在软件项目立项时，需要客户方领导的支持和资源(包括人力、财力)的投入；在需求分析和软件设计过程中，需要业务人员的通力配合；在软件使用过程中，需要操作人员改变现有作业方式，按系统流程和系统逻辑进行运作，还需适应系统操作，所有工作离不开人为因素，必然受人力因素的影响。

1.2.3　软件项目的分类

软件项目可以从多个角度进行分类：

（1）按规模划分比较简单，可分为大型项目、中小型项目等。

（2）按软件开发模式划分，可分为组织内部项目、直接为用户开发的外部项目和软件外包项目。

（3）按产品不同的交付类型划分，可分为产品型项目、一次型项目。

（4）按软件商业模式划分，可分为软件产品销售、在线服务两种模式，或者分为随需(on-demand/SaaS)服务模式和内部部署(on-premise/on-site)模式。

（5）按软件发布方式可分为新项目、重复项目(旧项目)，也可分为完整版本、次要版本或服务包(Service Pack)、修正补丁包(Patch)等。

（6）按项目待开发的产品进行分类，如 COCOMO 模型中，可分为组织型、嵌入型和半独立型。

（7）按系统架构分，可分 B/S、C/S 多层结构，也可分集中式系统和分布式系统，或者分为面向对象、面向服务、面向组件等类型。

(8) 按技术划分，可分为Web应用、客户端应用、系统平台软件等，也可分为J2EE、.NET等不同平台之上的项目。

作为项目管理者，要清楚开发的软件项目属哪一种分类。

1.3 项目管理概述

本节主要介绍项目管理概念与特点、项目管理历史与发展、项目管理资质论证、项目管理知识体系结构，最后说明项目管理与一般管理的区别。

1.3.1 项目管理的概念

项目管理就是以项目为对象的系统管理方法，通过一个临时性的、专门的柔性组织，对项目进行高效率的计划、组织、指导和控制，以实现项目全过程的动态管理和项目目标的综合协调与优化。

简单地说，项目管理就是把各种资源应用于项目，以实现项目的目标。或者说，项目管理是在项目活动中运用知识、技能、工具和技术，以便满足和超过项目干系人对项目的需求和期望。

从项目管理的定义，可以从以下几方面来说明：

(1) 项目管理的对象是项目或被当做项目来处理的运作。

(2) 项目管理的思想是系统管理的系统方法论。

(3) 项目管理的组织通常是临时性、柔性、扁平化的组织。

(4) 项目管理的体制是基于团队管理的个人负责制。

(5) 项目管理的方式是目标管理，包括进度、费用、技术与质量。

(6) 项目管理的要点是创造和保持一种使项目顺利进行的环境。

(7) 项目管理的方法、工具和手段具有先进性和开放性。

1.3.2 项目管理的特点

项目管理具有以下基本特点。

(1) 项目管理是一项复杂的工作。项目一般由多个部分组成，工作跨越多个组织，需要运用多种学科的知识来解决；项目工作通常没有或很少有以往的经验可以借鉴，执行中有许多未知因素，每个因素又常常带有不确定性。同时，还需要将具有不同经历、来自不同组织的人员有机地组织在一个临时性的集体内，在技术性能、成本、进度等较为严格的约束条件下实现项目目标等。这些因素都决定了项目管理是一项复杂的工作，甚至其复杂性远高于一般的生产管理。

(2) 项目管理具有创造性。项目管理充满着权衡，对进度、费用与质量三者之间的权衡。由于项目具有一次性的特点，因而既要承担风险又必须发挥创造性。这也是与一般重复性管理的主要区别。项目的创造性依赖于科学技术的发展和支持，而近代科学技术的发展有两个明显的特点：一是继承积累性，体现在人类可以沿用前人的经验，继承前人的知识、经验和成果，在此基础上向前发展；二是综合性，要解决复杂的问题，必须依靠和综合多种学科的成果，将多种技术结合起来，才能实现科学技术的飞跃或更快发展。

创造总是带有探索性的，因此会有较高的失败率。有时为了加快进度和提高成功概率，需要有多个实验方案齐头并进。

(3) 项目管理需要集权领导和建立专门的项目组织。项目的复杂性随其范围不同变化很大。项目愈大愈复杂，其所包括或涉及的学科、技术种类也愈多。项目进行过程中可能出现的各种问题多半是贯穿于各组织部门的，它们要求这些不同的部门做出迅速而且相互关联、相互依存的反应。但传统的职能组织不能尽快与横向协调的需求相配合，因此需要建立围绕专一任务进行决策的机制和相应的专门组织。这样的组织不受现存组织的任何约束，由各种不同专业、来自不同部门的专业人员构成。

(4) 项目负责人(或称项目经理)在项目管理中起着非常重要的作用。项目管理的主要原理之一是把时间有限和预算有限的事业委托给一个人，即项目负责人，他有权独立进行计划、资源分析、协调和控制。项目负责人的位置是由特殊需要形成的，因为他行使着大部分传统职能组织以往的职能。项目负责人必须能够了解、利用和管理项目的技术逻辑方面的复杂性，必须能够综合各种不同专业观点来考虑问题。但只具备这些技术知识和专业知识仍然是不够的，成功的管理还取决于预测和控制人的行为能力。因此项目各类人还必须通过人的因素来熟练地运用技术因素，以达到其项目目标。也就是说项目责任人必须使他的组织成员成为一支真正的队伍，一个工作配合默契、具有积极性和责任心的高效率群体。

1.3.3 项目管理学科的发展

项目管理有悠久的实践历史：中国长城、埃及金字塔、古罗马的供水渠，项目和项目管理起源于工程和工程管理，传统的项目和项目管理起源于建筑业，现代项目与项目管理开始于大型国防工业。国际项目管理学术组织的出现标志着项目管理走向了科学，如成立于 1965 年的国际项目管理协会、成立于 1969 年的美国项目管理学会。

当代项目与项目管理是扩展了的广义概念，项目管理更加面向市场和竞争、注重人的因素、注重顾客、注重柔性管理。项目管理的发展过程如图1.6所示。

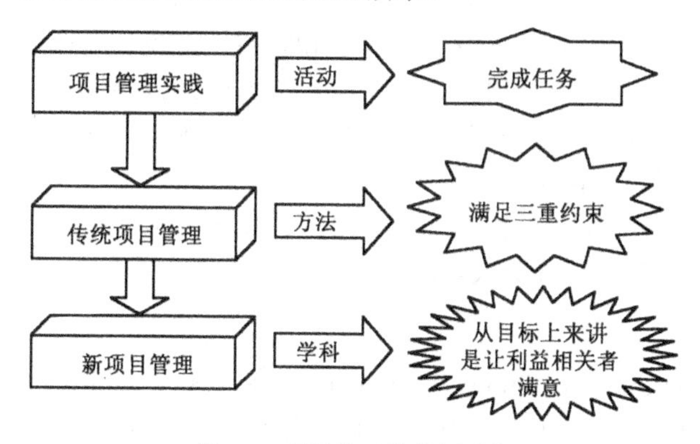

图 1.6 项目管理的发展过程

从项目管理学科的发展角度，现代意义上的项目管理从 Manhattan Project 开始，这是一个美国军方为制造原子弹所设立的项目。1917 年亨利·甘特发明了著名的甘特图；1958 年美国海军开发了计划评审技术；20 世纪 70 年代美国军方和建筑行业开始使用项目管理软件；直到 20 世纪 90 年代，各个行业内从事实际工作的人们都开始在他们的项目中研究运用项目管理的各种知识。项目管理科学发展的历程可以从图 1.7 中展示出来。

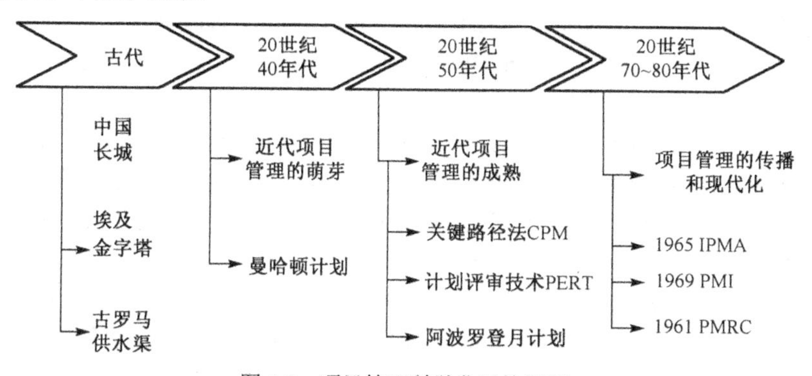

图 1.7 项目管理科学发展的历程

1.3.4 国际项目管理组织及其发展

国际项目管理组织主要有美国项目管理协会(PMI)和国际项目管理协会(IPMA)。

1. 美国项目管理协会

美国项目管理协会(Project Management Institute)成立于1969年。它是一个有着10万多名会员的国际性项目管理专业协会，是项目管理专业领域中由研究人员、学者、顾问和经理组成的全球性的最大专业组织机构。图1.8所示是该组织的logo。

图1.8 PMI组织的Logo

美国项目管理协会一直致力于项目管理领域的研究工作，全球协会会员都在为探索科学的项目管理体系而努力。今天，美国项目管理协会创建的项目管理方法已经得到全球公认，从而成为全球项目管理的权威机构。同时，全球的PMP人员也在为保持其项目管理的科学性和权威性进行着不懈的努力。

美国项目管理协会致力于向全球推行项目管理，以提高项目管理专业的水准，在教育、会议、标准、出版和认证等方面定制专业技术计划。美国项目管理协会正成为一个全球性的项目管理知识与智囊中心。每年会组织PMI的认证考试，许多从事本地化项目管理的高级管理人员会参与这门考试，考试之前会经过专门的培训，他们将获得美国项目管理协会认可的资格证明。它修订知识体系称为PMBOK，共分为九大知识领域：范围管理、时间管理、成本管理、人力资源管理、风险管理、质量管理、采购管理、沟通管理、综合管理。

PMI在全球推行的PMP证书，证书只有一个级别。PMI在1984年设立了项目管理资质认证制度PMP，1991年正式推广，现每年有上万人申请参加认证。

2. 国际项目管理协会

国际项目管理协会(International Project Management Association，IPMA)，创建于1965年，成员主要是各个国家的项目管理协会，到目前为止，共有英国、法国、德国、中国、澳大利亚等30多个成员国组成。正式会刊《国际项目管理》杂志。它推行IPMP的认证与推广工作。IPMP是一种能力考核，定义为：能力=知识+经验+个人素质。其考核运作由各会员国组织实施。各会员国推行时，首先建立本国的PMBOK，然后将ICB转化为NCB，以NCB作为本国的考核标准。

证书IPMP有四个等级：

A级——高级项目经理(Certificated Project Director，CPD)，可管理大型国际项目。

B级——项目经理(Certificated Project Manager，CPM)，可管理大型复杂项目。

C级——项目管理专家(Certificated Project Management Professional，PMP)，可管理一般复杂项目。

D级——项目管理专业人员(Certificated Project Management Practitioner，PMF)，能从事一般项目的管理。

中国项目管理研究委员会(Project Management Research Committee，PMRC)作为IPMA在中国的授权机构，于2001年7月开始在中国推行国际项目管理专业资质认证工作。它挂靠于西北工业大学，是我国唯一的、跨行业的、全国性的、非营利的项目管理专业组织，其上级组织是我国著名数学家华罗庚教授组建的中国优选统筹法与经济数学研究会。

当代的项目管理已经发展成为一门学科、一个专业、一种职业。国际项目管理发展的趋向为：

(1) 项目管理的全球化，主要表现在国际间的项目合作日益增多、国际化的专业活动日益频繁、项目管理专业信息的国际共享。

(2) 项目管理的多元化，指行业领域及项目类型的多样性，导致了各种各样的项目管理方法，从而促进了项目管理的多元化发展。

(3) 项目管理的专业化、学科化，突出表现在 PMBOK 的不断发展和完善、学历教育和非学历教育竞相发展、项目与项目管理学科的探索及专业化项目咨询机构的出现。

国际项目管理发展的热点体现在：证书热、培训热和软件热。虽然，我们说项目管理认证为推进该学科的发展起了重大的作用，但 PMP 认证是一种手段，一种途径。在现实的项目管理中，要灵活地应用到项目实战中，兵法云“阵而后战，兵法之常，运用之妙，存乎一心”，讲的就是这个道理。

1.3.5　项目管理知识体系结构

简单地说，项目管理是指“在项目活动中运用专门的知识、技能、工具和方法，使项目能够实现或超过项目干系人的需要和期望。”具体地说，项目管理就是在确保时间、经费和性能指标的限制条件下，尽可能高效率地完成项目任务，达成项目目标，从运作中改善管理人员的效率，让所有项目相关者满意。而项目管理过程就是制定计划，然后按计划工作，以实现项目的目标的过程。

近几十年来，项目管理知识领域发展得很快，前面提过，国际上有两个著名的项目管理学术组织，一个是国际项目管理协会，另一个是美国项目管理学会，这两个组织都先后推出了自己的项目管理专业资质认证体系。

项目管理是一种复合管理，它要求从事项目管理的人必须具有多方面的管理能力，按 PMI 提出的 PMBOK(项目管理知识体系)的框架，可将项目管理分成：

- 范围管理：着眼于“大画面”的工作，例如，项目的生命周期、工作分工结构的开发、管理流程变动的实施等。
- 时间管理：要求培养规划技巧。当项目时间出现偏离规划时，如何让它重回规划。
- 成本管理：要求项目管理人员培养经营技巧，处理诸如成本估计、预算计划、成本控制、资本预算以及基本财务结算等事务。
- 人力资源管理：着重于对项目组内人员的管理能力，包括冲突的处理、对职员工作动力的促进、高效率的组织结构规划、团队工作和形成，以及人际关系技巧。
- 风险管理：检测项目管理人员在信息不完备的情况下做决定的过程。风险管理模式通常由四个步骤组成：风险识别、风险确定、风险冲击分析及风险应对计划。
- 质量管理：要求熟悉基本的质量管理技术，如何编制质量计划、制作和说明质量控制图，尽力达到零缺陷等。
- 采购与合同管理：掌握较强的采购和合同管理技巧，了解签约中关键的法律原则。
- 沟通(交流)管理：要求项目管理人员能与他们的经理、客户、厂商及下属进行有效的交流。
- 整体(集成)管理：在最终分析中，项目管理人员必须把上述 8 种能力综合起来并加以协调。

项目管理总体框架图如图 1.9 所示，而项目管理的分层结构图如图 1.10 所示。

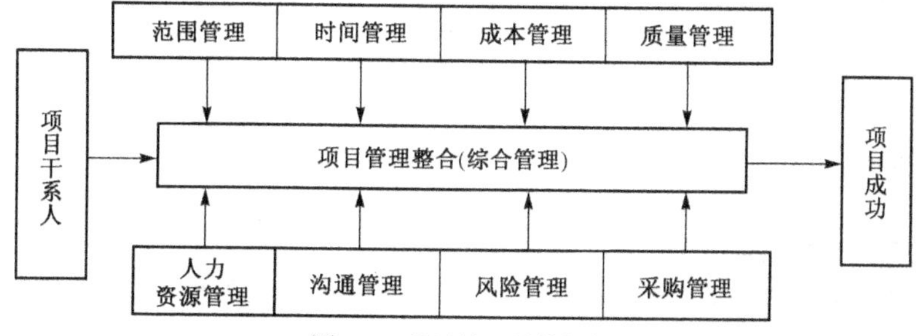

图 1.9　项目管理总体框架

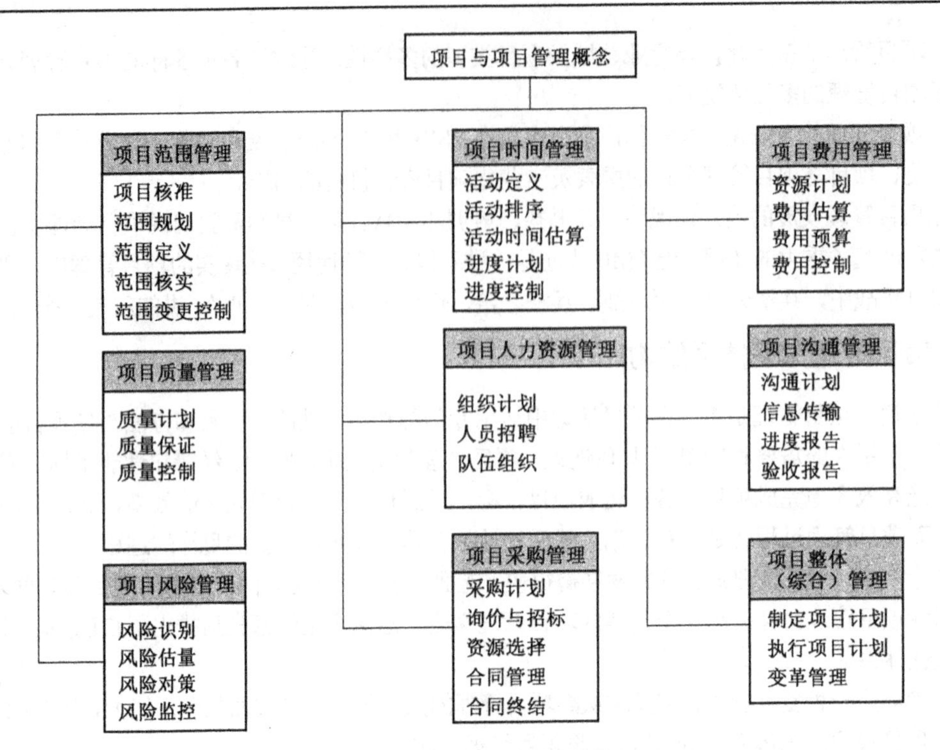

图 1.10 项目管理的分层结构

PMBOK 定义的知识域的中英文对照表如表 1.1 所示。

表 1.1 PMBOK 定义的项目管理知识域中英文对照

项目管理知识域（中文）	项目管理知识域（英文）
项目范围管理	Project Scope Management
项目时间管理	Project Time Management
项目成本管理	Project Cost Management
项目质量管理	Project Quality Management
项目人力资源管理	Project Human Resource Management
项目沟通管理	Project Communications Management
项目风险管理	Project Risk Management
项目采购管理	Project Procurement Management
项目整体管理	Project Integration Management

1.3.6 项目管理与一般作业管理的区别

项目管理与一般作业管理的明显区别，主要体现在：

(1) 项目管理

- 充满了不确定因素
- 跨越部门的界限
- 有严格的时间期限要求

项目管理必须通过不完全确定的过程，在确定的期限内生产（研发）出不完全确定的产品，日程安排和进度控制常对项目管理产生很大的压力。

(2) 一般的作业管理

- 注重对效率和质量的考核
- 注重当前执行情况与前期进行比较

在典型的项目环境中，尽管一般的管理办法也适用，但管理结构需以任务(活动)定义为基础来建立，以便进行时间、费用和人力的预算控制，并对技术、风险进行管理。

1.4　软件开发的项目管理

简单地说，项目管理过程就是制定计划，然后按计划执行相应的工作。即首先制定计划，然后计划执行，以实现项目目标。

软件项目管理是为了使软件项目能够按照预定的成本、进度、质量顺利完成，而对经费、人员、进度、性能(质量)、风险等进行分析和管理的活动。软件项目管理的全过程如图1.11所示。

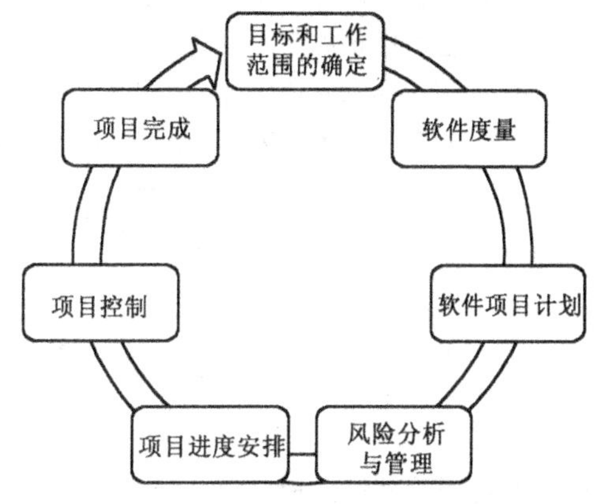

图 1.11　软件项目管理的全过程

软件项目管理是软件开发企业或单位行之有效的管理方法，也是软件企业的基本功。要提升国内软件竞争力，最重要的还是切实加强项目管理，把项目管理理论落实到实践中去，理论与实践相结合，真正从根本上全面提高软件开发机构的整体素质。

软件项目管理的管理的对象是进度、系统规模及工作量估算、经费、组织机构和人员、风险、质量、作业和环境配置等。软件项目管理所涉及的范围覆盖了整个软件生存期。图 1.12 展示了软件开发的过程。

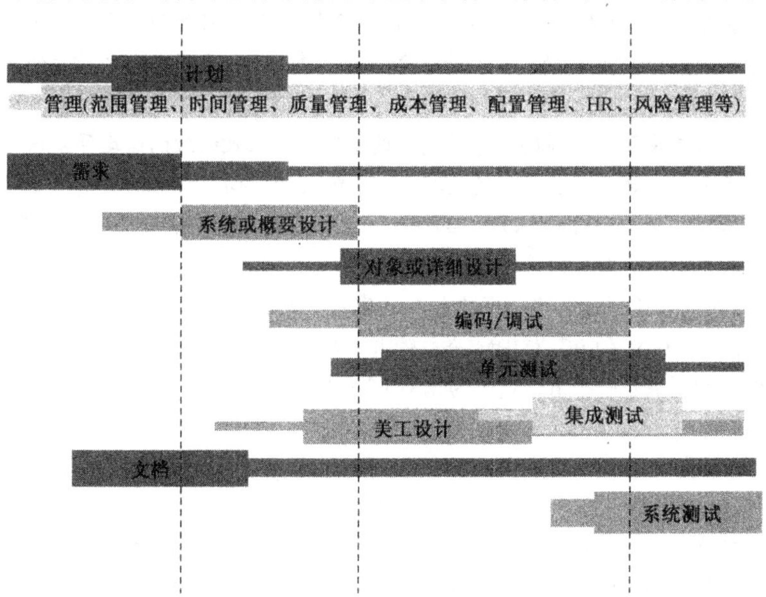

图 1.12　软件开发过程

为使软件项目开发获得成功，关键问题是必须对软件开发项目的工作范围、可能遇到的风险、需要的资源(人、硬/软件)、要实现的任务、经历的里程碑、花费工作量(成本)，以及进度的安排等做到心中有数。而软件项目管理可以提供这些信息。但项目管理中涉及许多软件技术性问题，所以决定了该管理又有与其他项目管理不同的特性。

对于软件开发的项目，开发方和委托方主要关心三个方面，即项目的完成时间、软件功能和质量、软件项目所耗费的资源，即成本。如果这三方面都达到目标，则软件项目是成功的，这三方面只要有一个目标没达到，则不能说明软件的项目管理是成功的。

本书将围绕软件项目管理的计划、组织、监管和控制，讨论软件项目所需要的管理理论、方法和技巧等。例如：

- 在一个软件项目中如何管理人员、问题和过程？
- 如何创建一个项目进度计划？
- 如何保证软件质量使得软件项目组能够控制它？
- 项目组成员如何进行沟通？
- 如何评估和避免软件的风险？

软件项目管理的形成过程图如图1.13所示。

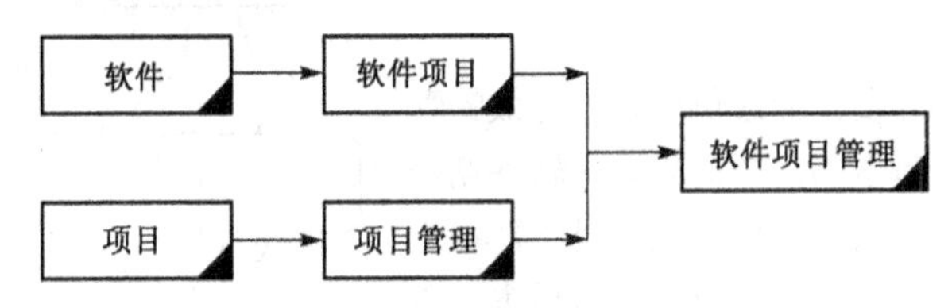

图 1.13 软件项目管理的形成过程

软件项目管理案例分析

20 世纪 70 年代末，IBM 个人计算机 PC 的开发也是一个经典的项目案例，其说明了项目为何能够成为企业商务运作的核心。

在该案例中，为了绕过 IBM 公司令人窒息的官僚程序，PC 项目组把自己置于主流业务之外。该项目团队在佛罗里达的 Boca Raton 的一个漏雨的仓库里工作，基本上是以一个独立的业务单位来进行运作的。

IBM PC 项目的成功成了实业界的传奇事例。该项目团队以破纪录的速度开发出了他们的产品。这个产品对组织以后如何从事其业务活动的改革产生了重大的影响。当他们决定以 PC 操作系统为基础，将一家称做“微软”的小公司的 DOS 产品植入计算机后，居然孵育出了一个软件产业巨无霸。

IBM PC 在市场中的成功大大出乎市场预测家所料，而市场中 PC 的供不应求，使得一个模仿者——康柏(Compaq)能够迅速崛起，在一年内收入从零增长到 10 亿美元，创造了历史上销售业务额增长最快的记录。最后，IBM 的 PC 为 IBM 公司带来了几十亿美元的营业额，并帮助美国形成了一个庞大的产业——这一切起源于一个看似简单的创新 IT 项目。

本章小结

本章从介绍软件概念开始，说明了软件的概念、项目和软件项目的特点，介绍了项目管理及其发展过程，国际项目组织及其推行的项目管理认证，又重点说明了 PMBOK 知识体系，项目管理与一般作业管理的区别。最后介绍了软件项目管理的概念及其形成过程。

本书分析了软件开发的项目管理，结合软件开发的特点，后面的章节将重点分析与软件开发密切相关的管理内容，包括质量管理、成本管理、项目组织与人力资源管理、沟通管理、风险管理、范围管理、时间(进度)管理、采购管理等，这些内容将单独设立章节讨论。

复习思考题

1. 什么是项目？它有什么特点？
2. 项目管理的要素是什么？
3. 国际上主要的两大项目管理知识体系是什么？
4. 软件项目管理和其他类型的项目管理比较，人的因素如何？
5. 软件项目的主要内容是什么？
6. 软件项目的主要特征是什么？
7. 结合自己的经历，谈谈什么是软件项目管理。
8. 项目开发周期一般有几个管理过程？这些管理过程的主要任务是什么？主要成果是什么？
9. 理解软件项目管理的形成过程图。

第2章 软件开发过程与项目管理过程

在研究软件项目管理时，必然要涉及它的过程，同时需区分软件项目管理过程与软件工程过程的关系。本章介绍几种与软件开发过程相关的重要概念，包括软件生命周期的几种典型开发模型、CMM、PSP 和 TSP、RUP、XP 等，最后说明软件项目管理的过程，软件开发过程与项目管理过程的关系。

2.1 软件工程及软件工程过程的概念

软件工程这一概念，主要是针对 20 世纪 60 年代“软件危机”而提出的。许多计算机和软件科学家尝试把其他工程领域中行之有效的工程学知识运用到软件开发工作中来。经过不断实践和总结，最后得出一个结论：按工程化的原则和方法组织软件开发工作是有效的，是摆脱软件危机的一个主要出路。1968 年，由 NATO(北大西洋公约组织)在德国召开的国际学术会议上，Bauer 首先提出了“软件工程”概念，标志着软件开发进入了软件工程阶段。

目前一个公认的“软件工程”定义是：应用计算机科学、数学及管理科学等原理开发软件的工程。它借鉴传统工程的原则、方法，以提高质量、降低成本为目的。

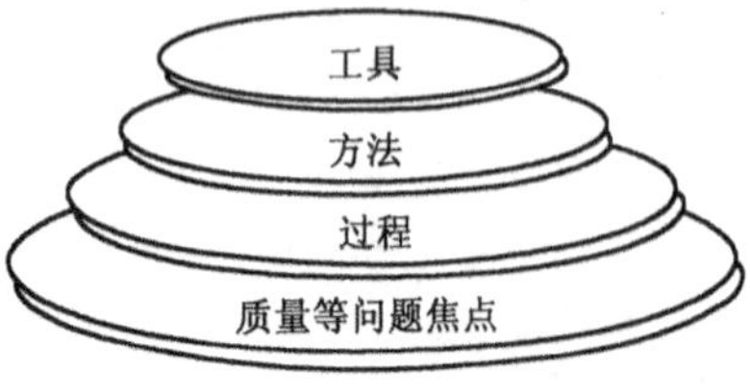

工具
方法
过程
质量等问题焦点

图 2.1 软件工程的要素

软件工程包括三个要素：方法、工具和过程，如图 2.1 所示。

软件工程方法为软件开发提供了“如何做”的技术。它包括了多方面的任务，如项目计划与估算、软件系统需求分析、数据结构、系统总体结构的设计、算法过程的设计、编码、测试以及维护等。

软件工具为软件工程方法提供了自动的或半自动的软件支撑环境。目前，已经推出了许多软件工具，这些软件工具集成起来，建立起称为计算机辅助软件工程(CASE)的软件开发支撑系统。CASE 将各种软件工具、开发机器和一个存放开发过程信息的工程数据库组合起来形成一个软件工程环境。

软件工程的过程则是将软件工程的方法和工具综合起来以达到合理、及时地进行计算机软件开发的目的。过程定义了方法使用的顺序、要求交付的文档资料、为保证质量和协调变化所需要的管理、软件开发各个阶段完成的里程碑。它是为获得软件产品，在软件工具支持下由软件工程师完成的一系列软件工程活动。软件工程过程通常包含四种基本的过程活动：

- P(Plan)：软件规格说明，规定软件的功能及其运行的限制。
- D(Do)：软件开发，产生满足规格说明的软件。
- C(Check)：软件确认，确认软件能够完成客户提出的要求。
- A(Action)：软件演进，为满足客户的变更要求，软件必须在使用的过程中演进。

事实上，软件工程过程是一个软件开发机构针对某一类软件产品为自己规定的工作步骤，它应当是科学的、合理的，否则必将影响到软件产品的质量。

软件工程围绕软件项目，开展了有关开发模型、方法以及支持工具的研究。20 世纪 60 年代末至 80 年代初，其主要特征是前期着重研究系统实现技术，后期开始强调开发管理和软件质量。尤其是近几年来，针对软件复用及软件生产，软件构件技术及软件质量控制技术、质量保证技术得到了广泛的应用。软件工程框架如图 2.2 所示。

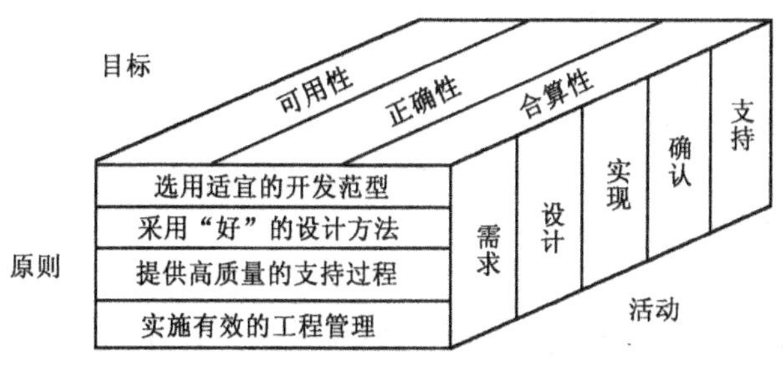

图 2.2　软件工程框架

根据这一框架，可以看出：软件工程涉及软件工程的目标、软件工程原则和软件工程活动三个方面。

软件工程的主要目标是：生产具有正确性、可用性以及开销合宜的产品。正确性指软件产品达到预期功能的程度。

软件工程活动是“生产一个最终满足需求且达到工程目标的软件产品所需要的步骤”。主要包括需求分析、系统设计、软件编码、软件测试、验收确认以及售后维护等活动。伴随以上活动，工程活动还有管理过程、支持过程、培训过程等。

在中国，软件业的现状很不容乐观，软件开发过程没有明确规定，文档不完整和不规范，软件项目的成功往往归功于软件开发组的一些杰出个人或某一小组的努力。这种依赖于个别人员上的成功并不能为全组织的软件生产率和质量的提高奠定有效的基础，只有通过建立全组织的过程改善，采用严格的软件工程方法和管理，并且坚持不懈地付诸实践，才能取得全组织的软件过程能力的不断提高。

正如同任何事物一样，软件也有一个孕育、诞生、成长、成熟、衰亡的生存过程。我们称其为计算机软件的生存周期。根据这一思想，把上述基本的过程活动进一步展开，可以得到软件生存周期的步骤。软件生存周期模型是从软件项目需求定义直至软件经使用后废弃为止，跨越整个生存周期的系统开发、运作和维护所实施的全部过程、活动和任务的结构框架。从软件工程的角度讲，软件开发主要分为六个阶段：需求分析阶段、概要设计阶段、详细设计阶段、编码阶段、测试阶段、安装及维护阶段。不论是作坊式开发，还是团队协作开发，这六个阶段都是不可缺少的。

典型的开发模型有：瀑布模型（Waterfall Model）、渐增模型/演化/迭代（Incremental Model）、原型模型（Prototype Model）、螺旋模型（Spiral Model）、喷泉模型（Fountain Model）、智能模型（Intelligent Model）、混合模型（Hybrid Model）。

下面以瀑布模型（线性模型）、RAD（快速应用开发）模型和螺旋模型为例进行说明。

2.1.1　瀑布模型

瀑布模型也称线性模型，它规定了各项软件工程活动，包括：制定开发计划，进行需求分析和说明，软件设计，程序编码，测试及运行维护，并且规定了它们自上而下，相互衔接的固定顺序，如同瀑布流水，逐级下落，如图 2.3 所示。它是软件工程中基本模型。

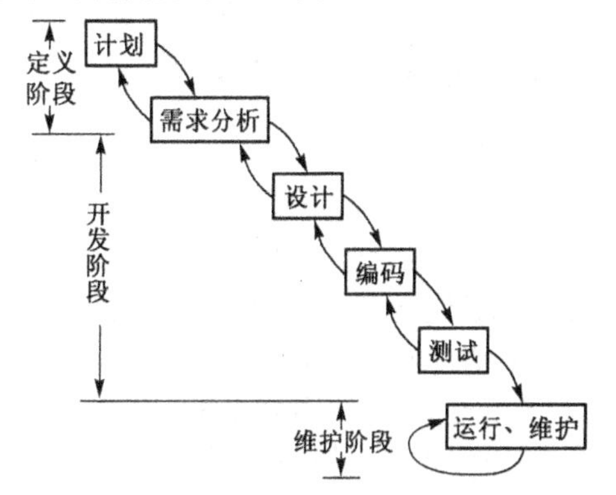

图 2.3　软件工程瀑布模型框架

瀑布模型的特点是：

- 阶段间具有顺序性和依赖性
- 推迟实现的观点

- 每个阶段必须完成规定的文档和成果
- 每个阶段结束前完成文档审查，尽早改正错误

2.1.2 快速应用开发

快速应用开发(RAD)模型强调极短的开发周期，是线性顺序模型的一个“高速”变种，通过使用基于构件的建造方法赢得了快速开发。如果需求理解得很好且约束了项目范围，它的过程使得队伍在很短时间内创建出“功能完善的系统”。

RAD 模型的阶段包括：

(1) 需求计划，采用联合需求计划技术来收集需求信息，以结构化方式(自顶向下、逐步求精、模块化设计)讨论现有业务问题。

(2) 用户描述，采用联合应用设计来管理用户的参与，开发团队经常用自动化工具来捕捉系统非技术设计阶段的用户信息。

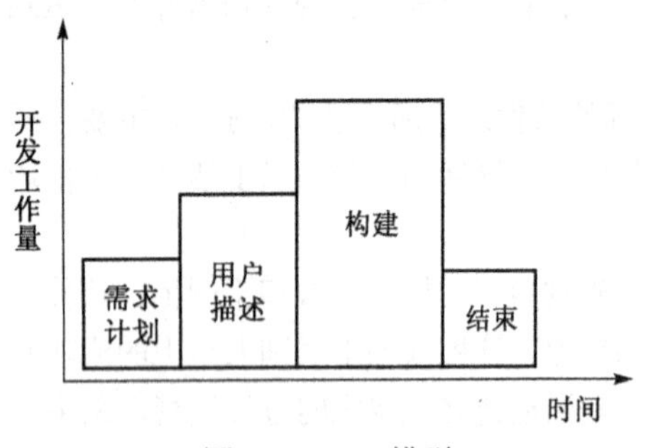

图 2.4 RAD 模型

(3) 构建，包括详细设计、创建(编码和测试)以及在某时间内发布给客户。

(4) 结束，用户验收测试、系统安装和用户培训。

RAD 模型如图 2.4 所示。

RAD 使用模型的条件为：

- 系统可基于构件开发和可缩放。
- 用户能参与到整个生命周期中。
- 项目开发周期短。
- 项目团队熟悉应用领域，能熟练使用开发工具。

2.1.3 螺旋模型

对于复杂的大型软件，开发一个原型往往达不到要求。螺旋模型加入了风险分析。

螺旋模型图如图 2.5 所示。螺旋模型沿着螺线旋转，在笛卡儿坐标的四个象限上分别表达了四个方面的活动，即：

- 制定方案——确定软件目标，选定实施方案，弄清项目开发的限制条件
- 风险分析——分析所选方案，考虑如何识别和消除风险
- 实施工程——实施软件开发
- 评估——评价开发工作，提出修正建议和相应计划

沿螺线自内向外每旋转一圈便开发出更为完善的一个新的软件版本。

2.1.4 敏捷软件开发模型

敏捷软件开发模型(简称 Scrum)在最近的一两年内逐渐流行起来。

Scrum 的基本假设是：开发软件就像开发新产品，无法一开始就能定义软件产品最终的规程，过程中需要研发、创意、尝试错误，所以没有一种固定的流程可以保证专案成功。Scrum 将软件开发团队比拟成橄榄球队，有明确的最高目标，熟悉开发流程中所需具备的最佳典范与技术，具有高度自主权，紧密地沟通合作，以高度弹性解决各种挑战，确保每天、每个阶段都朝向目标明确地推进。

Scrum 开发流程通常以 30 天(或者更短的一段时间)为一个阶段，由客户提供新产品的需求规格开始，开发团队与客户于每一个阶段开始时挑选该完成的规格部分，开发团队必须尽力于 30 天后交付成果，团队每天用 15 分钟开会检查每个成员的进度与计划，了解所遭遇的困难并设法排除。

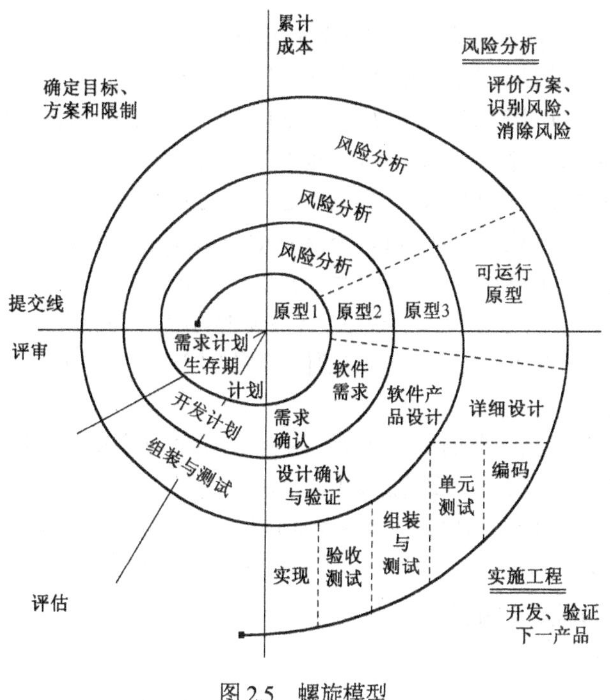

图 2.5　螺旋模型

1. Scrum 较传统开发模型的优点

Scrum 模型的一个显著特点就是响应变化，它能够尽快地响应变化。图 2.6 使用传统的软件开发模型(瀑布模型、螺旋模型或迭代模型)。随着系统因素(内部和外部因素)的复杂度增加，项目成功的可能性就迅速降低。

图 2.7 是 Scrum 模型和传统模型的对比，从图中看出，采用 Scrum 模型，其成功可能性高了许多。

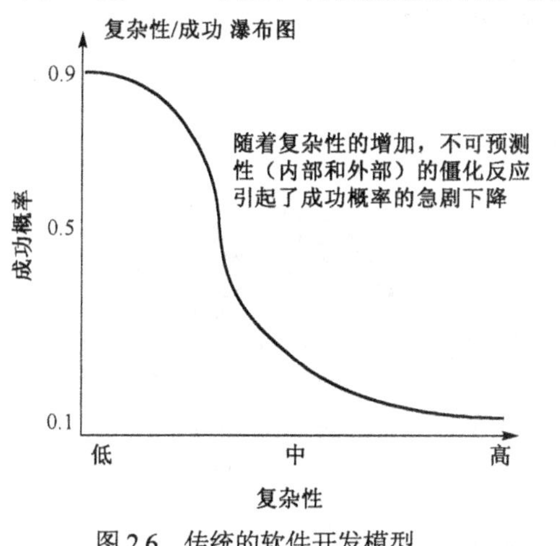

图 2.6　传统的软件开发模型

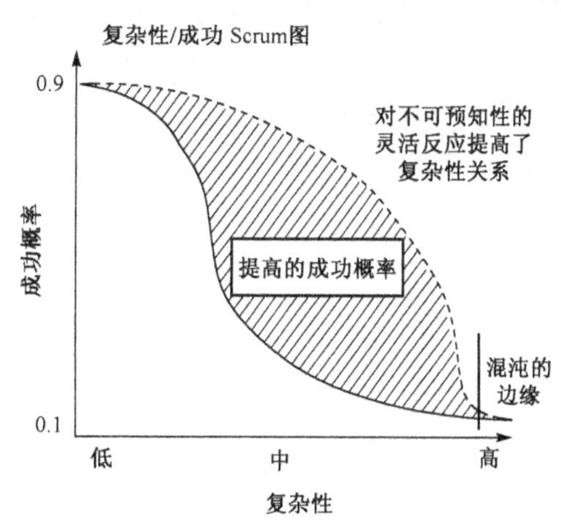

图 2.7　Scrum 模型和传统模型的对比

2. Scrum 模型中的名词说明

模型中包括的主要名词有：

- backlog：可以预知的所有任务，包括功能性的和非功能性的所有任务。
- sprint：一次迭代开发的时间周期，一般最多以 30 天为一个周期。在这段时间内，开发团队需要完成一个制定的 backlog，并且最终成果是一个增量的、可以交付的产品。

- sprint backlog：一个 sprint 周期内所需要完成的任务。
- scrum master：负责监督整个 Scrum 进程，修订计划的一个团队成员。
- time-box：一个用于开会时间段。比如每个 daily scrum meeting 的 time-box 为 15 分钟。
- sprint planning meeting：在启动每个 sprint 前召开。一般为一天时间(8 小时)。该会议需要制定的任务是：产品 Owner 和团队成员将 backlog 分解成小的功能模块，决定在即将进行的 sprint 里需要完成多少小功能模块，确定好这个 product backlog 的任务优先级。另外，该会议还需详细地讨论如何能够按照需求完成这些小功能模块。制定的这些模块的工作量以小时计算。
- daily scrum meeting：开发团队成员召开，一般为 15 分钟。每个开发成员需要向 scrum master 汇报三个项目：今天完成了什么？是否遇到了障碍？即将要做什么？通过该会议，团队成员可以相互了解项目进度。
- sprint review meeting：在每个 sprint 结束后，这个 Team 将这个 sprint 的工作成果演示给 Product Owner 和其他相关的人员。一般该会议为 4 小时。
- sprint retrospective meeting：对刚结束的 sprint 进行总结。会议的参与人员为团队开发的内部人员。一般该会议为 3 小时。

3. 实施 Scrum 的过程简要介绍

实施 Scrum 的过程介绍如下：

(1) 将整个产品的 backlog 分解成 sprint backlog，这个 sprint backlog 是按照目前的人力物力条件可以完成的。

(2) 召开 sprint planning meeting，划分和确定这个 sprint 内需要完成的任务，标注任务的优先级并分配给每个成员。注意这里的任务是以小时计算的，并不是按人天计算。

(3) 进入 sprint 开发周期，在这个周期内，每天需要召开 daily scrum meeting。

(4) 整个 sprint 周期结束，召开 sprint review meeting，将成果演示给 Product Owner。

(5) 团队成员最后召开 sprint retrospective meeting，总结问题和经验。

(6) 这样周而复始，按照同样的步骤进行下一次 sprint。

整个过程如图 2.8 所示：

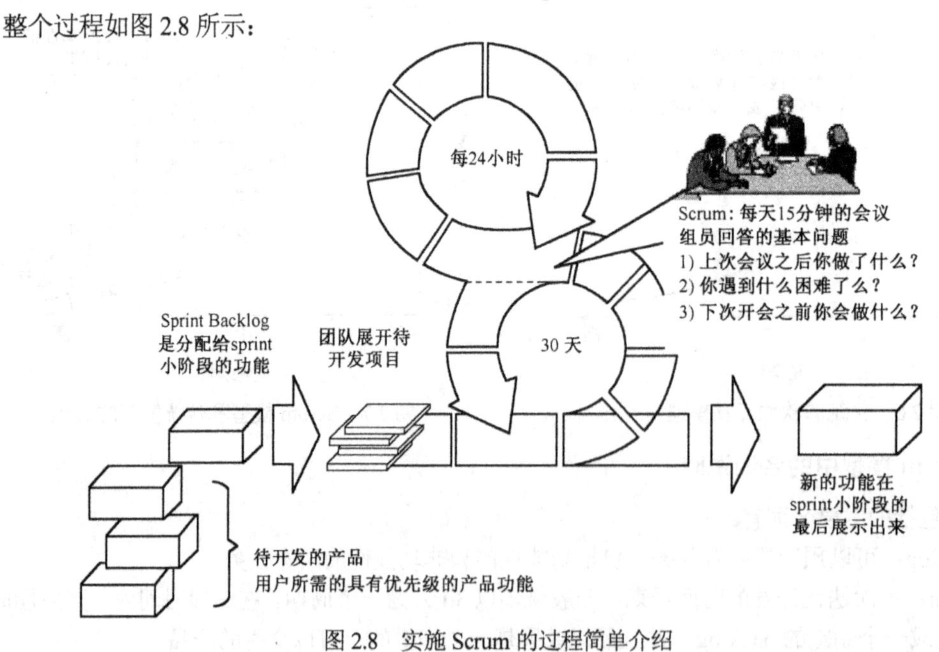

图 2.8 实施 Scrum 的过程简单介绍

2.2　软件开发过程能力成熟度模型

谈到软件开发过程，必然要谈到近年来比较热门的话题软件开发过程能力成熟度模型(Capability Maturity Model，CMM)，软件过程成熟度是指对过程计划或定义水平、过程实施水平、过程管理和控制水平、过程改善潜力等指标的综合评价。

CMM 是美国国防部对软件承包商软件能力评估的一种模型，也是承包商改进其软件过程的一种途径。由卡内基·梅隆大学软件工程研究所(SEI)提出，曾几经修改，最新的正式版本是 1999 年修订的 2.0 版。本书所讲述的 CMM 是指 SE-CMM，即软件能力成熟度模型，该模型事实上已经形成标准，其模型分为五个等级，如图2.9所示。

(1) 初始级：软件生产过程的特征是随机的，有时甚至是杂乱的。很少过程被定义，成功依赖于个人的努力。

(2) 可重复级：建立基本的项目管理过程，以跟踪费用、进度和功能。设定必要的过程纪律以重复以往在相同应用的项目的成功。

(3) 已定义级：管理和工程活动的软件过程已文档化、标准化、集成化到一个标准的组织的软件过程。组织内所有的项目使用的软件过程是集体同意、裁剪过的标准开发和维护软件的版本。

(4) 已管理级：详细的软件过程和产品质量的特征已被收集。软件过程和产品已被定量管理和控制。

(5) 优化级：能自觉利用各种经验和来自新技术、新思想的先导试验的定量反馈信息，不断改进和优化组织统一的标准软件过程。

CMM 的结构是层次化的结构，包括级、关键过程域(18 个)、公共特征(5 类)和关键实践(316 个)，划分了 5 个级别。

关键过程域(KPA)是指一系列相互关联操作活动，这些活动反映了一个软件组织改进软件过程时必须集中力量改进的方面。

公共特征有效指出了一个 KPA 的实现范围、要求和实施内容，包括：执行约定、执行能力、实施活动、度量和分析、验证实施。

关键实践是一些主要的实践活动，它是组成 KPA 的单元。比如：遵循已文档化的规程制订项目的软件开发计划是软件项目计划的一个关键实践。

CMM 内部结构如图 2.10 所示。

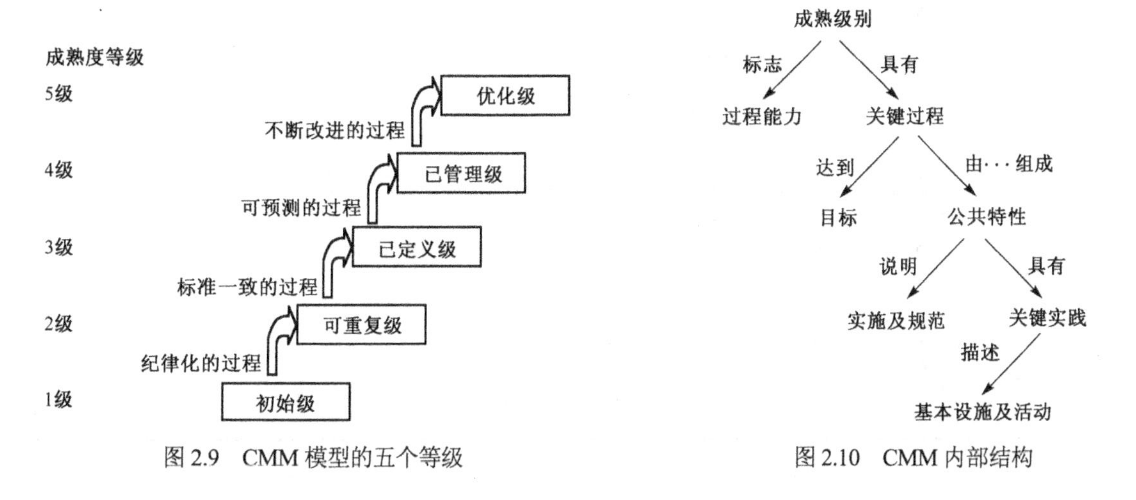

图 2.9　CMM 模型的五个等级

图 2.10　CMM 内部结构

2.3 CMM 的五个等级关键特性

CMM 的五个特级的关键特性分别如表 2.1～表 2.5 所示，分成过程特征、关键过程域、工作组、度量和改进方向。

表 2.1 初始级的关键特性

类　型	内　容
过程特征	● 软件过程不稳定，项目的执行是无序的甚至是混乱的 ● 一旦遇到危机经常放弃原有计划，直接编码和测试 ● 组织中的软件过程能力体现在个人身上，而非整个组织中稳定的过程能力 ● 整个软件过程不可确定、不可预见，过程是随意的 ● 各种条例和规章不健全或不协调 ● 人们的工作方式处于“救火”状态 ● 在引进新技术方面有极大风险
关键过程域	未定义
工作组	可能会有一些工作组，如软件开发组、项目工程组
度量	没有进行数据收集或分析工作
改进方向	● 建立项目过程管理，实施规范化管理 ● 进行需求管理，建立各种软件项目计划，开展软件质量保证活动

表 2.2 重复级的关键特性

类　型	内　容
过程特征	● 建立了软件项目管理的策略及实现策略的规程 ● 软件过程相对稳定，已有成功可被复用 ● 过程管理的策略针对项目而非针对整个组织 ● 项目管理负责跟踪成本、进度、软件功能，有解决问题的能力，其承诺是可实现的 ● 为需求及相应的工作产品建立了基线来标志进展、控制完整性 ● 定义了软件项目的标准，能保证项目准确地执行它 ● 重视人员的培训
关键过程域	需求管理、软件项目计划、软件项目跟踪与监控、软件转包合同管理、软件质量保证、软件配置管理
工作组	系统测试组、软件评估组、软件质量保证组、软件配置管理组、合同管理组、文档支持组、培训组
度量	每个项目建立资源计划。主要是关心成本、产品和进度。有相应的管理数据
改进方向	● 不再按项目建立过程管理规范，为组织建立过程标准 ● 建立软件工程过程组长期承担评估与调整软件过程的任务 ● 积累数据，健全文档

表 2.3 已定义级关键特性

类　型	内　容
过程特征	● 整个组织全面采用综合性的管理及工程过程管理。软件活动稳定、可重复，是连续的 ● 整个组织的软件过程已标准化 ● 软件过程可控、质量可控。软件过程起了预见、防范问题的作用，使风险影响最小 ● 软件工程过程组负责软件过程活动 ● 在全组织范围内安排培训计划。有计划地按人员的角色进行培训 ● 在整个组织内部的所有人对于所定义的软件过程的活动、任务有深入理解 ● 在定性的基础上建立新的技术评估
关键过程域	组织过程焦点、组织过程定义、培训程序(Training Program)、集成软件管理、软件产品工程、组间协调、同级评估

（续表）

类　型	内　容
工作组	第 2 级的工作组（系统测试组、软件评估组、软件质量保证组、软件配置管理组、合同管理组、文档支持组、培训组）加上软件工程过程组、软件工程活动组、软件估计组
度量	● 全过程收集数据 ● 在全项目中系统地共享数据
改进方向	● 开始着手软件的定量分析 ● 通过软件的质量管理达到软件的质量目标

表 2.4　已管理级关键特性

类　型	内　容
过程特征	● 制定了软件过程和产品质量的详细而具体的度量标准。软件过程和产品质量都可以被理解和控制 ● 软件过程是被明确的度量标准所度量和操作的，软件组织的能力是可预见的，为定量评估提供基础 ● 在开发组织内已建立了软件过程数据库，保存收集到的数据，可用于各项目 ● 每个项目中存在强烈的群体意识，因为每个人都了解个人的作用与组织关系，因此能够产生群体意识 ● 不断地在定量基础上评估新技术
关键过程域	定量过程管理、软件质量管理
工作组	第 3 级的组织加上软件相关组、定量过程管理活动组
度量	● 在全组织内进行数据收集与确定 ● 度量标准化 ● 数据用于定量地理解软件过程及稳定软件过程
改进方向	● 缺陷防范 ● 主动进行技术改革管理、标识、选择和评价新技术，使有效的新技术能在开发组织中施行 ● 进行过程变更管理，定义过程改进的目的，不断地进行过程改进

表 2.5　优化级关键特性

类　型	内　容
过程特征	● 整个组织特别关注软件过程改进的持续性、预见及增强自身 ● 加强定量分析 ● 根据软件过程的效果，进行成本/利润分析，从成功的软件过程实践中吸取经验，加以总结。把最好的创新成绩迅速向全组织转移。软件过程小组对失败案例进行分析以找出原因 ● 在全组织内推广对软件过程的评价和对标准软件过程的改进 ● 要消除“公共”无效率根源，防止浪费发生。尽管这是各个级别都存在的问题，但这是第 5 级的焦点 ● 追求新技术、利用新技术 ● 防止出现错误，不断提高产品的质量和生产率
关键过程域	缺陷防范、技术改革管理、过程变更管理
工作组	第 4 级的组织加上缺陷防范活动协调组、技术改革管理活动组、软件过程改进组
度量	利用数据来评估，选择过程改进
改进方向	保持持续不断的软件过程改进

软件过程的可视性与各成熟度能力模型的比较如表 2.6 所示。

表 2.6　软件过程的可视性与各成熟度能力模型的比较

等　级	成 熟 度	可 视 性	过 程 能 力
1	初始级	有限的可视性	一般达不到进度和成本的目标
2	可重复级	在各个里程碑上具有管理可视性	由于基于过去的项目经验，项目开发计划比较现实可行
3	已定义级	项目定义软件过程的活动具有可视性	基于已定义的软件过程，组织持续地改善过程能力
4	已管理级	定量地控制软件过程	基本对过程和产品的度量，组织持续地改善过程能力
5	优化级	不断地改善软件过程	组织持续地改善过程能力

2.4 个人软件开发过程与小组软件开发过程

软件项目的质量成功与否，与一个组织内部有关人员的积极参与和创造性活动是密不可分的，而且 CMM 并未提供实现有关子过程域所需要的具体知识和技能。因此，个体软件过程(Personal Software Process，PSP)也就应运而生。PSP 为基于个体和小型群组软件过程的优化提供了具体而有效的途径，例如如何制定计划、如何控制质量、如何与其他人相互协作等。在软件设计阶段，PSP 的着眼点在于软件缺陷的预防，其具体办法是强化设计结束准则，而不是设计方法的选择。

根据对参加培训的 104 位软件人员的统计数据表明，在应用了 PSP 后，软件中总的缺陷减少了 58.0%，在测试阶段发现的缺陷减少了 71.9%，生产效率提高了 20.8%。PSP 的研究结果还表明，绝大多数软件缺陷是由于对问题的错误理解或简单的失误所造成的，只有很少一部分是由于技术问题而产生的。而且根据多年来的软件工程统计数据表明，如果在设计阶段注入一个差错，则这个差错在编码阶段要引发 3～5 个新的缺陷，要修复这些缺陷所花的费用要比修复这个设计缺陷所花的费用多一个数量级。因此，PSP 保障软件产品质量的一个重要途径是提高设计质量。PSP 的推出，在软件工程界引起了极大的轰动，可以说是由定向软件工程走向定量软件工程的一个标志。

然而实践证明，仅有 CMM 和 PSP 还是不够的，因此，卡内基·梅隆大学软件工程研究所又在此基础上提出了群组软件过程(Team Software Process，TSP)的方法。TSP 指导项目组中的成员如何有效地规划和管理所面临的项目开发任务，并且告诉管理人员如何指导软件开发队伍始终以最佳状态来完成工作。TSP 实施集体管理与自己管理自己相结合的原则，最终目的在于指导一切人员如何在最少的时间内，以预定的费用生产出高质量的软件产品，这里所采用的方法是对群组软件开发过程的定义、度量和改进。

实施 TSP 的先决条件有 3 条：首先，需要有高层主管和各级经理的支持，以取得必要的资源；其次，项目组开发人员需要经过 PSP 的培训并有按 TSP 工作的愿望和热情；第三，整个单位在总体上应处于 CMM 二级以上。在实施 TSP 的过程中，首先要有明确的目标，开发人员要努力完成已经接受的委托任务。在每一阶段开始，要做好工作计划。如果发现未能按期按质完成计划，应分析原因，以判定问题是由于工作内容不合适或工作计划不实际所引起，还是由于资源不足或主观努力不够所引起。开发小组一方面应随时追踪项目进展状态并进行定期汇报，另一方面应经常评审自己是否按 PSP 的原理工作。开发人员应按自己管理自己的原则管理软件过程，如发现过程不合适，应及时改进，以保证用高质量的过程来生产高质量的软件。项目开发小组则按集体管理的原则进行管理，全体成员都要参加和关心小组的规划、进展的追踪和决策的制订等工作。

只有将实施 CMM 与实施 PSP 和 TSP 有机地结合起来，才能发挥最大的效力。因此，软件过程框架应该是 CMM/PSP/TSP 的有机集成，其相互关系如图 2.11 所示。

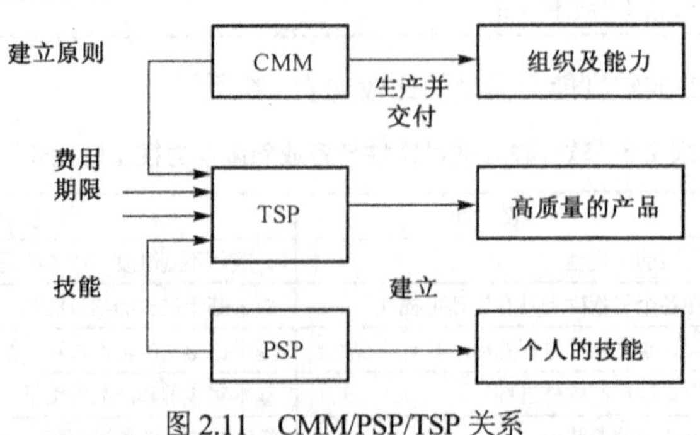

图 2.11 CMM/PSP/TSP 关系

对于中小企业或机构来说，可以将CMM作为框架，先从PSP做起，然后在此基础上逐渐过渡到TSP，以保证CMM/PSP/TSP确实在组织中生根开花。总之，必须从软件过程、过程工程的角度来看待CMM的发展，从经济学的观点来分析这个过程的价值。深入理解这些与软件开发项目管理相关的知识及其概念，在实践中注意总结适合自身的经验，一定能取得很好的效果。

2.5 RUP概述

RUP(Rational Unified Process)将项目管理、商业建模、需求管理、分析和设计、测试以及变更控制等，统一到一个一致的、贯穿整个软件开发周期的处理过程。它使团队中每个开发人员的见解和思想得到统一，使开发小组成员的沟通更为容易，增强了开发人员对软件的预见性，最终的好处就是提高了软件质量，并有效缩短了软件从开发到投放市场的时间。RUP是建立在UML(即统一建模语言，它是对软件系统及其部件进行表示、直观化说明、构建和文档化的业界标准语言，简化了软件设计的复杂过程，为实际系统的编写提供一个“蓝图”)的基础上的。RUP已被IBM、Microsoft、Sun以及其他许多的软件开发组织所采用。RUP是严格按照行业标准UML开发的，它的特点主要表现为如下六个方面：

(1) 开发复用。减少开发人员的工作量，并保证软件质量，在项目初期可降低风险。

(2) 对需求进行有效管理。

(3) 可视化建模。

(4) 使用组件体系结构，使软件体系架构更具弹性。

(5) 贯穿整个开发周期的质量核查。

(6) 对软件开发的变更控制。

2.5.1 RUP的二维开发模型

RUP可以用二维坐标来描述。横轴通过时间组织，是过程展开的生命周期特征，体现开发过程的动态结构，用来描述它的术语主要包括周期、阶段、迭代和里程碑；纵轴以内容来组织为自然的逻辑活动，体现开发过程的静态结构，用来描述它的术语主要包括活动、产物、工作者和工作流，如图2.12所示。

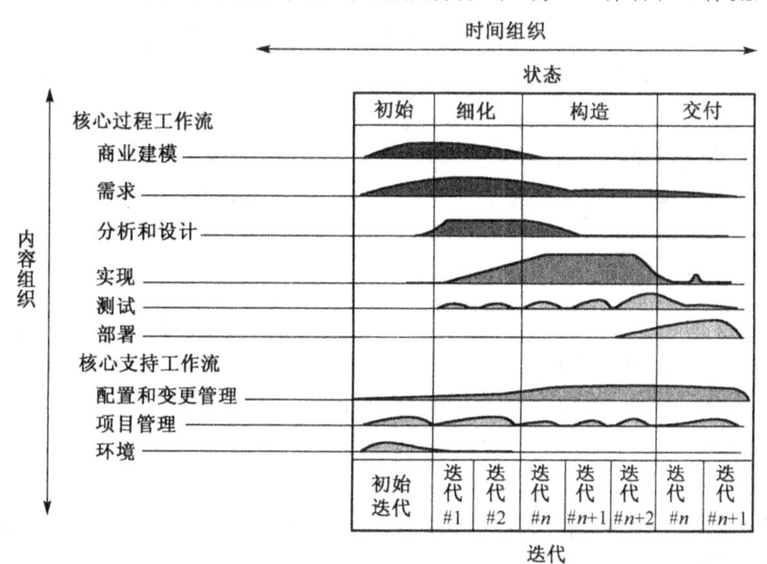

图2.12 RUP描述

2.5.2 开发过程中的各个阶段和里程碑

RUP 中的软件生命周期在时间上被分解为四个顺序的阶段，分别是初始阶段、细化阶段、构造阶段和交付阶段。每个阶段结束于一个主要的里程碑，每个阶段本质上是两个里程碑之间的时间跨度。在每个阶段的结尾执行一次评估以确定这个阶段的目标是否已经满足。如果评估结果令人满意的话，可以允许项目进入下一个阶段。

（1）初始阶段

初始阶段的目标是为系统建立商业案例并确定项目的边界。为了达到该目的必须识别所有与系统交互的外部实体，在较高层次上定义交互的特性。本阶段具有非常重要的意义，在这个阶段中所关注的是整个项目进行中的业务和需求方面的主要风险。对于建立在原有系统基础上的开发项目来讲，初始阶段可能很短。初始阶段结束是第一个重要的里程碑：生命周期目标里程碑。生命周期目标里程碑评价项目基本的生存能力。

（2）细化阶段

细化阶段的目标是分析问题领域，建立健全的体系结构基础，编制项目计划，淘汰项目中最高风险的元素。为了达到该目的，必须在理解整个系统的基础上，对体系结构做出决策，包括其范围、主要功能和诸如性能等非功能需求。同时为项目建立支持环境，包括创建开发案例，创建模板、准则并准备工具。细化阶段结束是第二个重要的里程碑：生命周期结构里程碑。生命周期结构里程碑为系统的结构建立了管理基准并使项目小组能够在构建阶段中进行衡量。此刻，要检验详细的系统目标和范围、结构的选择以及主要风险的解决方案。

（3）构造阶段

在构建阶段，所有剩余的构件和应用程序功能被开发并集成为产品，所有的功能被详细测试。从某种意义上说，构建阶段是一个制造过程，其重点放在管理资源及控制运作以优化成本、进度和质量。构建阶段结束是第三个重要的里程碑：初始功能里程碑。初始功能里程碑决定了产品是否可以在测试环境中进行部署。此刻，要确定软件、环境、用户是否可以开始系统的运作。此时的产品版本也常被称为 beta 版。

（4）交付阶段

交付阶段的重点是确保软件对最终用户是可用的。交付阶段可以跨越几次迭代，包括为发布做准备的产品测试，基于用户反馈的少量的调整。在生命周期的这一点上，用户反馈应主要集中在产品调整、设置、安装和可用性问题，所有主要的结构问题应该已经在项目生命周期的早期阶段解决了。交付阶段的终点是第四个里程碑：产品发布里程碑。此时，要确定目标是否实现，是否应该开始另一个开发周期。在一些情况下这个里程碑可能与下一个周期的初始阶段的结束重合。

2.5.3 RUP 的核心工作流

RUP 中有 9 个核心工作流，分为 6 个核心过程工作流和 3 个核心支持工作流。尽管 6 个核心过程工作流可能使人想起传统瀑布模型中的几个阶段，但应注意迭代过程中的阶段是完全不同的，这些工作流在整个生命周期中一次又一次被访问。9 个核心工作流在项目中轮流被使用，在每一次迭代中以不同的重点和强度重复。

（1）商业建模

商业建模工作流描述了如何为新的目标组织开发一个构想，并基于这个构想在商业用例模型和商业对象模型中定义组织的过程、角色和责任。

（2）需求

需求工作流的目标是描述系统应该做什么，并使开发人员和用户就这一描述达成共识。为了达到该目标，要对需要的功能和约束进行提取、组织、文档化，最重要的是理解系统所解决问题的定义和范围。

（3）分析和设计

分析和设计工作流将需求转化成未来系统的设计，为系统开发一个健壮的结构并调整设计使其与实现环境相匹配，优化其性能。分析设计的结果是一个设计模型和一个可选的分析模型。

（4）实现

实现工作流的目的包括以层次化的子系统形式定义代码的组织结构；以组件的形式(源文件、二进制文件、可执行文件)实现类和对象；将开发出的组件作为单元进行测试以及集成由单个开发者(或小组)所产生的结果，使其成为可执行的系统。

（5）测试

测试工作流要验证对象间的交互作用，验证软件中所有组件的正确集成，检验所有的需求已被正确地实现，识别并确认缺陷在软件部署之前被提出并处理。RUP 提出了迭代的方法，意味着在整个项目中进行测试，从而尽可能早地发现缺陷，从根本上降低了修改缺陷的成本。测试类似于三维模型，分别从可靠性、功能性和系统性能来进行。

（6）部署

部署工作流的目的是成功地生成版本并将软件分发给最终用户。部署工作流描述了那些与确保软件产品对最终用户具有可用性相关的活动，包括软件打包、生成软件本身以外的产品、安装软件、为用户提供帮助。在有些情况下，还可能包括计划和进行 beta 测试版、移植现有的软件和数据以及正式验收。

（7）配置和变更管理

配置和变更管理工作流描绘了如何在多个成员组成的项目中控制大量的产物。配置和变更管理工作流提供了准则来管理演化系统中的多个变体，跟踪软件创建过程中的版本。工作流描述了如何管理并行开发、分布式开发，如何自动化创建工程。同时也阐述了对产品修改原因、时间、人员审计记录。

（8）项目管理

软件项目管理平衡各种可能产生冲突的目标，管理风险，克服各种约束并成功交付使用户满意的产品。其目标包括：为项目的管理提供框架，为计划、人员配备、执行和监控项目提供实用的准则，为管理风险提供框架等。

（9）环境

环境工作流的目的是向软件开发组织提供软件开发环境，包括过程和工具。环境工作流集中于配置项目过程中所需要的活动，同样也支持开发项目规范的活动，提供了指导手册并介绍了如何在组织中实现过程。

2.5.4　RUP 的迭代开发模式

RUP 中的每个阶段可以进一步分解为迭代。一个迭代是一个完整的开发循环，产生一个可执行的产品版本，是最终产品的一个子集，它增量式地发展，从一个迭代过程到另一个迭代过程到成为最终的系统。RUP 的迭代开发模式如图 2.13 所示。

迭代过程具有以下优点：

- 降低了在一个增量上的开支风险。如果开发人员重复某个迭代，那么损失只是这一个开发有误的迭代的花费。
- 降低了产品无法按照既定进度进入市场的风险。通过在开发早期就确定风险，可以尽早来解决而不至于在开发后期匆匆忙忙处理风险。

- 加快了整个开发工作的进度。因为开发人员清楚问题的焦点所在，他们的工作会更有效率。
- 由于用户的需求并不能在一开始就做出完全的界定，它们通常是在后续阶段中不断细化的。因此，迭代过程这种模式使适应需求的变化会更容易些。

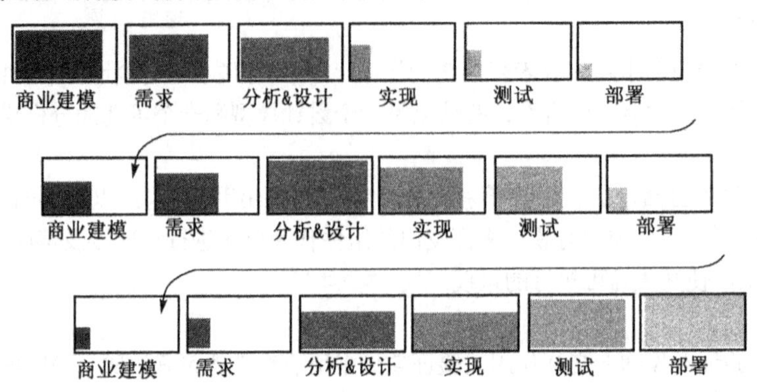

图 2.13 RUP 的迭代开发模式

2.6 XP 和 MSF 简述

极限编程(Extreme Programming，XP)是一门针对业务和软件开发的规则，它的作用在于将两者的力量集中在共同的、可以达到的目标上。它是以符合客户需要的软件为目标而产生的一种方法论，XP 使开发者能够更有效地响应客户的需求变化，哪怕是在软件生命周期的后期。它强调，软件开发是人与人合作进行的过程，因此成功的软件开发过程应该充分利用人的优势，而弱化人的缺点，突出了人在软件开发过程中的作用。极端编程属于轻量级的方法，认为文档、架构不如直接编程来得直接。XP 实际上是一种经历过很多实践考验的一种软件开发的方法，它诞生了大概有 5 年，已经被成功地应用在许多大型的公司，如 Bayeris che Landesbank、Credit Swis s Life、DaimlerChrysler、First Union National Bank、Ford Motor Company 和 UBS。

XP 的成功得益于它对客户满意度的特别强调，XP 是以开发符合客户需要的软件为目标而产生的一种方法论，XP 使开发者能够更有效地响应客户的需求变化，哪怕在软件生命周期的后期。同时，XP 也很强调团队合作。团队包括项目经理、客户、开发者。他们团结在一起来保证高质量的软件。XP 其实是一种保证成功的团队开发的简单而有效的方法。

微软解决方案框架(Microsoft Solution Framework，MSF)是微软公司及微软的产品开发者、IT 组织、咨询专家、客户和全球范围合作伙伴的软件开发的经验的总结。MSF 是一种实用的软件工程方法。MSF 包括 3 个基础模型：风险管理模型、小组模型及过程模型，以及 4 种软件开发范型，其内容还包括企业体系结构原理、应用开发原理、构件设计原理及基础设施部署原理等。

2.7 软件项目管理的过程

管理在软件开发的技术工作开始之前就应开始，而在软件从概念到实现的过程中继续进行，并且只有当软件开发工作最后结束时才终止。其过程可以分成以下几个部分(如图 2.14 所示)。

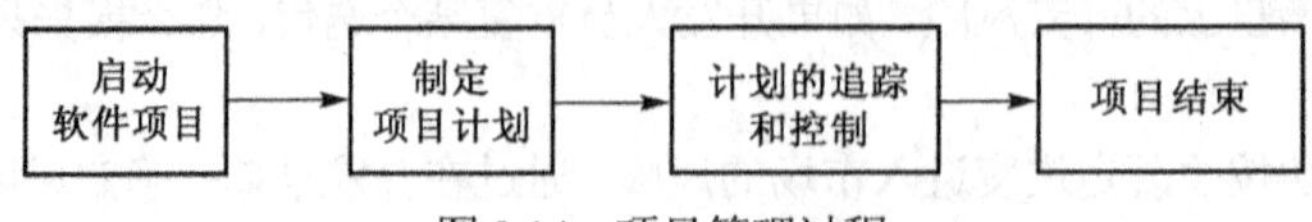

图 2.14 项目管理过程

(1) 启动软件项目

项目的启动过程就是一个新的项目识别与开始的过程。一定要认识这样的概念，即在重要项目上的微小成功，比在不重要的项目上获得巨大成功更具意义与价值。从这种意义上讲，项目的启动阶段显得尤其重要，这是决定是否投资，以及投资什么项目的关键阶段，此时的决策失误可能造成巨大的损失。重视项目启动过程，是保证项目成功的首要步骤。

在制定软件项目计划之前，必须先明确项目的目标和范围、考虑候选的解决方案、标明技术和管理上的要求。有了这些信息，才能确定合理、精确的成本估算，实际可行的任务分解以及可管理的进度安排。

项目的目标标明了软件项目的目的，但不涉及如何去达到这些目的。范围标明了软件要实现的基本功能，并尽量以定量的方式界定这些功能。候选的解决方案虽然涉及方案细节不多，但有了方案，管理人员和技术人员就能够据此选择一种“好的”方法，给出诸如交付期限、预算、个人能力、技术界面及其他许多因素所构成的限制。

(2) 制定项目计划

项目的计划过程是项目实施过程中非常重要的一个过程。通过对项目的范围、任务分解、资源分析等制定一个科学的计划，能使项目团队工作有序地开展。也因为有了计划，在实施过程中，才能有一个参照，并通过对计划的不断修订完善，使后面的规划更符合实际，更能准确地指导项目工作。制定计划的任务包括：

- 估算所需要的人力(通常以人月为单位)、项目持续时间(以年份或月份为单位)、成本(以元为单位)。
- 做出进度安排，分配资源，建立项目组织及任用人员(包括人员的地位、作用、职责、规章制度等)，根据规模和工作量估算分配任务。
- 进行风险分析，包括风险识别、风险估计、风险优化、风险驾驭策略、风险解决和风险监督。这些步骤贯穿在软件工程过程中。
- 制定质量管理指标。如何识别定义好的任务。管理人员对结束时间如何掌握，并如何识别和监控关键路径以确保结束。对进展如何度量，以及如何建立分隔任务的里程碑。
- 编制预算和成本。
- 准备环境和基础设施等。

(3) 实施和监控阶段

项目的实施，一般指项目的主体内容执行过程，但实施包括项目的前期工作，因此不光要在具体实施过程中记录项目信息，鼓励项目组成员同心协力完成项目，还要在开头与收尾过程中，强调实施的重点内容。

在项目实施中，重要的内容就是项目信息的沟通，即及时提交项目进展信息，以项目报告的方式定期沟通项目进度，为质量保证和控制提供手段。

项目管理的过程控制，是保证项目朝目标方向前进的重要过程，就是要及时发现偏差并采取纠正措施，使项目进展朝向目标方向。

控制可以使实际进展符合计划，也可以修改计划使之更切合目前的现状。修改计划的前提是项目符合期望的目标。控制的重点有几个方面：范围变更、质量标准、状态报告及风险应对。基本上处理好以上4个方面的控制，项目的控制任务大体上就能完成。

一旦建立了进度安排，就可以开始着手追踪和控制活动。由项目管理人员负责在过程执行时监督过程的实施，提供过程进展的内部报告，并按合同规定向需方提供外部报告。对于在进度安排中标明的每一个任务，如果任务实际完成日期滞后于进度安排，则管理人员可以使用一种自动的项目进度安排工具来确定在项目的中间里程碑上进度误期所造成的影响。可对资源重新定向，对任务重新安排，或者(作为最坏的结果)可以修改交付日期以调整已经暴露的问题。用这种方式可以较好地控制软件的开发。

(4) 项目收尾和结束

项目管理人员应对计划完成程度进行评审，对项目进行评价，并对计划和项目进行检查，使之在变更或完成后保持完整性和一致性。编写文档，即项目管理人员根据合同确定软件开发过程是否完成。如果完成，应从完整性方面检查项目完成的结果和记录，并把这些结果和记录编写成文档并存档。

另外，项目通过一个正式而有效的收尾过程，不仅是对当前项目产生完整文档，对项目干系人的交待，更是以后项目工作的重要财富。

项目收尾包括对最终产品进行验收，形成项目档案，吸取的教训等。

项目收尾的形式，可以根据项目的大小自由决定，可以通过召开发布会、表彰会、公布绩效评估等手段来进行，形式根据情况采用，但一定要明确，并能达到效果。

以上过程是指导性的过程，在实际实施某一项目时，可以灵活根据项目的性质、工作重点等来制定。举例来说，某大型石化公司实施 SAP 时，根据 ERP 和 SAP 产品的特点，制定出了五个过程，如图 2.15 所示。

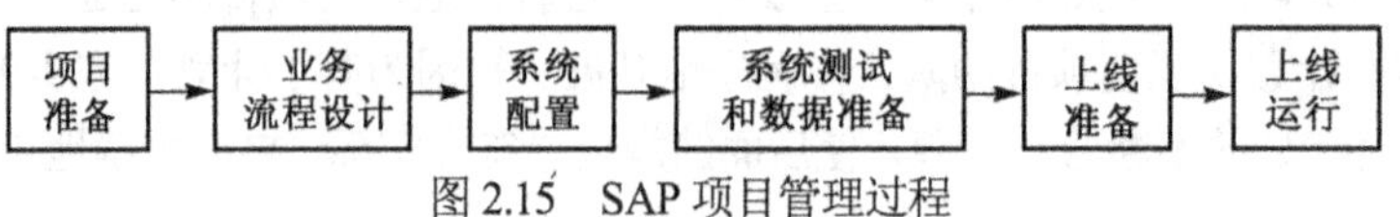

图 2.15 SAP 项目管理过程

过程中每个环节都是一个里程碑，进入下一环节时，都必须经过严格的评审。

2.8 软件工程开发过程与软件项目管理过程的关系

前面的几个章节对软件工程开发的过程和软件的项目管理过程进行了分析，两者是什么关系呢？在实际项目实施过程中，怎么遵循这两个过程呢？下面围绕这两个问题进行分析和讨论。

首先，这两个过程目标是一致的，都是为了通过一个完整的过程来达到项目的目标，即在规定的时间和资源下，完成预定质量的软件开发。

其次，这两个过程管理的对象是一致的，即对项目开发队伍和项目成员的管理。

再次，这两个过程的开始和结束时间是一样的，只是同一个时间，两个过程的任务都在执行。通常项目管理过程分项目启动、计划阶段、监控阶段、项目结束等过程，最后是项目的客户服务和系统维护。而在软件开发生命周期，分成概念或愿景、需求分析和定义、设计、实施、测试、系统安装等过程，最后是软件的维护或支持，两者关系如表 2.7 所示。

表 2.7 软件工程开发过程与软件项目管理过程的关系

项目管理	项目启动	计划阶段	监控阶段	项目结束	客户服务和系统维护
软件开发生命周期	概念或愿景；需求分析和定义	需求分析和定义；设计	实施(编程和单元测试)；系统集成和测试	系统集成和测试；系统安装	维护或支持
说明	**项目活动** ● 收集数据 ● 识别项目需求 ● 确定项目范围 ● 制定初步的WBS ● 资源估计 **系统开发活动** ● 定义产品需求 ● 可行性分析 ● 定义产品范围 ● 规划系统架构	**项目活动** ● 建立项目团队 ● 制定详细 WBS ● 项目路径网络分析 ● 预算和进度估计 ● 写项目计划 ● 确定项目合同书 **系统开发活动** ● 产品需求确定 ● 完成系统架构设计	**项目活动** ● 建立项目组织 ● 建立和执行工作任务 ● 指导、监督和控制项目 **系统开发活动** ● 完成详细设计 ● 设计书签发 ● 构建系统 ● 执行单元、系统和集成测试	**项目活动** ● 实施技术和财务审核 ● 获取客户接受 ● 准备项目移交 ● 评估和记录结果 **系统开发活动** ● 安装和测试系统	**项目活动** ● 项目移交 ● 制定客户调查计划 ● 跟踪客户 ● 客户服务 **系统开发活动** ● 操作系统 ● 系统技术支持 ● 维护和升级

但是，它们分析问题的角度和管理的侧重点不一样，软件工程的角度是从完成一个工程的角度出发，将过程分成需求分析、设计、编码、测试和维护等环节，从一个软件的生命周期去分析其过程；而项目管理过程从计划和执行的角度，将过程理解成计划的制定、实施和完成。它们讨论的侧重点也不一样，软件工程过程通常讨论开发过程中的工作内容，如需求分析、设计等，而项目管理的过程却更从管理的内容(对质量、成本、计划、沟通、组织和人员等管理)来分析。

在实际项目开发过程中，并不是循规蹈矩地按理论的要求进行，生搬硬套，而是将这些理论思想当做一个指南和方向，根据实际项目灵活地运行这些理念和思想。

本章小结

本章首先对软件生命周期的几种典型开发模型，即瀑布模型(线性模型)、RAD(快速应用开发)模型、螺旋模型以及敏捷软件开发模型进行了论述和比较，介绍有关软件开发过程的 CMM、PSP、TSP、RUP、XP 和 MSD 等，也对软件项目管理的过程进行了说明，阐明了软件开发过程与项目管理过程的关系。

复习思考题

1. 软件工程的要素有哪些？软件工程过程通常包含四种基本的过程活动是什么？
2. 理解瀑布模型(线性模型)、RAD(快速应用开发)模型和螺旋模型。
3. CMM 分哪五个等级？
4. RUP 的二维开发模型分哪几个阶段？有哪些核心工作流？
5. 软件项目管理过程分几个部分？
6. 理解软件工程开发过程与软件项目管理过程的关系。

第3章　项目的准备和启动

俗话说得好“万事开头难”,“好的开始是成功的一半”。对于软件项目而言，前期的准备和启动也很重要。

软件项目计划前的活动是项目的准备和启动。项目主管(项目经理)及项目成员在项目前期准备和启动工作主要有：了解项目背景、分析项目相关利益者、调研软件项目商业需求、界定软件项目范围、确定软件项目预算、制定软件项目章程、项目章程案例。

另外，项目启动阶段的过程包括需求识别、项目识别、项目研究、项目决策、项目立项、启动会议等六个阶段。

3.1　启动阶段的任务

软件项目计划之前的活动是项目的启动，在项目启动的过程中，项目主管(项目经理)的任务有：

- 了解项目背景
- 了解利益相关者
- 研究商业需求和项目功能
- 确定项目范围
- 给出项目预算
- 制定项目章程

本章将分别说明各任务的含义和内容。

3.1.1　了解项目背景

启动软件项目时，要了解一般项目环境、项目背景信息，包括：

(1) 项目是否具有明确的结果

每个项目发起人和项目主管都必须在创建软件项目时，了解该软件项目的最终结果，保证项目有具体要求和潜在的要求。

(2) 项目是否有行业相关国家标准或国际标准

行业相关国家标准或者国际标准，都涉及项目的技术规范和用户使用的要求。在启动项目时必须考虑这些规范。如要开发烟草行业的信息系统，涉及的标准有：

- 《烟草行业信息分类与标准汇编》
- 《烟草行业计算机网络和信息安全技术管理规范》
- 《卷烟代码编制规则》

又如，开发化工企业的ERP，涉及化工行业的物料编码标准等。

(3) 项目是否有合理的截止日期

软件项目的开发需要消耗一定的人力、物力和财力，项目发起人应评估项目的一个合理结束时间，以便合理安排项目的进度计划。否则，在将来项目计划编制时，难以合理地为每个任务分配合理的时间，或者为了赶工而使项目质量无法保证。

(4) 项目发起人是否有权开展项目

项目发起人应有足够的资源或能得到资源来支持和完成项目，他是组织内有权力分配资源、调配和控制资金，对项目进行审批的人。否则，项目可能因没有足够的资源而无法启动，或者中途取消。

(5) 项目是否有财务支持

资金是支撑项目正常开展的重要资源之一，如果发起企业的财务状况差，或者投资者没有提供财务支持，项目也很可能因没有资金而无法启动，或者半途而废。

(6) 项目是否有人做过

该项目如果有其他人做过，须了解是什么原因使项目没能继续做下去，这种原因现在是否仍然存在。如果存在，要采取什么方法保证项目能正常开展，比如，某软件公司打算承接一广告公司的MIS(信息管理系统)，发现该项目发起人有拖欠项目款的不良记录，商业信用度差。因此，该软件公司决定不再承接该项目。

除了上述信息外，还须了解项目的相关技术信息：

(1) 项目采用的新技术将怎样影响使用者

比如，软件架构采用 C/S 和 B/S，对用户界面及使用会产生影响，使用新的软件版本很可能增强系统的功能，但可能会影响系统的稳定性等。

(2) 项目采用的新技术会对其他软件造成的影响

比如，项目采用新版本的 SAP ECC 6.0(国际著名的 ERP 产品)，会影响到它与现有系统的接口。

(3) 项目采用的新技术和正在使用的操作系统的兼容性

如采用新的数据库、中间件是否与现有 Windows 操作系统兼容。

(4) 项目采用的新技术，是否其他单位也在使用

了解采用的新技术在其他单位的使用情况，有没有发生什么技术问题，如有，是如何解决和改进的。

(5) 核心技术的供应商在行业中记录是否良好

调查本项目所用到的关键技术与核心技术提供商的情况，特别是各供应商的客户服务水平、用户满意度等情况。

(6) 网络及硬件设备建设情况如何

3.1.2　分析项目相关利益者

对每个软件项目来说，都有几种甚至十几种项目利益相关者。不同利益相关者，在项目运行过程中扮演不同角色、持不同态度。项目管理者要了解他们的想法和心理，这有利于协调工作、调动相关人员的积极性。

项目利益相关者主要可分为五种类型：

- 项目组成员
- 公司现有业务成员
- 资源提供者
- 用户
- 潜在利益相关者

3.1.3　调研软件项目商业需求

软件项目与传统项目相比，它突出了时效性，其技术性更具有时代特点，因此分析软件项目商业需求和功能时不能闭门造车，必须进行有效的市场调研和市场预测。

1．市场调研

定义：一种借助信息把消费者、顾客及公共部门和市场联系起来的特定活动。它分成三个阶段：调研准备阶段、调研实施阶段和调研数据分析阶段。

市场调研常用的方法有：

- 典型市场调研法
- 普遍市场调研法
- 抽样调查法

软件项目调研方法通常有调查问卷、现有市场数据分析、用户访问和网上数据收集等。

2．市场预测

定义：以市场调研所获得的信息资料为基础，运用科学的方法对未来一定时期内市场发展的状况和发展趋势做出估计和判断，主要包括市场购买力、市场需求、市场供给、市场价格、市场占有率和产品生命周期预测等六个方面。

市场预测常用方法有：

- 简单平衡法
- 购买力估算法
- 时间序列预测法
- 经验判断法

3.1.4 界定软件项目范围

项目范围是指为交付具有规定特征和功能的产品或服务所必须完成的工作。在确定软件项目范围时，需要识别项目、制定项目章程、范围计划和范围说明，同时要进行初步的工作分解，制定范围变更的控制办法。

识别项目是确定项目范围的首要工作。项目组成员应该和项目相关利益者进行项目开发范围的确定。其中，在软件项目中，**用户**和**技术**是识别项目的关键。

所以，与用户进行有效沟通是很重要的，下面举理解有误引出的一则小故事：

有一软件人员在项目前期，滔滔不绝地向客户讲解在“信息高速公路上做广告”的种种好处，客户听得津津有味。最后，心动的客户对软件人员说：“好得很，就让我们马上行动起来吧。请您决定广告牌的尺寸和放在哪条高速公路上，我立即派人去做……”

3.1.5 确定软件项目预算

任何软件项目离不开资金支持，也自然需要确定软件项目预算，本节分别说明预算方法、自底向上的成本估算、自顶向下的估算方法。

1．预算方法

预算可以对项目的前进方向起到财务导向的作用，工作分解结构（Work Breakdown Structure，WBS）面向提交成果对项目进行结构分解，如图3.1所示。从提交成果的列表可以确定每个提交成果需要执行的活动。通常，项目主要提交成果称为“项目里程碑”中的文档和系统原型，常常可以作为项目的阶段性标志。

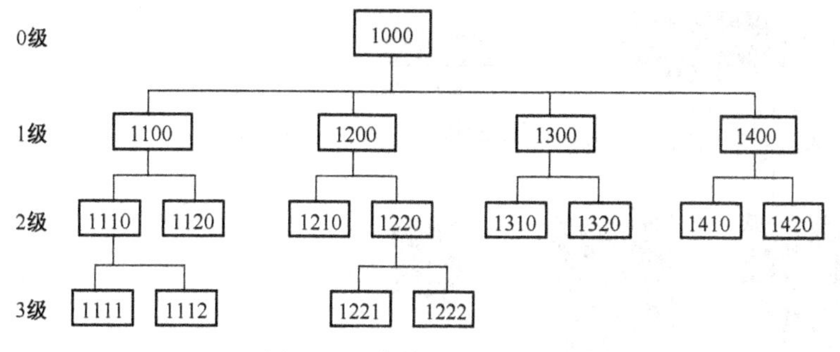

图 3.1　工作结构分解(WBS)

2. 自底向上的成本估算

自底向上的成本估算是指项目经理按照 WBS 从项目的底层开始累加直到项目的交付成果。预算时，把项目分成若干阶段，需要考虑以下问题：

- 考虑完成项目每个阶段所用的满负荷工作量
- 考虑专业服务的成本(外包管理时间及费用)
- 考虑设备成本
- 考虑生产附加成本(办公费、用户手册)
- 考虑质量检测需求
- 考虑储备金(有一定的比例)

例如，某企业开发一个应用程序的项目，它可以分为 3 个阶段，每个阶段的预算分别为 33 600、45 000、18 200，则整个项目的总预算为 96 800，如图3.2所示。

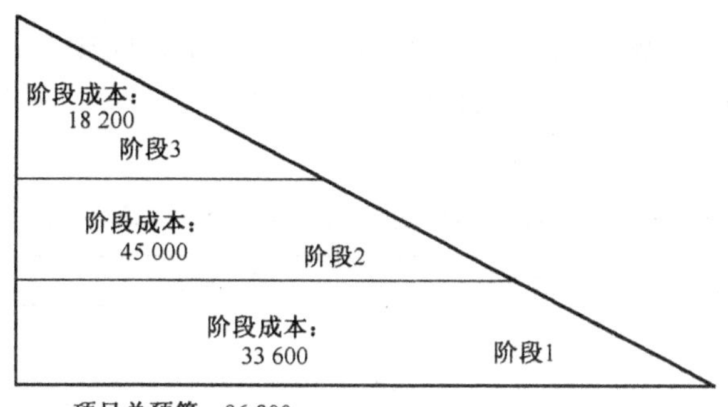

图 3.2　某企业开发应用程序项目预算

在考虑上述因素之后，对第一阶段的成本进行预测，考虑需要花费以下项：

- 需要购买的硬件集合。如某企业的 ERP 硬件设备，如图3.3所示。
- 需要购买的软件
- 购买软件许可证。如政府服务机构或其他专业厂商提供软件许可。
- 咨询费用
- 内部开发人员的时间消耗
- 风险和储备金
- 其他和项目相关的费用

完成第一阶段费用后，再依次列出第二、三阶段的费用情况。

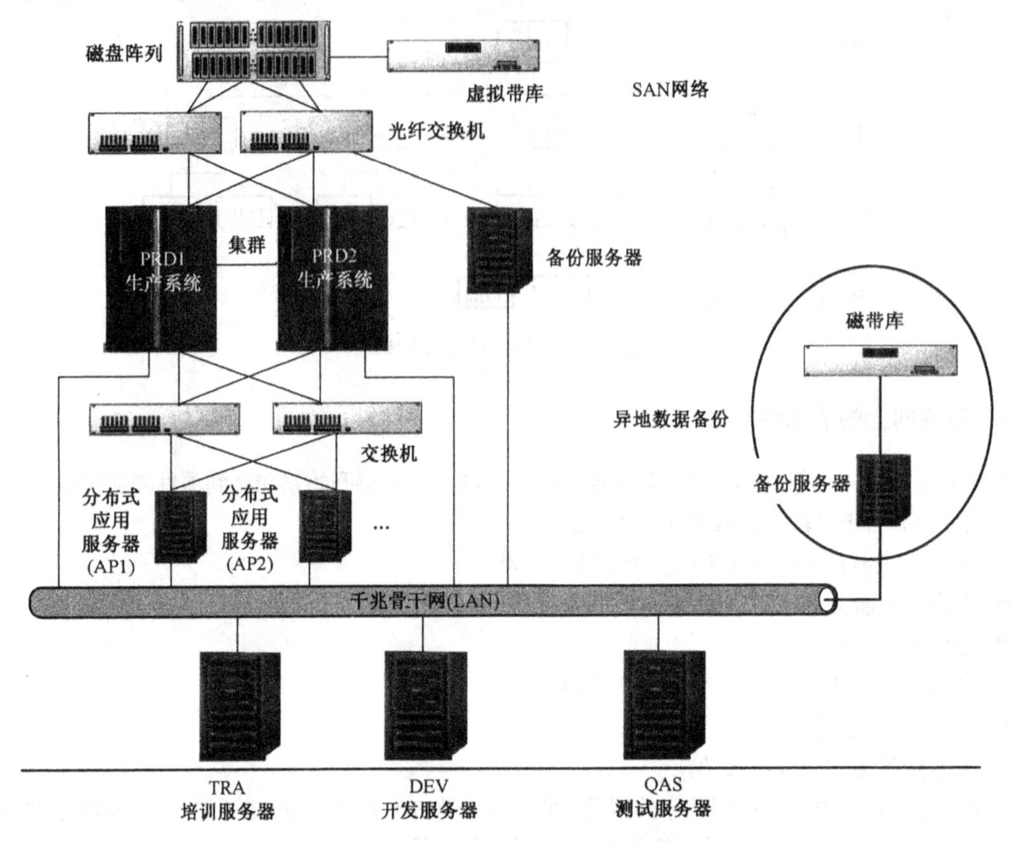

图 3.3 某企业的 ERP 硬件设备组成图

在使用自底向上的成本估算时，需要计算可能的变化。项目经理应该把每个阶段最好和最坏的情况分解成各个可能的价格波动的情况，从而计算每个极端的平均预算值。表 3.1 是某新服务器应用软件的各个实施阶段预算情况。

表 3.1 某新服务器应用软件的各个实施阶段预算情况表

各个因素	理想的情况	悲观的情况	平均
新的服务器(价格固定)			7 500 美元
应用软件(价格固定)			2 500 美元
应用许可证(价格固定)			3 500 美元
开发时间	40 小时	100 小时	70 小时
测试及做出决定时间	40 小时	120 小时	80 小时
发布给客户时间	40 小时	80 小时	60 小时
文件处理费用	4 000 美元	6 000 美元	5 000 美元
培训时间	120 小时	240 小时	180 小时

在做预算时需要考虑的因素包括：以往项目积累的经验、有用的历史信息、现有市场的确定报价、标准成本(如人工费用)。

3. 自顶向下的估算方法

自顶向下的成本估算是指项目经理按照 WBS 从项目的顶层开始，直到项目的底层进行项目预算的一种方式。模拟估算法和参数模型法是两种自顶向下的估算方法。

（1）模拟估算法使用历史项目信息预测当前项目的成本，将历史项目的实际成本作为当前项目的基础，同时根据当前项目的范围规模和其他已知的变量来估量当前项目的成本。这种方法比其他方法节省时间，但准确性差，它只给出了项目的一个粗略成本。

（2）参数模型法是基于一定的参数使用数学模型来预测项目的成本。模型中的参数因项目复杂程度的不同而不同。当使用参数模型法时，一般要使用参数，例如安装的每个单元的成本、提交的每个设备的成本等。

如软件工程中 Putnam 模型和 COCOMO 模型。

Putnam 模型是一种动态多变量模型。它导出一个“软件方程”

$$L = C_k \cdot K^{\frac{1}{3}} \cdot t_d^{\frac{4}{3}}$$

说明：t_d 是开发持续时间（年），K 是软件开发与维护在内的整个生存期所花费的工作量（人年），L 是源代码行数（LOC），C_k 是技术状态常数，因开发环境而异。技术状态常数 C_k 的取值如表 3.2 所示。

表 3.2　技术状态常数 C_k 的取值表

C_K 典型值	开发环境	开发环境举例
2 000	差	没有系统的开发方法，缺乏文档和复审，批处理方式
8 000	好	有合适的系统开发访求，有充分的文档和复审，交互执行方式
11 000	优	有自动开发工具和技术

COCOMO 模型（COnstructive COst MOdel），结构型成本估算模型是一种精确、易于使用的成本估算方法。模型中的变量为：

- DSI（源指令条数），定义为代码的源程序行数。
- MM（度量单位为人月），表示开发工作量。

3.1.6　制定软件项目章程

项目章程明确地给出了项目的定义，说明了它的特点和最终结果，规定了项目的发起人、项目经理和团队领导。

项目章程的演进过程是：项目发起人识别项目，进行初步的项目定义，同时根据项目起源和项目定义，选择和聘用项目经理，确定项目目标。

在此基础上，确定项目团队和需要的项目资源，以上确定或基本确定后，制定项目章程。

项目章程主要由以下要素构成：项目的正式名称、项目发起人、项目经理、项目目标、关于项目的业务情况（项目的开展原因）、项目的目标和可交付成果、开展工作的基本时间安排（详细的时间安排在项目计划中列举）、项目资源、预算、成员以及供应商等。

项目章程的主要作用：授权项目、对项目进行完整定义、确定项目发起人、确定项目经理、确保项目经理对项目负责、从项目发起人的角度分配项目经理权力等。

项目章程案例分析如下。

项目名称： 操作系统升级到 Windows XP 和 Windows 2005 Server

项目发起人： CIO（首席信息官）

项目经理： 王网络管理员

项目团队： 李办公员，宋文员

项目目标： 所有微机在 2008 年 12 月 3 日之前升级到 Windows XP。2009 年 12 月 20 日之前将 6 台新服务器升级为 Windows 2005 Server。

业务概况： 过去几年，公司使用的都是 Windows 2003 Server。我们学会了使用它，并越来越喜欢它。但现在应该让它进入历史了。现在要接受一种新技术，那就是 Windows XP。Windows XP 更灵活，更安全，更简单。

去年公司员工普遍感觉到服务器速度变慢，陈旧过时。信息部门将使用 6 个新型多处理服务器来替换它们。这些服务器装满了 RAM、RAID 驱动器以及快速可靠的磁盘阵列。给所有服务器安装的操作系统是 Windows 2005 Server。

项目结果：

在每台微机上安装 Windows XP；

在 6 台新服务器上安装 Windows 2005 Server；

所有工作在 2009 年 12 月 20 日前完成。

项目实施时间表：

9 月测试配置的方法，收集用户和应用状态，确定部署方法，生成脚本。

10 月首先部署 100 个示范用户。测试、记录并解决存在的问题。开始 Windows 2003 Server 的测试和设计。

11 月开始为期一个月的培训课程。在学员培训的同时，将 Windows XP 安装在他们的计算机上。继续 Windows 2005 Server 的测试。

12 月完成 Windows XP 的安装和调试。

项目资源：

预算 275, 000 美元(包括 Windows XP、Windows 2005 Server、客户许可证、咨询费、培训费)；

使用 4 个月的测试实验室；

专家王教授的现场咨询指导。

表 3.3 项目章程

<table>
<tr><td>软件项目名称</td><td colspan="3">操作系统升级到 Windows XP 和 Windows 2005 Server</td><td>批准时间</td><td>2008 年 8 月</td></tr>
<tr><td rowspan="3">项目背景介绍</td><td colspan="5">项目发起的原因：公司使用的都是 Windows NT，现在一种新技术 Windows XP 类似于 NT，但优于 NT；去年现有的服务器速度过慢，陈旧过时</td></tr>
<tr><td colspan="5">项目的机遇和优势：Windows XP 更灵活，更安全，更简单。6 个新服务器装满了 RAM、RAID 驱动器以及快速可靠的磁盘阵列。给所有的服务器安装的操作系统是 Windows 2005 Server</td></tr>
<tr><td colspan="5">项目的挑战和劣势：在过去 5 年，公司使用的都是 Windows 2003 Server。公司员工都学会了使用它，越来越喜欢它</td></tr>
<tr><td colspan="6">项目目标：所有微机在 2008 年 12 月 3 日前升级到 Windows XP，2009 年 12 月 20 日之前将 6 台新服务器升级为 Windows 2005 Server</td></tr>
<tr><td colspan="6">利益相关者：项目发起人 CIO，项目经理网络管理员，项目团队成员李办公员，宋文员……</td></tr>
<tr><td>进度计划</td><td colspan="5">9 月测试配置的方法，收集用户和应用状态，确定部署方法，生成脚本。
10 月首先部署 100 个示范用户。测试、记录并解决存在的问题。开始 Windows 2005 Server 的测试和设计。
11 月开始为期一个月的培训课程。在学员培训的同时，将 Windows XP 安装在他们的计算机上。继续 Windows 2005 Server 的测试。
12 月完成 Windows XP 的安装和调试</td></tr>
<tr><td rowspan="2">项目经理</td><td>姓名</td><td colspan="2">原先所在的部门或职务</td><td colspan="2">在项目中的权力范围</td></tr>
<tr><td>王网络管理员</td><td colspan="2">网络部</td><td colspan="2">全权</td></tr>
<tr><td rowspan="4">资源条件</td><td colspan="5">人员：李办公室办公员，宋文员……专家王教授</td></tr>
<tr><td colspan="5">物质：计算机硬件、Windows XP，Windows 2005 Server 等</td></tr>
<tr><td colspan="5">成本：275 000 美元(包括 Windows XP、Windows 2005 Server、客户许可证、咨询费、培训费)</td></tr>
<tr><td colspan="5">结束时间：12 月</td></tr>
<tr><td colspan="6">项目完成的标准：硬件安装完毕，软件调试完毕，用户满意</td></tr>
<tr><td colspan="6">签发人：CIO 签发时间：2008 年 8 月</td></tr>
</table>

3.2　项目启动过程

项目启动阶段的过程包括需求识别、项目识别、项目研究、项目决策、项目立项、启动会议等六个阶段，如图 3.4 所示。

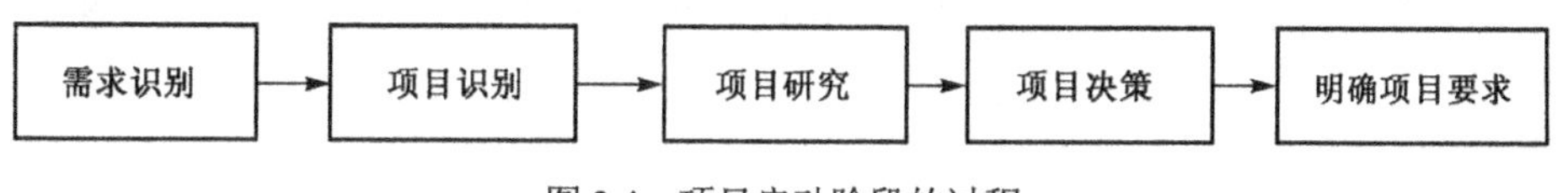

图 3.4　项目启动阶段的过程

项目启动的前提是，意向和需求的提出，有需求才有软件项目，软件项目需求提出的几种背景和环境：

- 许多软件项目的提出往往是高层的想法和意向。比如，某市机场总经理有一天发现该集团公司下属的各公司，所采用的系统平台不一，信息不能共享，于是下决心重新规划和建设信息系统，实现管理的统一化、标准化和电子化。又如，某市人事主管局的副局长年富力强，决定通过使用计算机信息系统来改进当前落后的、以人工作业为主的信息系统。
- 项目是配合相关政策的配套和形势所需而提出的。比如，某实业公司拟改制，将企业改成股份制，并包装上市，为了提升其管理水平，公司决定近期内引进先进的信息管理系统。
- 配合企业发展战略和组织调整。比如，某企业集团拟成立一个总部，管理各公司的通用业务，新成立总部后，各公司的业务流程和作业权限发生很大变化，组织结构也相应进行了调整，这时，需要开发配套的计算机管理系统。
- 业务实际发展情况。比如，某集团有新公司或新组织的成立，需要配套的管理信息系统。
- 为了处理海量的数据。比如，电力、银行、海关等单位拟开发商务智能和数据分析系统，以用软件进行辅助决策。某企业市场销售部门拟采取计算机进行历史数据统计分析，辅助市场开拓的决策。
- 提升管理水平和工作效率。比如，某市人才服务中心，为了提高人才服务效率，拟采用互联网技术，建立网上人才市场。
- 旧技术或旧软件版本已不能满足业务运作要求。比如，某大型眼镜零售商，因现有数据库不能胜任业务飞速发展的需求，拟将数据库换成 Oracle 10g。

当然，项目投资者或用户提出的需求，有时是一种目标较模糊的意向，需要项目组织者去调查、分析和识别。

3.2.1　需求识别阶段

需求识别阶段也称为初步分析阶段，它分成两个部分：

(1) 信息化功能点需求

一般来说，形成信息化功能点需求时，需要进行下列的步骤：

- 当前业务流程分析
- 未来业务流程分析
- 当前业务与未来业务的差异分析

(2) 对将来系统的非功能需求，如性能需求、环境需求、安全需求等，确定需求的优先次序。

初步分析报告形成以后，还需要组织进行评审，以达成项目关系人对需求的一致认可。

3.2.2 可行性方案论证阶段

可行性方案论证阶段也称为项目识别与研究阶段，可行性方案的作用包括：

1. 它是项目投入产出评估的依据

通过可行性方案，进行经济性评估和投入产出的分析，主要包括货币的时间价值、投资回收期、纯收入等概念。

(1) 货币的时间价值

通常用利率表示货币的时间价值，设年利率为 i，现存入 P 元，则 n 年后可得钱数为：$F=P(1+i)^n$ 反之，若 N 年后能收入 F 元，那么这些钱现在的价值是：$P=F/(1+i)^n$。

例：在工程设计中用 CAD 系统来取代大部分人工设计工作，每年可节省 9.6 万元。若软件生存期为 5 年，则 5 年可节省 48 万元。而假设开发 CAD 系统共投资 20 万元，年利率是 5%，根据货币的时间价值概念，得到如表 3.4 所示的结果。

表 3.4 工程设计 CAD 货币的时间价值结果表

年份	将来值(万)	$(1+i)^n$	现在值	累计的现在值
1	9.6	1.05	9.1429	9.1429
2	9.6	1.1025	8.7075	17.8513
3	9.6	1.1576	8.2928	26.1432
4	9.6	1.2155	7.8979	34.0411
5	9.6	1.2763	7.5219	41.5630

(2) 投资回收期

投资回收期是衡量一个开发工程价值的经济指标。就是积累的经济效益等于最初投资所需要的时间。

上例中，引入 CAD 系统两年后，可以节省 17.85 万元，比最初投资还少 2.15 万元，但第三年可以省 8.29 万元，则 2.15/8.29 = 0.259(年)，也就是说，0.259 年可以回收前两年未回收的 2.15 万元。所以，该项目的投资回收期是 2.259 年。

(3) 纯收入

工程纯收入也是一个衡量价值的经济指标，是指整个生存周期之内系统的累计经济效益(折合成现值)与投资之差。上例中，纯收入是：41.563 − 20 = 21.563(万元)。

在软件项目中，往往有放长线钓大鱼的做法。比如，某 IT 集团新建 ERP 事业部，为了积累用户案例和磨合团队，在某化工企业的 ERP 实施顾问商招标中，用低于成本的价格中标，为后续承接类似的工程打下基础。

一个企业的应用软件，其效益和产出往往是有形的和无形的，比如，企业的 ERP(企业资源计划)系统实施上线后，会降低库存，加快资金周转，这些是有形的效益，还会有提升企业形象、工作流程加速等无形的效益。

2. 产品选型的依据

制定可行性方案时，它是建立在业务和用户需求的基础上，并不受任何产品影响。因而方案是后续产品选型的依据，它使得企业可以在产品选型过程中始终坚持以自身的需求和规划为原则，选择合适产品与方案，而不至于受到供应商解决方案的误导，即一切从需要出发。但事实并不那么简单，用户经常会被供应商牵着鼻子走，比如，有一企业在实施 ERP 系统时，涉及 ERP 数据库的选型，某著名 IT 厂商给他们推荐了不适合在用户运行环境(操作系统、中间件)的数据库系统，造成系统稳定性的降低和维护的困难。

3. 实施方案的约束

可行性方案初步描绘了总体的业务方案与技术架构，而实施方案是可行性方案在各方面的细化。

此外，围绕可行性方案从管理、技术、实现难点进行的阐述，可以有效地开展项目的风险分析，制定项目的风险管理的初步策略，为项目的成功提供保障。

一般来说，可行性研究的四方面：

(1) 经济可行性

即进行成本/效益分析，从经济角度判断系统开发是否“合算”。前面已经进行了阐述。

(2) 技术可行性

指如何评价技术风险。从项目开发组织的技术实力、以往工作基础、问题的复杂性等出发，判断系统开发在时间、费用等限制条件下技术层面的可能性。它通常是可行性分析中最难决断和最关键的问题。它包括：

- 实现风险分析：在给出限制范围内，能否设计出满足要求的系统，并实现必要的功能和性能。
- 资源分析：研究开发系统的人员是否存在问题，可用于建立系统的其他资源，如硬件、软件等是否具备。
- 技术发展分析：系统技术是否符合相关技术的发展。

技术可行性分析结论可以简要地表述为：做得了吗？做得好吗？

比如，某海运货代公司，为了实现远程公司的海运业务管理，建立起一套信息管理系统，但在当时情况下，实现数据库同步技术的人才稀缺，因此，这项技术成了项目开发的瓶颈。又如，Cluster(集群)技术是提高系统稳定性的重要方法之一，但有的中间件或软件包不支持集群。再如，某品牌的高端 PC 服务器不支持 UNIX 操作系统，因此，就需要对选型有所限制。

(3) 外部环境可行性

指项目所处的外部环境各因素情况下，实施项目的可行性，如：法律可行性，指研究在系统开发过程中可能涉及的各种合同、侵权、责任，以及各种与法律相抵触的问题。确定系统开发可能导致的任何侵权、妨碍和责任等。

(4) 管理和操作的可行性

针对内部推行和使用项目的可行性，比如，操作方式在用户组织内行得通吗？管理流程改革行得通吗？

第 3 项和第 4 项也可以归纳为社会可行性。可行性分析的结果是：

- 可行，可以立即开始开发工作
- 暂时不可行，需要增加资源才能进行系统开发
- 需要推迟到某些条件具备后才能进行系统开发
- 不可行，没有必要进行系统开发，终止工作

在可行性方案中，可能涉及方案的选择，即考虑问题解决的产品选型和方案。对于软件系统，一般采用将一个大而复杂的系统分解为若干子系统的办法来降低方案的复杂性。化整为零的思想。

在可行性方案中，比较各个方案的成本/效益，选择最优的方案。可行性研究报告首先由项目负责人审查(审查内容是否可靠)，再上报给上级主管审阅。

现实糟糕情况是，用户总是找“工作忙”或自己“不够专业”等原因，完全将可行性方案交由厂商，由厂商进行可行性研究和编制文档，由此会产生不可行也写成可行的问题。

可行性报告的主要内容包括以下几部分：

(1) 引言

说明系统的名称、系统目标和系统功能、项目的由来。

(2) 系统建设背景、必要性和意义

报告要用较大的篇幅说明总体规划调查、汇总的全过程，要使人信服调查是真实的，汇总是有根据的，规划是可信的。

(3) 拟建系统的候选方案

系统候选方案应包括：系统规模及新系统初步方案、计算机的逻辑配置方案、投资方案、来源及时间安排、人员培训等。方案中可以提出一个主方案及几个辅助候选方案。

(4) 可行性论证

从技术、经济、社会三个方面对项目进行论证。

(5) 比较几个方案

若结论认为是可行的，则给出系统开发的计划，包括各阶段人力、资金、设备需求，用甘特图表示开发进度。

3.2.3 立项报告审批阶段(决策)

立项报告审批阶段也叫决策阶段，立项报告是项目启动阶段的重要文档，在这一阶段，需要将从意向提出、需求初步分析，到可行性方案论证，再到产品选型的各阶段产生的重要内容整理形成文档。

按管理流程，交相关的部门会签(一起审核和提出意见)，立项报告依权限审批后，成为确认项目合法性的文件。后续的所有项目活动都要以立项报告为依据。

立项报告审批后，即可建立项目组织机构，申请项目经费。

比如，某公司为推动采购业务的电子商务化，即实现采购业务的网上招标、供应商网上应标、网上评标和决标等功能，EC(电子商务)项目的立项过程为：

- 产品调研与分析
- 编写可行性分析报告
- 提交签呈报告
- 立项和提交采购申请

3.2.4 项目启动会准备

在项目启动准备期，应准备项目启动检查清单，以确保项目启动工作的有序，避免疏漏。

启动会准备工作一般包括：建立项目管理制度、会议人员、地点的安排、准备启动会报告和资料等。

建立项目管理制度是非常关键而且容易忽略的一项工作，主要包括：

- 项目考核管理制度
- 项目费用管理制度
- 项目例会管理制度
- 项目计划管理制度，明确各级项目计划的制定、检查流程，包括整体计划、阶段计划、周计划等。
- 项目文件管理制度，明确各种文件管理和文件的标准模板，如汇报模板、例会模板日志、问题列表等。

启动会议是项目开工的正式宣告，参加人应该包括项目组织机构中的关键角色，如管理层领导、项目经理、供应商代表、客户代表、项目监理、技术人员代表等。项目启动会的任务包括：

- 阐述项目背景、价值、目标
- 项目交付物(成果)介绍
- 项目组织机构及主要成员职责介绍
- 项目初步计划与风险分析
- 项目管理制度
- 项目成员将要使用的工作方式(全职或兼职)

图3.5展示了一企业集团的ERP项目启动会议的议程，启动会议由项目双方(委托方和开发方)共同举行，通过启动会议，双方形成的项目组织进入了“备战”的状态。

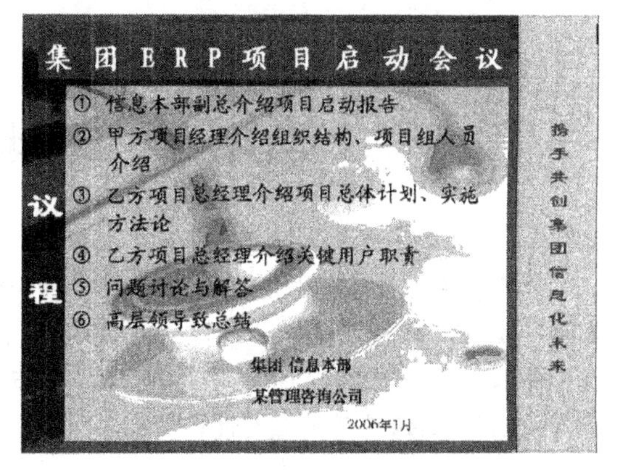

图 3.5　某企业集团的 ERP 项目启动会议

3.3　项目启动的输入与输出结果

项目启动的任务可以用图 3.6 进行简要的总结，图中包括三个部分，即输入(需要收集的信息和资料)、工具和技术(即处理的方法、技巧)和输出(得出的结果)。项目组要收集的信息主要有：产品说明或项目的背景资料、企业的战略计划、项目的目标和以往的历史资料，项目的可行性分析是最重要的项目选择方法，必要时还需要对方案进行专家评审，输出结果项目证书(正式立项文件)、确定的项目经理、方案中的假设条件和约束条件等。

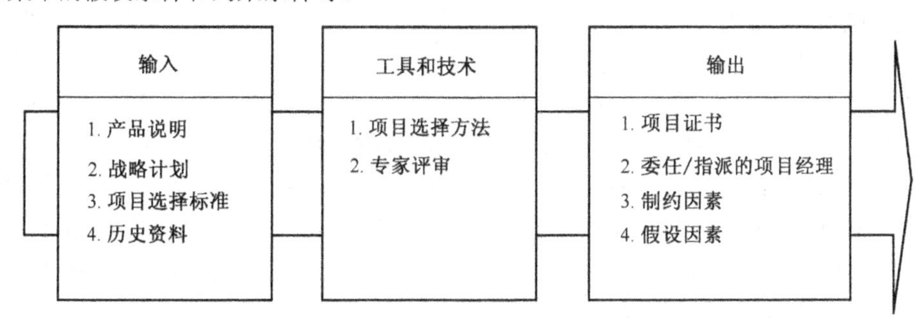

图 3.6　项目启动的任务输入与输出

本章小结

本章主要说明了项目主管(项目经理)及项目成员在项目前期准备和启动工作、项目启动阶段的六个过程，重点阐述了可行性分析的作用、可行性方案的选择，最后说明了项目启动的输入与输出图。

复习思考题

1. 为什么说软件项目的前期启动工作很重要？
2. 在项目启动的过程中，项目主管(项目经理)的任务有哪些？
3. 要了解软件项目环境和项目背景信息，要了解的内容包括哪些？
4. 软件项目预算有哪两种方式？
5. 软件项目的可行性分析包括哪些内容？
6. 软件项目启动阶段的过程包括哪六个阶段？
7. 一般来说，项目启动会要建立哪些制度？

第 4 章　软件项目的范围管理

本书以某一大型化工企业(本书中用“厦兴化工”作为其别名)ERP 和“某市人事信息管理平台”项目的实施作为案例和背景资料，将 PMBOK 中的理论、方法、工具和实践贯穿其中。

本章将介绍软件项目的范围管理，即如何进行范围计划、范围定义、范围核实和范围的变更控制。特别说明了 WBS 方法的重要性和使用。

4.1 “厦兴化工 ERP 系统”项目背景

4.1.1 公司背景与产品介绍

厦兴化工公司是一家外资大型石化企业，注册资本 2.6 亿美金，占地面积 41.55 公顷。2002 年 10 月完工投产，年产超过 100 万吨，该产品为世界最大的单线产能。公司拥有配套完善的自建专用码头及原料输送管道。现有员工 300 余人，拥有高素质的管理人员、技术人员和完善的质量保证体系，公司将 ERP 的实施列入年度的 6 大目标之一，足以说明公司对 ERP 项目的重视与期望，更把信息化建设提高到公司战略高度，目的是为了优化公司业务流程，提高公司的管理水平、工作效率和核心竞争力。运用先进的科学管理手段，提高公司的运营效率和管理水平，是公司投资建 ERP 系统的最终目的。公司高层经过多方考虑，决定选用 SAP 作为公司的 ERP 支撑平台。

SAP 英文全称是 Systems，Applications，and Products in data processing(数据处理中的系统，应用和产品)，是 SAP AG 公司的软件产品，该公司创立于 1972 年，总部在德国南部的沃尔道夫市，目前是全球最大的企业管理和协同电子商务软件供应商，全球有 120 多个国家的超过 19 300 家用户正在运行着 60 100 多套 SAP 软件。在财富 500 强的企业中：

- 80%以上的企业都正在从 SAP 的管理方案中获益
- 前 10 名企业中有 8 家使用 SAP
- 市场占有率最高的 10 家企业中的 7 家使用 SAP
- 利润最高的 10 家企业中的 7 家使用 SAP
- 投资回报率最高的 10 家中的 7 家使用 SAP

SAP 被誉为是“财富 500 强背后的管理大师”。由此可见，SAP 软件有其很强的功能及通用性，产品中体现的管理思想可谓博大精深。有人称 SAP 是一本永远读不完的书。

时至今日，作为中国 ERP 市场的绝对领导者，SAP 中国区为 300 多家各行业各规模的企业提供管理方案和专业服务，市场占有率已达到 30%。

SAP 的模块划分如表 4.1 所示。FI、CO、MM、PP、SD 称为五个基本模块，对于许多企业，前期都是上这五个基本模块。

“厦兴化工 ERP 系统”分前后两期上线，前期上线的模块包括 FI、CO、MM、PP、SD、HR 之考勤和薪资，后期上线模块包括 PM、WF、HR 之培训、人力发展和 BW(数据仓库)模块。

表 4.1　SAP 的模块划分表

一级模块代码及中文含义	二级模块代码及中文含义	备　注
CO　控制		
	EC　企业控制	
FI　财务会计		
	GL　总账管理	
	AP　应收账款	
	AR　应付账款	
	IM　资本投资管理	
	AM　资产管理	
	TR　金库管理	
HR　人力资源		
	PA　人事应用	
	PD　人事计划与发展	
LO　后勤		
	MM　物料管理	
	PM　工厂维护	
	PP　生产计划	
	PS　项目管理	
	QM　质量管理	
	SD　销售与分销	

备注：

(1) 客户及工业部门特殊要求，加入 IS（行业解决）和 WF（工作流）功能。

(2) 在 MYSAP（SAP R3 的升级版本）中，还增加了 BW、CRM 等软件包。

(3) 目前 SAP 产品版本已升级到 ECC 7.0。

4.1.2　项目的实施过程

项目实施过程分别经过项目准备、业务蓝图设计、系统实现、测试与上线准备和投产与技术支持五个阶段，实施期为 7 个月，系统共整合 110 个流程，开发报表或表单 100 多种。经过近 3 个月的试运行，财会部门摒弃旧系统，使用新系统做账。前后期各模块已上线运行的状况正常，已上线的模块不断进行优化，完善现有系统的功能，同时还不断扩充新的模块。

4.1.3　项目产生的效益

SAP 系统上线后，逐渐发挥出其功效，产生的效益主要体现在以下几方面：

- 大大减少员工手工工作量，系统可自动对输入的信息进行存储、计算、分类和汇总统计。减少纸张，业务流程的加快（如公文审批时间和人工信息处理时间减少）。
- 减少误操作，数据计算和统计的准确性大大提高。
- 加快信息实时性，传输、查询速度，通过畅通信息流，引导资金流与物流的优化和加速（资金利用率提高、周转率加快）。
- 提高信息的准确性，产品成本精确度高，降低库存，使原材料和辅料更加合理、准确。
- 优化和固化业务流程，通过信息技术创新和优化管理模式，将公司业务流程明确化、固化在计算机系统中，建立规范化、高效化的作业管理模式。
- 为决策支持提供各类信息。

● 改善公司形象(对供应商和客户)，提高员工的计算机应用的水平。

从项目管理的层面上看，实施过程中，项目管理特别是整体管理和范围管理执行得相当成功。

4.2 某市“人事信息平台”项目背景介绍

为贯彻人事部推行“电子政务”实施方案的意见，满足人事决策和管理的需要，提高人事信息工作的水平，实现人事行政管理电子化的目标，建立计算机网络和信息管理系统，加快信息化建设，从而大大提高工作效率，适应机构改革的需要已成为必然。

某市人事管理政府机关和该市一家大型网络公司合作开发的项目。项目名称为“人事信息管理平台”，经过双方紧密沟通，双方对项目目标定义为：实现该市政府人事系统内业务管理信息化和电子化，其主要功能包括政府人事日常业务处理、人事电子政务(建立某市人事网)、人事办公自动化、机关事业单位人事业务处理等，项目实施期共 8 个月。

该项目既要积极又要稳妥，项目分轻重缓急分批进行，作为项目的第一步，先行建立起局内局域网，建立起各处室的办公自动化系统(日常办公工作系统)、改造升级现有各处室信息处理子系统及开发部分新子系统模块。

根据上述业务，该项目采用现代化技术和方法，及时、快捷、准确地采集、加工、分析和传递人事信息，实现信息共享，提高数据准确性，为人事决策提供依据；编制统一的信息管理软件系统。

项目还须保护原有投资，建立安全快速局属局域网，连接现有各处室分散独立的计算机，形成一个既可共享系统资源又可独立使用的计算机网络体系。整个网络设置 108 个信息点(分散在各处室办公室)，采用超五类双绞线连接到交换机柜；选用高档 POWER PC 级服务器，为了使正常工作连续进行，配置 UPS 为服务器提供可 8 小时不间断电源支持，配置 2 台打印服务器(可接并口打印机 4 台)集中打印各部门文档材料，配备一台磁带机备份系统和数据(服务器系统崩溃后及时恢复系统正常运转，使正常工作得以顺利开展)；专门设一台独立于机关局域网带光纤模块的交换机接入市政府光纤网。充分满足当前需要，全面考虑未来的发展，预留未来机关建置 Internet 的接口，按高新管理要求，实现内部人事管理业务的信息化和网络化，将管理信息系统建成一个国内领先、布局合理、功能齐全、快速高效的现代化的人事管理信息系统。

人事的日常工作涉及大量的人事方面的信息，如有关专业技术人才、职称评定、工资福利和退休人员及综合性的信息；同时日常工作也涉及大量的文件起草、公文的流转、公文批阅、归档方面的工作。

该机关的管理信息系统覆盖了主要管理职能部门和各主要业务环节，它是市人事机关日常工作在计算机中的一个系统的、连续的、全方位的反映。系统要求达到以下的功能：

● 使该市人事机关的日常工作计算机化、规范化、系统化，提高工作人员的效率。
● 迅速建立各处室业务数据库，实现数据的一次性输入或传送，无数次共享。实现数据的自动与自动统计。
● 实现数据的收集、处理、存储、统计、分析、查询与上报，报表的打印和数据的授权的条件查询。
● 实现办公公文的流转自动化，建立电子化档案，实现审批工作流程和公共信息发布电子化。
● 建立网络打印服务器。各处室可把大量的打印作业送至优质、高速的打印机上，一方面提高了打印的质量、速度；另一方面可避免在每台计算机配置打印机的浪费。
● 建立人事政务公开网页，分别挂接在该市政府网站和该市人才网上。

该市人事管理信息系统要求满足了本局不同层次和岗位上使用者的需要，包括：领导在宏观管理和决策方面的需要；业务人员在业务处理上的需要；行政人员在日常工作中对事务处理和汇总的需要；系统管理员对系统管理和维护支持的需要。

4.3　项目的范围管理概述

项目范围管理是指对项目包括什么与不包括什么的定义与控制过程。这个过程用于确保项目组和项目干系人对作为项目结果的项目产品以及生产这些产品所用到的过程有一个共同的理解。

从启动过程制定项目章程后开始，项目范围管理的主要过程有：

(1) 范围计划编制

(2) 范围定义(WBS)

(3) 范围核实

(4) 范围的变更控制

范围的概念包含两方面，一个是产品范围，即产品或服务所包含的特征或功能；另一个是项目范围，即为交付具有规定特征和功能的产品或服务所必须完成的工作。

在确定范围时，首先要确定最终产生的是什么，它具有哪些可清晰界定的特性。要注意表达清晰，比如文字、图表或某种标准，能被项目参与人理解，不能含含糊糊、模棱两可，在此基础之上才能进一步明确需要做什么工作。而不确定的灰色地带往往是项目的祸根。

项目的范围管理着眼于“大画面”的工作，例如，项目的生命周期、工作分工结构的制定、管理流程变动的实施等。通常包括项目的定义、目标和项目的策略。定制的应用软件的范围，通常由项目目标、主要功能、性能限制(包括安全性、稳定性、准确度和响应速度方面的限制)、系统接口(用户接口、外部接口、内部接口、内部与外网的数据接口、模块之间的数据的接口等)和特殊要求等几个方面来说明。在实施“厦兴化工 ERP 系统”时，创建主要项目干系人（参见附件 1）都能理解和服从的、清晰的项目愿景和项目范围的所有组成部分都是必要的。

在实施项目过程中，项目组对范围管理的文档相当重视。在项目期间和项目之后都需要项目的愿景。下面分别说明：

1. 项目目标

定义好项目目标有助于项目组力量的集中。项目目标是测量进度的基础。因此，把定义好项目目标看做是每一个项目成功的关键因素。项目的目标应该：

- 明确地定义
- 简单而易于理解
- 可测量
- 可控制
- 能清晰地估算
- 现实但又不失挑战性

目标必须与其他项目协调一致。项目实施后，必须进行目标验证。大部分项目只能在项目实施后测量，因为它们需要知道实施的结果，或者是组织变化的情况。目标必须符合 SMART 原则，明确、可行、具体和可以度量。

比如，某市电信要开发一新版本的网络管理软件，项目组把目标定义为：在 6 个月内，在 200 万元的预算内，开发完成一套新版本的电信网络管理软件，能够将甲方的 4 种电信机型的 20 种告警综合显示在一个 Web 界面上，性能指标必项符合技术规范的要求。

项目整体的目标必须由项目组织的最高权威机构——即项目指导委员会确定。

比如，厦兴化工所属的集团公司拟实施 ERP 系统，项目主要目标在于，战略层面上配合集团集团管理的模式，为集团业务增长和整合提供系统支撑平台；战术层面上强化各管理处的职能，加强集团及关联公司内部的协同性，提高运营效率，提供准确及时的信息，提高决策的科学性。实施费用控制在 150 万以内，实施时间从 2007 年 5 月至 2007 年 12 月 31 日。

每个分解的项目目标必须由项目组定义。表 4.2 列出了 SAP 项目的 MM(物料管理)模块所设定的目标。

表 4.2 项目的物料管理模块所达到的目标

项 目	项目实施前		项目实施后		备 注
	方式	时间	方式	时间	
原辅料库存查询	查询台账	0.5 天	随时	2 分钟内	
库存价值分析	手工汇总分析	2 天	随时	5 分钟内	数据比手工准确
物料消耗清单	生产部门月底提供	1 天	随时	5 分钟内	
采购申请到比价结束	书面文件传递	24 天	SAP 处理	5 天内	
采购跟踪表	电话催	1~2 天	随时系统查询	5 分钟内	准确显示项目环节
验收时间	手工	平均 13 天	随时	平均 5 天	
从验收合格到付款	人工跑单、催单	23 天	SAP 处理	6 天内	

2. 项目定义

项目定义以一个简短和易于理解方式来说明项目的内含。它应该回答这样一个问题：项目的目的是什么？

项目定义不应该包含任何特定的目标或策略。比如“厦兴化工 ERP 系统”的项目定义为：以网络上运行的新的 SAP 系统代替原有的计算机系统，实现财务会计、销售、生产和物流功能，以公司局域网确保 SAP 所有运营单元的电子交互与连接。

指导委员会必须为项目定义目标，而业务经理则负责定义涉及其部门的项目目标。在项目目标的定义中，管理人员参与定义项目目标是项目管理的第一步。

认真地定义项目目标，要花费一定的时间，目标表达得越清楚，估算节省和分析结果就越准确。有些项目管理者往往倾向于在项目中做太多的承诺。他们忘记了最终要评定项目是否在截止日期前完成，目标是否达到。在项目实施之后，没有人会关心项目的成本或所需要的投入。

简言之，成功取决于期望管理。当开始识别目标时，项目经理可以采用下列方法：

- 把目标与公司的业务计划相联系
- 与所有的经理沟通与澄清
- 突出潜在利益和节省
- 项目目标向业务管理四元素(信息技术、组织、流程、方法和规程)展开

3. 项目策略

项目策略给项目设置指导准则。它需要由指导委员会定义，而所有的项目成员都要遵守。项目策略应该包含下列元素：

- 项目地点
- 参与的部门
- 实施原则
- 将要应用的硬件和软件

下面总结一下关于项目范围的经验：

- 定义简单、清楚和可测量的目标：定义好目标有助于项目集中在其目标上，它是分析和测量成功的基本尺度。目标必须是清楚、可测量和可控制的。
- 对每个目标计算节省：无论在哪里，这都应该尽可能做到，因为它可以证明项目的成本—效益。
- 使业务经理（各业务部门主管）对目标负责：为涉及其部门的项目建立目标是业务经理的任务，因为他们需要承担项目的所有权，而且在他们部门内部通常掌握着最高水平的专业技术知识。
- 先于成本提出截止时间：截止时间往往比成本更重要。多花些钱比延长项目时间会更好。
- 使组织、流程和规程适应软件：公司必须接受这样的事实，那就是采用标准软件的基本原则意味着要使其自身的组织、流程和规程适应软件标准，反之是不可以的。

4.4　范围计划编制

项目范围计划（有的资料也称范围规划）是指形成正式文件，为将来的项目决策建立基础，包括怎样判断项目和项目阶段已经成功完成的基本标准。简单地说，就是编写项目范围说明书（或工作约定书等）的过程。

项目范围计划过程的主要输入（收集和参考的资料）包括项目章程（目标）和项目概述（包括产品描述、项目约束、项目条件假设等），而其主要输出（结果）是形成书面的范围说明书，如图 4.1 所示。

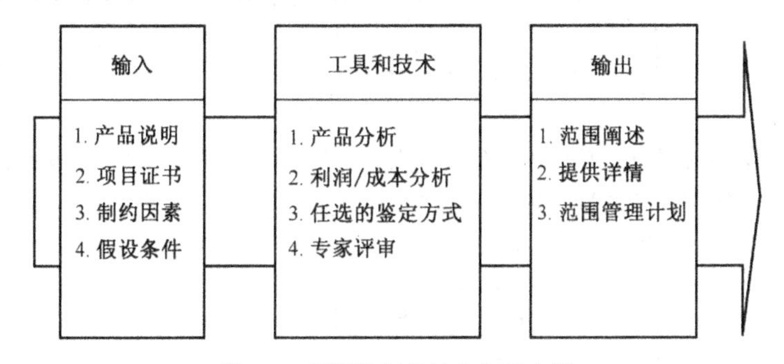

图 4.1　范围计划的输入与输出图

项目范围计划主要包括项目论证（可行性分析的简要内容）、项目产品概述、项目交付成果简述、工作或服务内容（通常是乙方或厂商、开发方）、项目成功的主要因素（可选）等。不同项目，范围说明书长度不一，政府项目通常会有一个被称做工作说明书（SOW）的范围说明。

某 ERP 项目范围说明书（项目约定书）的例子，详见附件 2。

4.5　项目范围定义

项目范围定义就是把项目的主要可交付成果分为较小的、更易管理的单元。而项目范围定义的输出（结果）就是工作分解结构（WBS）。

首先，项目结构分析的主要工作包括：

(1) 项目的结构分解

(2) 项目的单元定义

(3) 项目单元之间的逻辑关系的分析

其中，项目结构分解的工具是工作分解结构 WBS（Work Breakdown Structure），它是一个分级的树形结构，是将项目按照其内在结构或实施过程的顺序进行逐层分解而形成的结构示意图。它可以将项目分解到相对独立，内容单一的，易于成本核算与检查的项目单元，并能把各项目单元在项目中的位置与构成直观地表示出来。WBS 图是实施项目，创造最终产品或服务所必须进行的全部活动的一张清单，也是进行计划、人员分配、预算计划的基础。

没有 WBS 工作，后面的一切工作都没有依据。WBS 的分层分解图如图 4.2 所示。

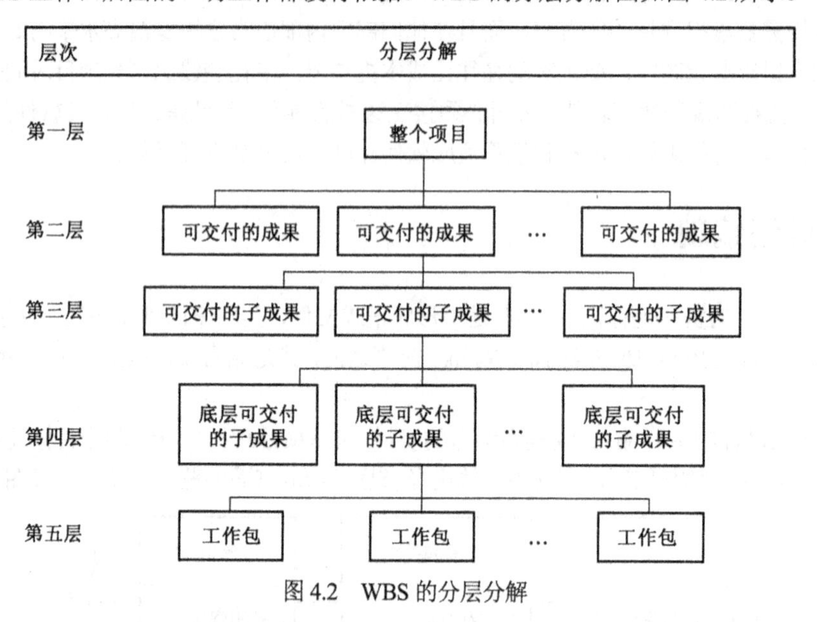

图 4.2　WBS 的分层分解

按项目本身的实际情况进行自顶向下的结构化分解，形成树形任务结构，如图4.3 所示。再把每个工作单元的工作内容、所需的工作量、预计完成的期限也规定下来。这样可以把划分后的工作落实到人，做到责任明确，便于监督检查。

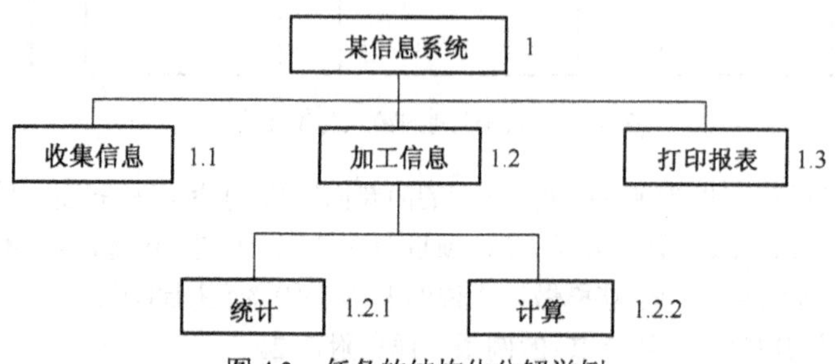

图 4.3　任务的结构化分解举例

任务责任矩阵是在任务分解的基础上，把工作分配给相关人员，用一个矩阵形表格表示任务的分工和责任。例如，把图 4.3 已分解的任务分配给五位软件开发人员，表 4.3 表明了利用任务责任矩阵表达的分工情况。从图中可以看出，工作的责任和任务的层次关系都非常明确。

表 4.3　任务责任矩阵

编　号	工作划分	负责人张某	系统工程师王某	系统工程师李某	程序员赵某	程序员陈某
1		审批				
1.1	收集信息		审查	设计	实现	
1.2	加工信息			审查		
1.2.1	统计		设计			实现
1.2.2	计算		设计			实现
1.3	打印报表		审查	设计	实现	

网站建设是基于 B/S 架构下的一种重要软件项目，下面分别从网站内部结构和网站建设逻辑顺序两个角度说明网站建设的 WBS 图，如图 4.4、图 4.5 所示。

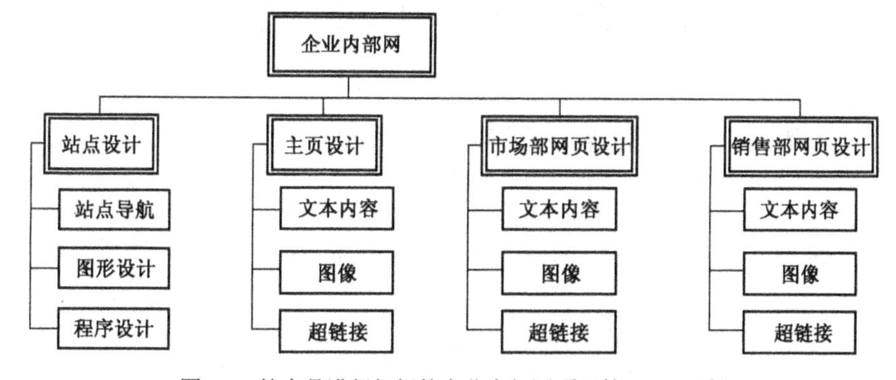

图 4.4　按产品进行组织的企业内部网项目的 WBS 示例

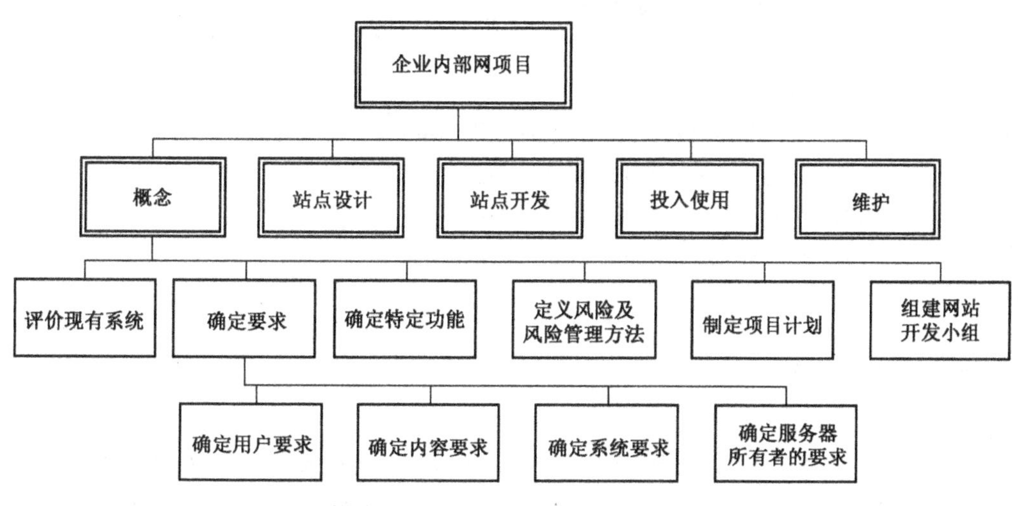

图 4.5　围绕项目阶段设计的企业内部网项目的 WBS

又如，厦兴化工的 SAP 系统，采用了 SAP 公司的实施方法论，它以时间和阶段的角度分解项目的 WBS，如图4.6所示。

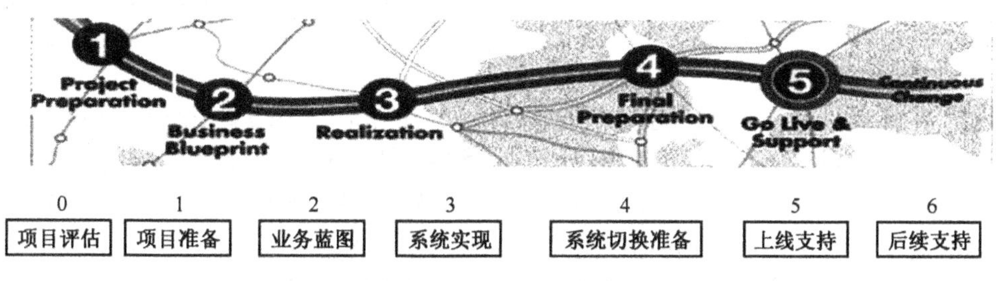

图 4.6　SAP 项目实施过程

通常情况下，软件项目更多按阶段设计 WBS，WBS 也可以用表格的形式，表 4.4 是表格形式表示的企业内部网 WBS。

WBS 设计的方法主要有类比法、自上而下法、自下而上法。

(1) 类比法

类比法是以一个类似项目的 WBS 模板为基础，制定本项目的工作分解结构。

(2) 自上而下法

自上而下法常被视为构建WBS的常规方法，即从整个项目开始，逐步将它们分解成下一级的多个子项。这个过程就是要不断地增加级数，细化工作任务。

(3) 自下而上法

自下而上法是要让项目团队成员从一开始就尽可能地确定项目有关的各项具体任务，然后将各项具体任务进行整合，并归并到一个整体活动或WBS的上一级内容中去。这种方法一般都很费时，但这种方法对于WBS的创建来说效果好。

工作包是指处于工作分解结构最低的可交付成果或产品，工作包的任务约80小时，原则上不超过两周。

通常情况下，项目的WBS是非常复杂的，需要项目组成员和用户的共同参与和讨论完成。

表4.4 用表格形式表示的企业内部网WBS

1.0 概念
  1.1 评价现有系统
  1.2 确定要求
    1.2.1 确定用户要求
    1.2.2 确定内容要求
    1.2.3 确定系统要求
    1.2.4 确定服务器所有者的要求
  1.3 确定特定功能确定需求
  1.4 定义风险和风险管理方法
  1.5 制定项目计划
  1.6 组建网站开发小组
2.0 站点设计
3.0 站点开发
4.0 投入使用
5.0 维护

WBS项目结构分解的原则如下：

- 在各层次上保持项目内容的完整性，不能遗漏工作单元。
- 一个项目单元只能从属于某一个上层单元，不能交叉。
- 项目单元应能区分不同的责任人和不同的工作内容。
- 项目结构分解应能方便工期、成本、质量等的控制。
- 详细程度适中。

4.6 项目范围核实

范围核实是项目干系人对项目范围的正式承认。软件项目组必须形成一些明确的文件(文档)，说明项目产品范围及其评估程序，以评估是否正确和满意地完成了这些产品。范围核实后，是项目将来进行验收的基准。

一个项目范围特别大、特别广的话则会引起许多问题。下面以一家公司的案例来说明问题。

范围的蔓延并且为了技术而强调技术导致了一个大型制药公司，位于得州的福克斯迈耶药业公司的破产。该公司的信息主管竭力争取一个6500万美元的系统项目用于管理公司关键的业务运作。但是，他却不主张将事情做得简单。

公司花了将近1000万美元用于配置完美的软硬件，并且把该项目的管理交给了一个著名的(并且是成本昂贵的)咨询公司去做。项目内容包括要建立一个1800万美元的自动库房，根据内部人士透漏，这玩意有点像是从科幻电影中来的。项目的范围搞得越来越大，并且越来越不实用。这个精致的自动仓库结果没能准时完工，新系统也屡屡出错致使福克斯迈耶无法挽回的1500万美元的巨额损失。当年7月，该公司四季度就花了3400万美元。到8月，福克斯迈耶公司不得不申请破产。

另一个导致软件项目范围问题的原因则是缺少用户的参与，例如格如曼，一个软件项目小组确信他们能够而且应该实现政府提案评审与批示过程的自动化。他们实施了一个功能强大的工作流程系统用来管理整个过程。但不幸的是，该系统的最终用户是一些喜欢寻求随意和特别的工作方式的宇航工程师。他们把这个系统称做“纳粹玩物”，并拒绝使用。这个例子说明，有的软件项目浪费了上百万的资金，做出来的东西最终用户却用不上。

4.7　项目范围的变更控制

范围变更控制是指如何将范围变更控制在一定的限度内，其管理目的是：控制需求变更和减小需求变更对项目的影响。

保持项目范围和用户需求的前后一贯性是非常重要的。如果出现需要改变原定实施范围的需求，应以正式文档方式提出，项目组成员必须谨慎考虑项目范围的改变或需求的改变将对整个项目进程可能产生的影响。范围变更必须在批准后才能进行。在实施过程中必须加以跟踪。

4.7.1　需求变更申请报告内容

需求变更申请报告内容主要包括如下内容：

- 说明改变内容、理由
- 说明改变部分在项目进程中的状态
- 评估改变部分对项目进程可能的影响
- 评估改变部分对项目费用可能的影响
- 评估改变部分对项目质量可能的影响

表 4.5 举例说明“财务模块中增加计算××类产品成本及相关报表”的需求变更。

表 4.5　需求变更申请表举例

变更要求　财务模块中增加计算某类产品成本及相关报表		
(系统名称)　某财务软件	RFC 序号：	
申请人：张三 日期(日/月/年)：2009 年 10 月 11 日		
申请变更内容： 系统自动计算某类产品成本，生成相应的报表，目前该模块已经完成需求分析与设计。		
申请变更原因： 成本核算用户的成本核算、成本结果展示等工作的需要。		
变更类别(标明 A、B 或 C)： A 功能方面	B 运行性能方面	C 文档方面
授权人签字：	日期：	

4.7.2　批准程序

范围变更的批准程序包括：

- 提出项目变更、需求变更申请报告(申请单或申请表)。
- 对于较小的范围改变，需要项目经理查阅和签字批准并内部存档，然后提交双方项目协调小组。
- 凡涉及整个项目进展，费用成本调整较大的改变，必须交由双方(甲方和乙方)项目领导小组批准通过。

需求变更管理过程如图 4.7 所示。

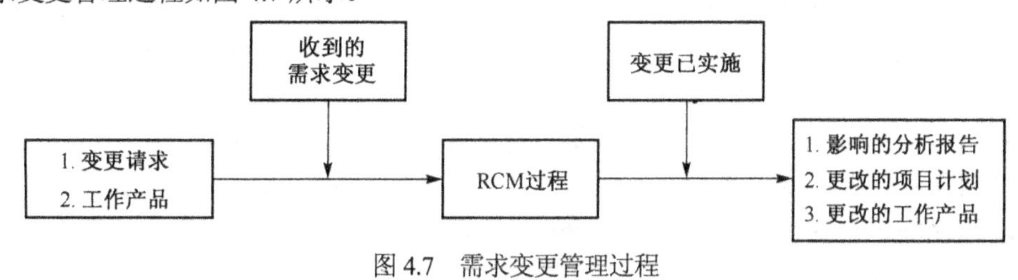

图 4.7　需求变更管理过程

在图 4.7 中，需求变更管理(RCM)过程包括：

- 记录变更日志
- 分析需求变更对工作、产品的影响(质量等)
- 估计变更请求所需的工作量，重新估计交付成果的进度(延后多少？)
- 估计增加或减少的成本
- 得出评审结果(通过否？)
- 若评审通过，则更改相应的工作产品(如软件)，使其与变更的需求保持一致
- 若评审未通过，将需求变更请求表及相应文档存档

4.7.3 范围变更跟踪执行

在范围变更的确定后，必须落实变更的内容，其步骤如下：

(1) 范围变更、需求变更申请报告签字后，开始正式执行；

(2) 调整相应的实施计划；

(3) 任务完成进度报告应当定期提交项目双方检查，完成后应当由双方项目经理签字。

范围管理的 2 个注意要点：

(1) 做好正确的范围界定：恰当的范围定义对项目成功十分关键，当范围定义不明确时，变更就不可避免地出现，很可能造成返工、延长工期、降低团队士气等一系列不利的后果。

(2) 警惕范围蔓延：很多项目经理能够意识到大的范围改变，但是对于小的改变却没有那么敏感。范围蔓延指的是当项目接受了太多小的变化之后所出现的情况。当所有这些小的变化结合在一起，项目小组才意识到需要做的额外工作太多，以至于要超出预算，延误工期。

项目范围管理案例分析

金源正在召集一个项目组会议，讨论一个信息技术更新项目的范围确定。这个项目是上周她的上司交给她办的。公司正在优先开发几个因特网应用软件，该更新项目对于实施这些软件开发是必要的。该更新项目要制定并实施一个计划，让公司所有员工的信息设施在 9 个月内达到新的公司标准。这个标准规定了每个台式机的最低配置要求，包括处理器型号、内存大小、硬盘容量、网络接口类型，以及装载软件等。金源知道要进行更新，他们必须首先为公司 2000 多名员工列出一个所有现有硬件、网络和软件的清单。

金源用项目章程描述了项目的主要目标和主要干系人的角色和责任。章程还包括一个粗略的成本和进度估算。金源召集项目组成员和其他干系人开这个会是为了进一步计划和定义项目的范围。项目会涉及哪些工作？都由谁去做？如何才能避免可能的范围蔓延？她想通过这次会议征集大家关于这些问题的看法。金源的老板建议项目组的第一步工作应该是建立一个 WBS 以清晰地定义更新项目会涉及的所有工作。但金源并不清楚怎样着手建立 WBS。她以前是用过，但这次她是项目经理，她还是第一次领导项目组来建立 WBS。

在这个关于信息技术更新项目的会议上，金源首先让大家审阅项目的章程。参加会议的人共有 12 人，代表了主要的项目干系人。在看完章程之后，金源直接就让大家提问，所有的问题她都胸有成竹，对答如流。然后，金源就直言这次会议的目的就是要准备开始进行项目的范围计划和工作确定。

她向与会者询问是否有人具有撰写范围说明书和制定工作分解结构的经验。有几个人举起了手，他们是伊冯和比尔。伊冯来自市场部(该部是公司内该项目最大的用户之一)，他在政府部门工作过 6 年，对范围说明书和 WBS 都非常熟悉。金源向伊冯询问了政府项目中这些文件的类型和用法。金源将伊冯的谈话总结成一个活动图，她的一个同事做了会议记录。

比尔是信息技术运营部的一个主管经理，讲述了前几年他在其他一些公司类似的信息技术更新项目中的经验。会议继续进行着，大家对项目范围管理内容都有一个更好的了解。

案例思考题：本案例中涉及项目管理的知识点包括哪些，如何来运用它们？

本章小结

本章介绍了本书中两个案例的背景，重点介绍了软件项目的范围管理知识领域的各个过程，即范围计划、范围定义、范围核实和范围的变更控制。在范围计划中，重点说明了如何编制范围说明书或SOW；在范围定义中，特别说明了软件项目如何使用工作结构分解(WBS)方法，得到分层的工作任务清单；在范围变更控制中，说明了变更控制的内容、批准程序和变更的跟踪执行。

复习思考题

1. 什么是项目的范围管理，其主要包括哪些过程？
2. 如何编写工作约定书或工作说明书，它主要包括哪些内容？
3. 什么是 WBS？其设计方法有哪几种？设计原则是什么？
4. 什么是任务责任矩阵？如何编写？
5. 理解需求变更控制的过程。
6. 整体管理的变更控制与范围管理的变更控制有什么不同？

第 5 章　软件项目的时间管理

项目的时间和进度是项目目标达成的三大约束(限制)之一。进度的落空或拖延，会导致用户的不满意，影响项目组的声誉，或者会使市场机会丧失，影响软件产品的销售，进而影响整个项目组织所在单位的生存和发展。对于完整的软件项目来说，如何分配时间，安排软件开发的进度呢？又有什么方法可以使用呢？

本章将介绍项目时间管理的各个过程，结合软件工程的一些思想，介绍软件项目进度计划的编制、控制和相关的案例。

5.1　时间管理概述及其过程

项目时间管理，简而言之，涉及确保项目准时完成的必需的过程。其主要任务就是项目进度计划的制定、执行和变更控制。

项目时间(进度)管理是整个项目管理中最重要的一个组成部分。它的作用是保证按时完成项目、合理分配资源、发挥最佳工作效率。

软件项目普遍问题是，项目经常延后，特别是对于时间要求严格的项目来说，影响度很大，比如，没有计算机信息系统，业务无法开展，这时系统上线时间拖延，会影响到企业的正常经营。

软件开发项目的时间安排基于两种方式：

(1) 系统最终交付日期已经确定，软件开发部门必须在规定期限内完成，目前，大多软件项目都是这种类型。为什么呢？因为某一软件项目的开发，总是配合用户或投资单位(比如某年度)的一个目标，该目标有时间和预算的约束。比如，2009 年年度信息化建设的目标是上 ERP 系统，则要求该项目在本年度完成。

(2) 系统最终交付日期只确定了大致的时限，最后交付日期由软件开发部门确定。

后一种安排能够对软件项目进行细致分析，最好地利用资源，合理地分配工作，而最后的交付日期可以在对软件进行仔细地分析之后再确定下来，这种项目一般不会很急迫，或者是用户方和投资方长远规划中一个子项目。

第一种方式的项目，在实际工作中常遇到，如不能按时完成，用户会抱怨和不满意，甚至还会要求赔偿经济损失，所以必须在规定的期限内合理地分配人力和安排进度，经常为了配合用户的进度要求，临时补充开发的人力资源或从外面配备资源。

软件项目时间管理也有项目时间管理的一般特性，软件项目时间管理中涉及的主要过程包括：

- 活动定义，涉及确定项目团队成员和项目干系人为完成项目可交付成果而必须完成的具体活动。一项活动或任务是一部分工作，一般在 WBS 里可以找到，它有一个预期历时、成本和资源要求。
- 活动排序，涉及确定项目活动之间的关系，明确各活动间的相互联系性(前后、并列等)，并形成相应的图形和文档。
- 活动时间估计，涉及估计完成具体活动所需要的工作时段数，即所需的时间。
- 编制进度计划，涉及分析活动顺序、活动历时估算和资源要求，制定进度计划。
- 进度计划控制，涉及控制和管理项目进度计划的变更。图 5.1 为“厦兴化工 ERP 系统”项目实施计划。

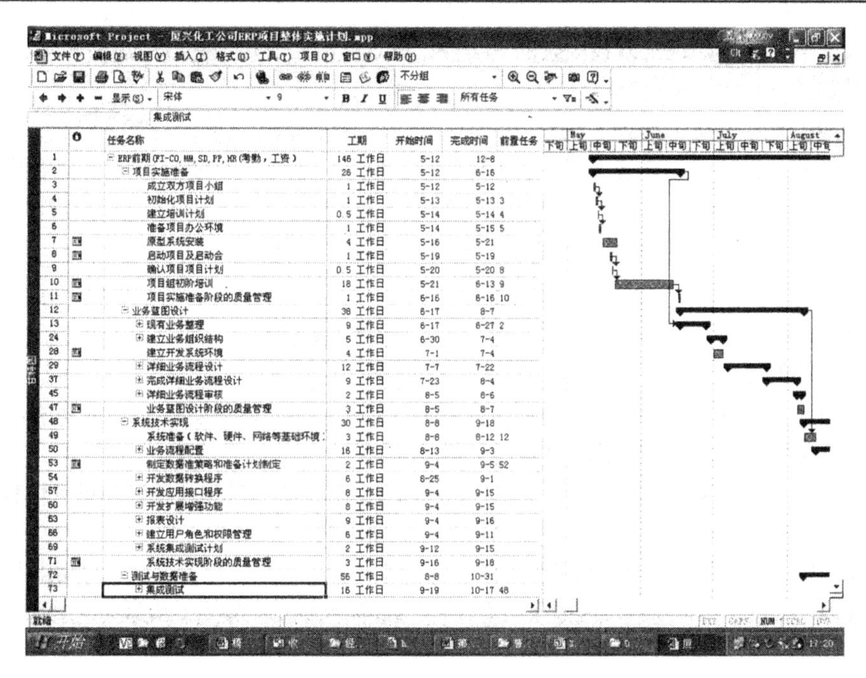

	任务名称	工期	开始时间	完成时间	前置任务
1	ERP前期(FI-CO, MM, SD, PP, HR(考勤，工资)	146 工作日	5-12	12-8	
2	项目实施准备	26 工作日	5-12	6-16	
3	成立双方项目小组	1 工作日	5-12	5-12	
4	初始化项目计划	1 工作日	5-13	5-13	3
5	建立培训计划	0.5 工作日	5-14	5-14	4
6	准备项目办公环境	1 工作日	5-14	5-15	5
7	原型系统安装	4 工作日	5-16	5-21	
8	启动项目及启动会	1 工作日	5-19	5-19	
9	确认项目项目计划	0.5 工作日	5-20	5-20	8
10	项目组初阶培训	18 工作日	5-21	6-13	9
11	项目实施准备阶段的质量管理	1 工作日	6-16	6-16	10
12	业务蓝图设计	38 工作日	6-17	8-7	
13	现有业务整理	9 工作日	6-17	6-27	2
24	建立业务组织结构	5 工作日	6-30	7-4	
28	建立开发系统环境	4 工作日	7-1	7-4	
29	详细业务流程设计	12 工作日	7-7	7-22	
37	完成详细业务流程设计	9 工作日	7-23	8-4	
45	详细业务流程审核	2 工作日	8-5	8-6	
47	业务蓝图设计阶段的质量管理	3 工作日	8-5	8-7	
48	系统技术实现	30 工作日	8-8	9-18	
49	系统准备（软件、硬件、网络等基础环境：	3 工作日	8-8	8-12	12
50	业务流程配置	16 工作日	8-13	9-3	
53	制定数据准策略和准备计划制定	2 工作日	9-4	9-5	52
54	开发数据转换程序	6 工作日	8-25	9-1	
57	开发应用接口程序	8 工作日	9-4	9-15	
60	开发扩展增强功能	8 工作日	9-4	9-15	
63	报表设计	9 工作日	9-4	9-16	
66	建立用户角色和权限管理	6 工作日	9-4	9-11	
69	系统集成测试计划	2 工作日	9-12	9-15	
71	系统技术实现阶段的质量管理	3 工作日	9-16	9-18	
72	测试与数据准备	56 工作日	8-8	10-31	
73	集成测试	16 工作日	9-19	10-17	48

图 5.1　“厦兴化工 ERP 系统”项目实施计划

通过执行这些过程、使用一些基本的项目管理工具和技术，可以改善时间管理。每个项目经理都应该熟悉某种形式的进度计划编制方法和软件工具，专门属于时间管理的工具和技术有甘特图、网络图和关键路径分析等。

5.2　定义活动

定义活动是一过程，它涉及确认和描述一些特定的活动，完成了这些活动意味着完成了 WBS 结构中的项目细目和子细目。

通过定义活动体现项目工作内容的完成。定义活动的输入输出图如图 5.2 所示。

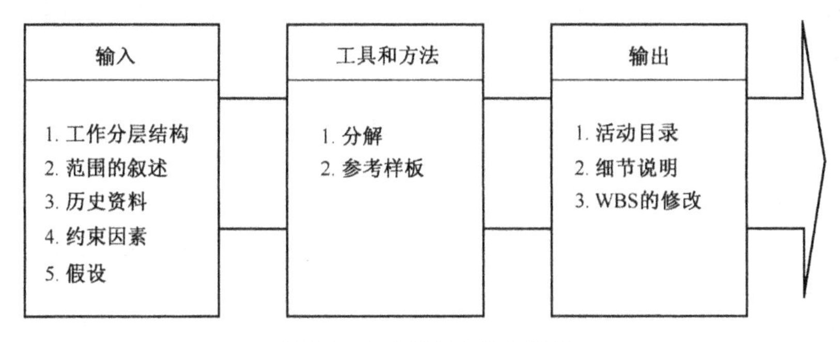

图 5.2　定义活动的输入输出

定义活动的输入因素包括：

(1) 工作分层结构图：即 WBS，是定义活动过程的主要输入。

(2) 范围的叙述：在定义项目活动时，包含在范围陈述中的项目的必要性和项目目标必须加以考虑。

(3) 历史的资料：在定义项目活动过程中，要考虑历史的资料(以往类似的项目包含哪些活动)。

(4) 约束因素：约束因素将限制项目管理小组的选择，如技术和平台的约束。

(5) 假设因素：要考虑这些假设因素的真实性、确定性，假设通常包含一定的风险，假设是对风险确认的结果。

定义活动的工具和方法包括：

(1) 分解是把项目的组成要素加以细分为可管理的更小的部分，以便更好管理和控制。这里讲的分解和定义范围中讲的分解之间的主要区别是：分解的结果是活动而不是项目细目(有形的东西)。在一些应用领域，WBS 和活动目录是同时编制的或基本相同的内容。

(2) 参考样板：先前项目的活动目录或活动目录的一部分常可作为新项目活动目录的参考样板。当前工程的 WBS 结构中的要素目录可作为今后其他类似 WBS 结构要素的参考样板。

定义活动过程的输出包括：

(1) 活动目录：活动目录必须包括项目中所要执行的所有活动，活动目录可视为 WBS 的一个细化。这个活动目录应是完备的且属于项目范围里的活动。

(2) 细节说明：有关活动目录的细节说明应表达清楚，以方便今后其他项目知识领域管理能利用。活动目录应包括活动的具体描述，以确保项目团队成员能理解工作应如何做。

(3) WBS 结构的修改：确认哪些项目细目被遗漏了或者意识到，修改必须在 WBS 中反映出来。例如，在 WBS 中增加某一业务部门的需求获取，会因此而增加人力成本，成本估计会因此而改变。

5.3 活动排序

活动排序过程包括确认且编制活动间的相关性。实际上，这是一个开发网络图的过程。网络图是一种示意图，描绘项目中各项活动以及它们的时序关系。活动必须被正确地加以排序以便今后制订实现的可行的进度计划，可用手工进行排序，大型项目也可用专门的软件。排序还因为存在的特定的约束，包括：

(1) 技术需求和规范

技术需求和规范可清晰地定义一些活动的顺序。例如，在软件项目中，需求收集必须要优先于屏幕设计。

(2) 安全性与效率

比如，在安装新硬件或软件之前需要先备份重要数据。值得一提的是，技术需求、规范和安全问题往往需要特定的时序，而效率则不是强制的。

(3) 企业政策与偏好

比如，某些企业营销工作会在推出最终产品之前很长一段时间就开始，而似乎营销工作本更适合安排在项目后期。

(4) 资源可用性

如果在项目的某个阶段资金紧张，此时又有其他活动要优先，那么需要更多资金的活动可能需要推迟。

活动排序过程包括编制活动间的三种相关性：

(1) 内在的相关性(强制依赖关系)

内在相关性是指所做工作中各活动间固有的依赖性，内在相关性通常由客观条件限制造成的。例如，软件项目只有在原型完成后才能对它进行测试。

(2) 指定性的相关性(自由依赖关系)

指定性是指由项目管理团队所规定、确定的相关性，应小心使用这种相关性并充分加以陈述。因为承认并使用这样的相关性进行排序会限制以后进度计划的选择。例如，ERP 项目中，只有开发完成后才进行用户的培训，又如，所有用户结束需求分析指令后进行详细设计。

(3) 与外部相关性(外部依赖关系)

外部相关性是指本项目活动与外部活动间的相关性。例如，软件项目的测试活动依赖于外部硬件的安装(依赖于供应厂商)。

活动间有四种相关依赖的关系，如图5.3所示。

- 结束→开始：某活动必须结束，然后另一活动才能开始。
- 结束→结束：某活动结束前，另一活动必须结束。
- 开始→开始：某活动必须在另一活动开始时开始。
- 开始→结束：某活动结束前另一活动必须开始。

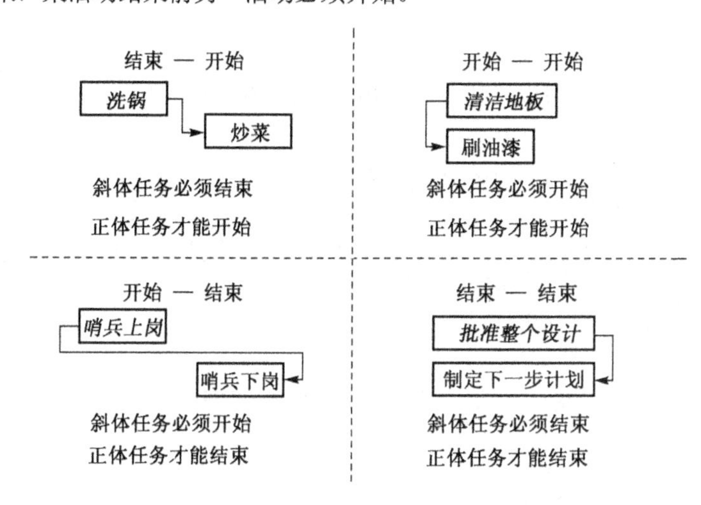

图 5.3　活动间的四种相关依赖关系

活动排序的结果(输出)是项目网络图。

项目网络图是项目所有活动以及它们之间逻辑关系(相关性)的一个图解表示，如图 5.4 所示。

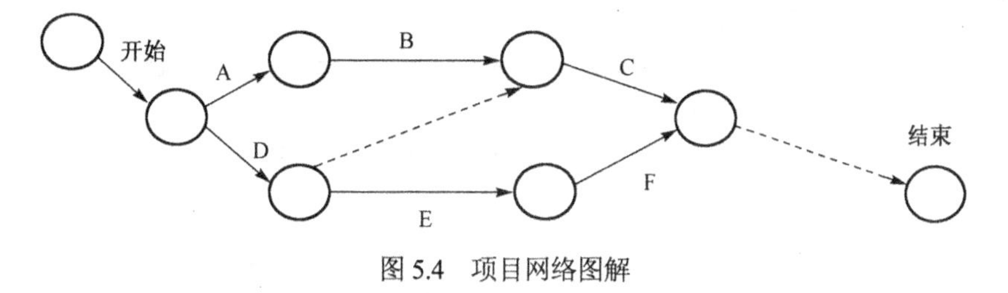

图 5.4　项目网络图解

修改后的活动目录：

之前，活动定义的过程可对 WBS 做修改。以几乎同样的方法，编制网络图也同样出现这样的情况，例如，一个活动必须进一步分划或重新定义以画出正确的逻辑关系。

下面再举例说明项目的网络图。

某一开发项目在进入编码阶段之后，考虑安排三个模块 A、B、C 的开发工作。其中，模块 A 是公用模块，模块 B 与 C 的测试有赖于模块 A 调试的完成。模块 C 是利用现成已有的模块，但对它要在理解之后做部分修改。最后直到 A、B 和 C 做组装测试为止。这些工作步骤，其项目任务网络图如图 5.5 所示。

在组织较为复杂的项目任务时，或是需要对特定的任务进一步做更为详细的计划时，可以使用分层的任务网络图。

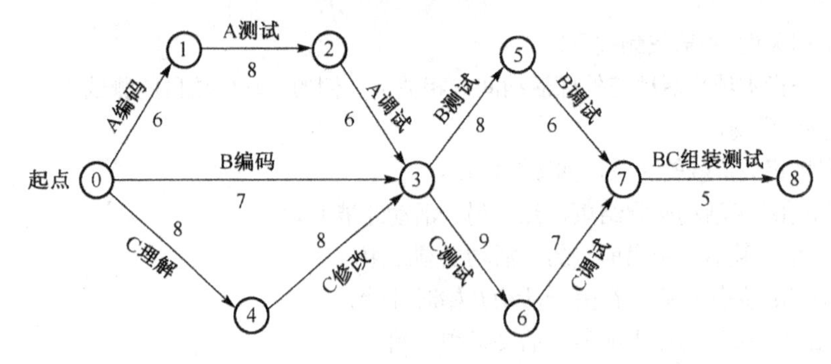

图 5.5 项目任务网络图

按软件工程生命周期理论，可以得到一个通用的项目的网络图，如图 5.6 所示。

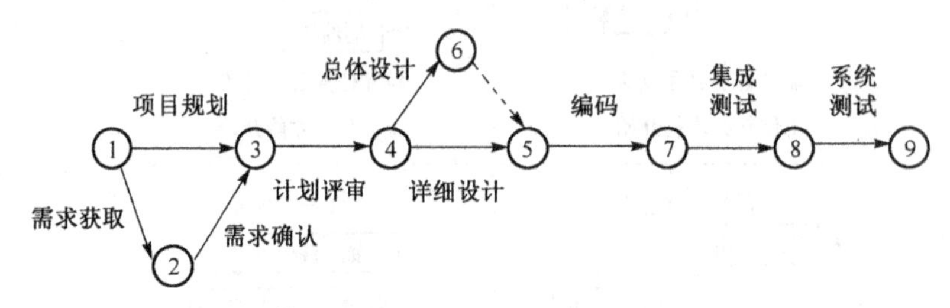

图 5.6 软件工程生命周期的项目的网络图

5.4 任务的确定与并行性

当参加同一软件项目的人数不仅一人的时候，开发工作就会出现并行情形。图5.7 显示了一个典型的由多人参加的软件项目的任务图。

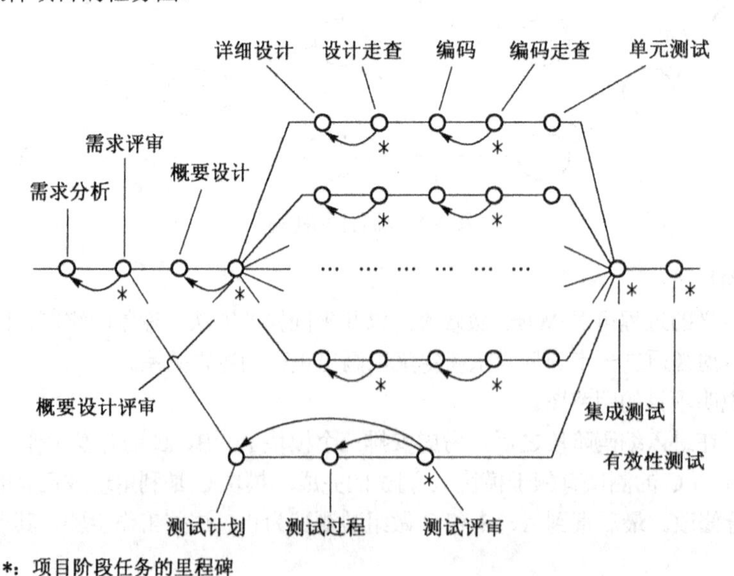

图 5.7 一般软件项目的并行性

在软件开发过程的各种活动中，第一项任务是进行项目的需求分析和评审，此项工作为以后的并行工作打下了基础。一旦软件的需求得到确认，并且通过了评审，概要设计(系统结构设计和数据设计)工作和测试计划制定工作就可以并行进行。如果系统模块结构已经建立，对各个模块的详细设计、编码、单元测试等工作又可以并行进行。待到每一个模块都已经调试完成，就可以对它们进行组装，并进行组装测试，最后进行确认测试，为软件交付进行确认工作。在图中可以看到，软件开发进程中设置了许多里程碑。里程碑为管理人员提供了指示项目进度的可靠依据。当一个软件工程任务成功地通过了评审并产生了文档之后，一个里程碑就完成了。

软件项目的并行性提出了一系列的进度要求。因为并行任务是同时发生的，所以进度计划必须决定任务之间的从属关系，确定各个任务的先后次序和衔接，确定各个任务完成的持续时间。此外，应注意构成关键路径的任务，即若要保证整个项目能按进度要求完成，就必须保证这些任务要按进度要求完成。这样就可以确定在进度安排中应保证的重点。

5.5　活动时间估计

活动时间估计指预计完成各活动所需时间长短，在项目团队中熟悉该活动特性的个人和小组可对活动所需时间做出估计。

要区分工作量和工期的概念。例如，设计一个界面需要8小时(实际的工作量)，如果程序员没有外界干扰下，一天的工期可以完成；而如果还要开会，那么可能就需要2天。即估计完成某活动所需时间长短要考虑该活动“持续”所需时间(如周末是否为工作时间)。

绝大多数的计算机排序软件会自动处理这类问题。整个项目所需时间也是运用这些工具和方法加以估计的，它是作为制订项目进度计划的一个结果。

活动时间估计的输入输出如图5.8所示。

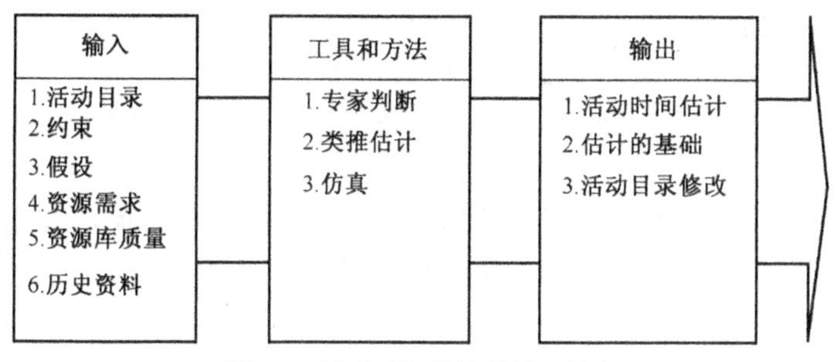

图5.8　活动时间估计的输入输出

活动时间估计的输入包括活动目录、结束和假设，还有：

(1) 资源需求

大多数活动所需时间由相关资源多少所决定。例如，2 人一起工作完成某设计活动只需一半的时间(相对一个人单独工作所需时间)；每日只能用半天进行工作的人通常至少需要2倍的时间完成某活动(相对一个人能整天工作的所需时间)。

(2) 资源质量

大多数活动所需时间与人和设备的能力(质量)有关，例如，对同一活动，设有两个人均全日能进行工作，一个高级程序员所需时间少于初级程序员所需时间。

活动所需时间估计的工具和方法：

(1) 专家判断

估计所需时间经常是困难的，因为许多因素会影响所需时间(例如，资源质量的高低，劳动生产率的不同）只要可能，专家会依靠过去资料信息进行判断。如果找不到合适专家，估计结果往往是不可靠和具有较大风险。

(2) 类推估计

利用先前类似活动的实际时间作为估计未来活动时间的基础，在以下情况这种方法常用于估计项目活动所需时间。

以下情况下类推估计是可靠的：

① 先前活动和当前活动是本质上类似而不仅是表面的相似。如建设一 OA 系统，它是否有与其他系统的接口。

② 专家或开发人员有所需专长。如某集团 OA 系统，在成功进行集团性架构分析和设计后，实施了两家公司，后续在集团内类似的公司推广 OA 项目。

5.6 编制项目进度计划

项目进度计划（Schedule）是在工作分解的基础上对项目活动做出的一系列时间安排。

制定项目进度计划的目的就是控制时间和节约时间，安排项目各项活动的时间计划和人员安排。

它可以保证按时获利以补偿已经发生的费用支出。协调资源，使资源在需要时可以被利用、预测在不同时间上所需要的资金和资源，并满足严格的完工时间约定。

图 5.9 给出了在整个定义与开发阶段工作量分配的一种建议方案。这个分配方案称为 40－20－40 规则。它指出在整个软件开发过程中，编码的工作量占 20%，编码前的工作量占 40%，编码后的工作量占 40%。

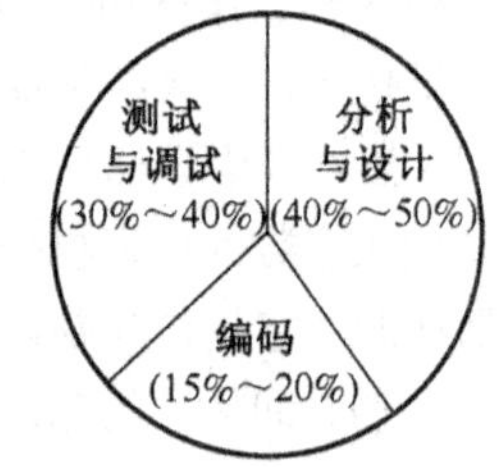

图 5.9 工作量的分配

40－20－40 规则只用来作为一个指南。实际的工作量分配比例必须按照每个项目的特点来决定。一般在计划阶段的工作量很少超过总工作量的 2%～3%，除非是具有高风险的巨额投资的项目。需求分析可能占总工作量的 10%～25%。花费在分析或原型化上面的工作量应当随项目规模和复杂性成比例地增加。通常用于软件设计的工作量在 20%～25%之间。而用在设计评审与反复修改的时间也必须考虑在内。

由于软件设计已经投入了工作量，因此其后的编码工作相对来说困难要小一些，用总工作量的 15%～20%就可以完成。测试和随后的调试工作约占总工作量的 30%～40%。所需要的测试量往往取决于软件的重要程度。

5.7 进度安排的方法

软件项目一般需经过需求分析、设计、编码实现、测试、移交、培训和安装等工作，给出每项工作任务的预定开始日期、完成日期及所需资源，规定各项工作任务完成的先后顺序以及表征每项工作任务完成的标志性事件（即所谓“里程碑”）。

表 5.1 提供软件开发各阶段工作量分配的几个参考数值。

表 5.1 各阶段的工作量分配表

阶　段	需求分析	设　计	编码与单元测试	组装与集成测试
与开发时间的百分比	10～30	17～27	25～60	16～28

而对于“厦兴化工 ERP 系统”的建设而言，因其实施过程是建立在已有的通用软件 SAP 基础之上，工作重点是业务流程的设计和配置，因此其各阶段的工作量的分配为：

表 5.2　ERP 各阶段的工作量分配表

阶　　段	项目准备	业务蓝图设计	系统实现	测试与上线准备
与开发时间的百分比	10～30	10～30	15～30	15～35

软件项目的进度安排与任何一个多任务工作的进度安排基本类似，因此只要稍加修改，就可以把用于一般开发项目的进度安排的技术和工具应用于软件项目。

软件项目的进度计划和工作的实际进展情况，需要采用图示的方法描述，特别是表现各项任务之间进度的相互依赖关系。以下介绍两种有效的方法，即常见的项目进度计划方法有里程碑法和甘特图法。

5.7.1　里程碑法

里程碑法是最简单的一种进度计划方法，仅表示主要可交付成果的计划开始和完成时间。它是一个战略计划或项目框架，以中间产品或可实现的结果为依据。用图 5.10 和表 5.3 共同表示。

里程碑事件	1 月	2 月	3 月	4 月	5 月	6 月	7 月	8 月	9 月	10 月
需求分析			▲							
系统设计					▲					
程序编码								▲		
软件测试									▲	

图 5.10　里程碑法的图示

而里程碑法的表格表示与一般的表格无差异，将里程碑划分的各阶段用表格的方式展现出来，如表 5.3 所示。

表 5.3　里程碑法的表格

序　　号	里程碑事件	交付成果	完成时间
1	需求分析完成	需求分析说明书	2009 年 3 月 15 日
2	系统设计完成	系统设计方案	2009 年 5 月 20 日
3	程序编码完成	系统软件及编码文档	2009 年 8 月 25 日
4	软件测试完成	测试报告	2009 年 9 月 10 日
项目经理审核意见：			

5.7.2　甘特图法

甘特图用水平线段表示任务的工作阶段；线段的起点和终点分别对应着任务的开工时间和完成时间；线段的长度表示完成任务所需的时间。图 5.11 给出了一个具有 5 个任务的甘特图。如果这 5 条线段分别代表完成任务的计划时间，则在横坐标方向附加一条可向右移动的纵线。它可随着项目的进展，指明已完成的任务（纵线扫过的）和有待完成的任务（纵线尚未扫过的）。从甘特图上可以很清楚地看出各子任务在时间上的对比关系。

在甘特图中，每一任务完成的标准，不是以能否继续下一阶段任务为标准，而是必须交付应交付的文档与通过评审为标准。因此在甘特图中，文档编制与评审是软件开发进度的里程碑。甘特图的优点是标明了各任务的计划进度和当前进度，能动态地反映软件开发进展情况。缺点是难以反映多个任务之间存在的复杂的逻辑关系。

图 5.12 和图 5.13 分别是对应两种类型软件项目（即一般软件开发和通用软件基础上的开发）实施的甘特图：

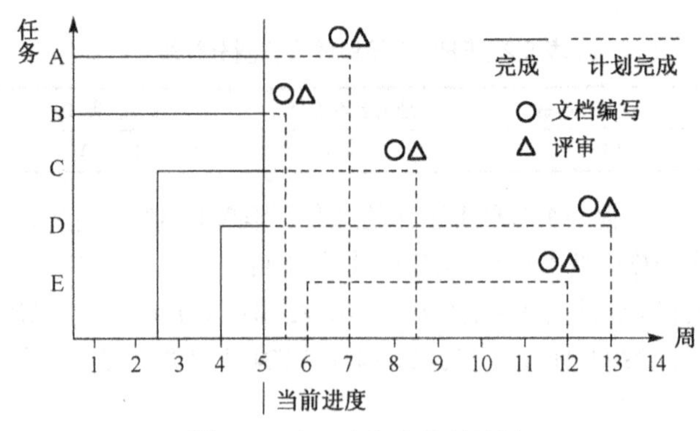

图 5.11 有 5 个任务的甘特图

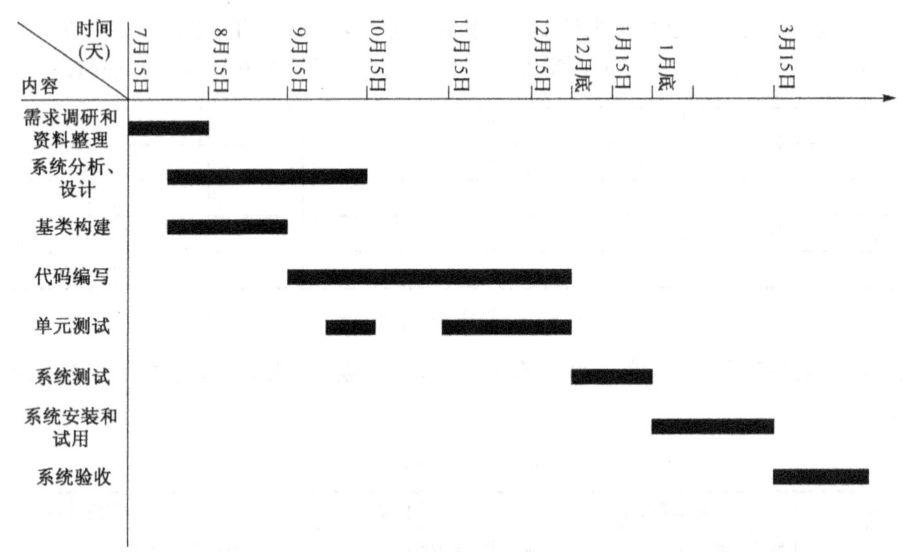

图 5.12 “某市人事信息管理平台”的项目计划甘特图

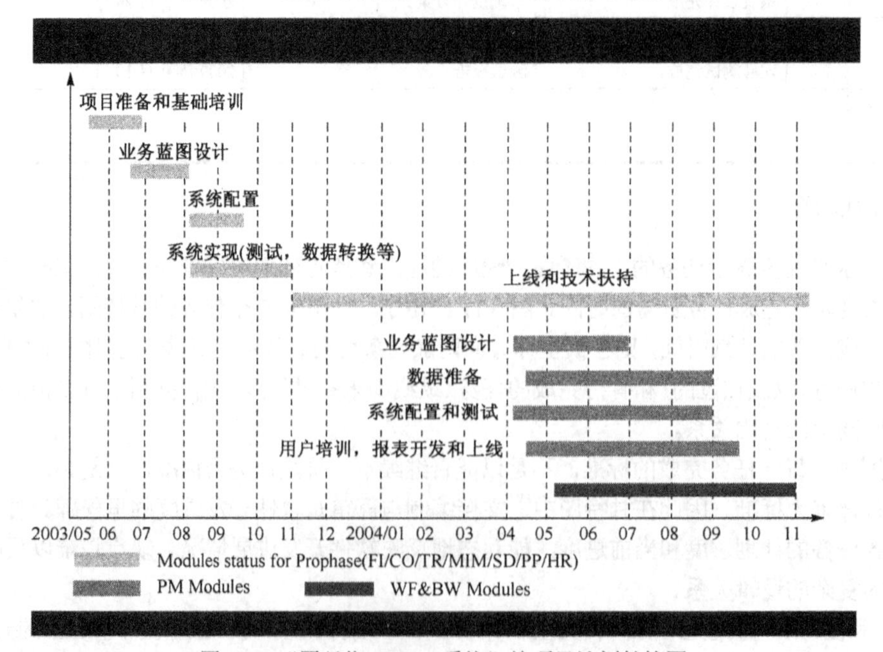

图 5.13 “厦兴化工 ERP 系统”的项目计划甘特图

5.8　进度计划编制的输入、方法和输出

项目进度计划编制的输入(参考依据)包括：

- 项目网络图
- 活动(持续)时间的估算
- 获得的资源
- 作业制度安排
- 约束条件(如供应商的供货时间、培训条件的建立等)

而进度计划最常用的数学方法有：PERT 技术和 CPM 法。

5.8.1　PERT 技术和 CPM 方法

PERT 技术和 CPM 方法都是安排开发进度，制定软件开发计划的最常用的方法。它们都采用网络图来描述一个项目的任务网络，也就是从一个项目的开始到结束，把应当完成的任务用图或表的形式表示出来。通常用两张表来定义网络图。一张表给出与一特定软件项目有关的所有任务(也称为任务分解结构)，另一张表给出应当按照什么样的次序来完成这些任务(也称为限制表)。

计划评审技术(Program Evaluation and Review Technique，PERT)理论基础是假设项目持续时间以及整个项目完成时间是随机的，且服从某种概率分布。PERT 可以估计整个项目在某个时间内完成的概率。

PERT 是综合分析项目特点、工作特点、环境等因素对各个项目活动的完成时间按三种不同情况估计：

- 乐观时间(Optimistic Time)——任何事情都顺利情况，完成某项工作的时间。
- 最可能时间(Most Likely Time)——正常情况下，完成某项工作的时间。
- 悲观时间(Pessimistic Time)——最不利的情况，完成某项工作的时间。

假定三个估计服从正态分布，由此可算出每个活动的期望 t_i：

$$t_i = \frac{a_i + 4m_i + b_i}{6} \tag{5.1}$$

其中，a_i 表示第 i 项活动的乐观时间，m_i 表示第 i 项活动的最可能时间，b_i 表示第 i 项活动的悲观时间。

根据正态分布的方差计算方法，第 i 项活动的持续时间方差为：

$$\sigma_i^2 = \frac{(b_i - a_i)^2}{36} \tag{5.2}$$

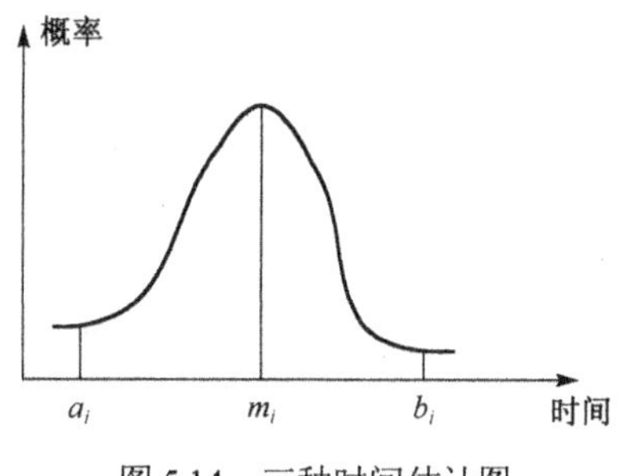

图 5.14　三种时间估计图

假定一个项目的某项活动在进行进度时间估计时，按以往经验数据和数据的分析，最可能时间是 10 周可完成，在理想情况下，完成时间是 8 周，在情况很不理想条件下，完成时间是 18 周，则按 PERT 方法，得出的完成时间为：$(8 + 4 \times 10 + 18)/6 = 11$(周)，而不是 10 周。该活动的持续时间方差为 $(18 - 8)^2/36$，约等于 3。

关键路径法(CPM)，也称关键路径分析，是指在一条路径中，每个工作的时间之和等于工程工期，这条路径就是关键路径，它是一种用来预测总体项目历时的项目网络分析技术，是帮助你战胜项目进度拖延现象的一种重要工具。一个项目的关键路径是指一系列决定项目最早完成时间的活动。它是项

目网络图中最长的路径，并且有最少的浮动时间或时差。浮动时间或时差是指一项活动在不耽误后继活动或项目完成日期的条件下可以拖延的时间长度。

要找到一个项目的关键路径，必须首先绘制好网络图，而要绘制这样的网络图，又需要一个建立在工作分解结构基础上的活动清单。一旦创建了项目网络图，就必须估计每项活动的历时，然后才能确定关键路径。关键路径的计算包括将项目网络图每条路径所有活动的历时分别相加。最长的路径就是关键网络，某 OA 系统项目的周期估算如图5.15所示，可以找出其关键路径为：1→3→6→8→9→10→11→12。

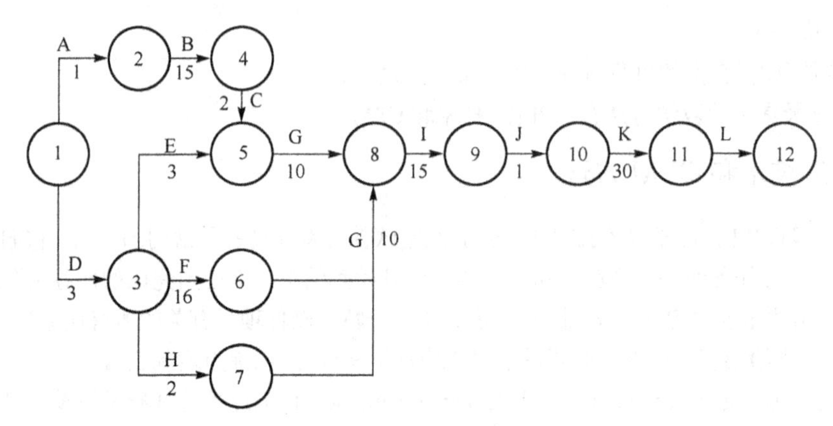

图 5.15 OA 系统项目周期估算举例

某政府 OA 系统的建设可分解为需求分析、设计编码、测试、安装部署四个活动，各个活动一次进行，没有时间上的重叠，活动的完成时间估计如图 5.16 所示。

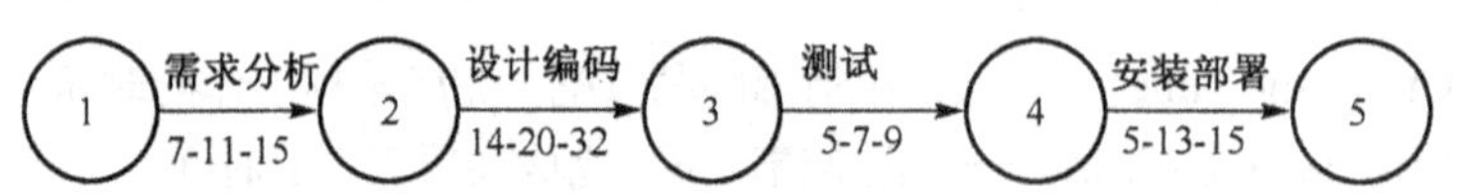

图 5.16 OA 系统箭线法及周期估计

从上述可以得到各活动的期望工期和方差为：

$$t_{需求分析}=\frac{7+4\times11+15}{6}=11 \qquad \sigma^2_{需求分析}=\frac{(15-7)^2}{36}=1.778$$

$$t_{设计编码}=\frac{14+4\times20+32}{6}=21 \qquad \sigma^2_{设计编码}=\frac{(32-14)^2}{36}=9$$

$$t_{测试}=\frac{5+4\times7+9}{6}=7 \qquad \sigma^2_{测试}=\frac{(9-5)^2}{36}=0.444$$

$$t_{安装部署}=\frac{5+4\times13+15}{6}=12 \qquad \sigma^2_{安装部署}=\frac{(15-5)^2}{36}=2.778$$

PERT 认为整个项目的完成时间是各个活动完成时间之和，且服从正态分布。因为图 5-17 是正态曲线，根据完成时间 t 的数学期望 T 和方差 σ^2 分别等于：

$$\sigma^4=\sum\sigma_i^4=1.778+9+0.444+2.778=14$$

$$T=\sum t_i=51$$

标准差为

$$\sigma=\sqrt{\sigma^2}=3.74$$

据此可以得出正态分布曲线：

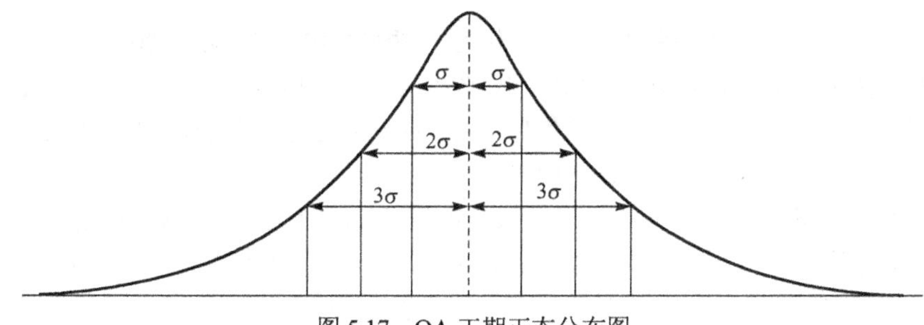

图 5.17　OA 工期正态分布图

正态分布规律，在 $\pm\sigma$ 范围内完成的概率为 68%；在 $\pm 2\sigma$ 范围内完成的概率为 95%；在 $\pm 3\sigma$ 范围内完成的概率为 99%。如果客户要求在 39 天内完成，则可完成的概率几乎为 0，也就是说，项目有不可压缩的最小周期，这是客观规律。

通过查标准正态分布表，可得到整个项目在某一时间内完成的概率。实际上，大型项目的工期估算和进度控制非常复杂，往往需要将 CPM 和 PERT 结合使用，用 CPM 求出关键路径，再对关键路径上的各个活动用 PERT 估算完成期望和方差，最后得出项目在某一时间内完成的概率。

PERT 还说明一个道理，任何项目都有不可压缩的最小周期，这是客观规律，不能不顾客观规律而对用户盲目承诺。

PERT 技术和 CPM 方法都为项目计划人员提供一些定量工具：确定关键路径、应用统计模型、计算边界时间。

- 确定关键路径，即决定项目开发时间的任务链。
- 应用统计模型，对每一个单独的任务确定最可能的开发持续时间的估算值。
- 计算边界时间，以便为具体的任务定义时间窗口。边界时间的计算对于软件项目的计划调度是非常有用的。

5.8.2　时间压缩法

时间压缩是一种数学分析的方法。在不改变项目范围前提下寻找缩短项目时间的途径。时间压缩包括如下：

- 缩短关键路径的历时。
- 应急法(赶工)：权衡成本和进度间的得失关系，以决定如何用最小增量成本以达到最大量的时间压缩。应急法并不总是产生可行的方案，且常常导致成本的增加。
- 平行作业法(快速跟进)：平行地做活动，这些活动通常要按前后顺序进行，例如，在软件系统设计完成前，就开始在软件项目上写出程序。平行作业有违反常规的情况，稍有不慎，可能会导致返工和增加风险。

5.8.3　进度编制的结果

进度编制的结果分三个部分：

- 项目进度，项目进度至少要包括每一具体活动的计划开始日期和期望完成日期。
- 详细说明，项目进度的详细说明要包括对所有备注、假设和限制的文字叙述。
- 进度管理计划，进度管理计划是指对进度的改变应如何加以管理。根据实际需要，进度管理计划可做得非常详细，也可粗框架，它是整个项目计划的一部分。

下面的列子说明了进度计划在软件项目中的重要性。

英国国家保险记录系统(Nirs2)是信息技术上的败笔，它影响了英国社会上最脆弱的人们，可是建立该系统的著名咨询公司却声称该系统正在发挥作用。“捐赠机构”是一家5000强集团，每年募集捐款450亿英镑(约为英国年国民收入的三分之一)。该机构的一项中心工作是国家的保险记录系统，该系统验证、处理并储存何人捐赠多少款项的信息。由于这一系统决定国民领取多少养老金、福利和其他救济金的权利，所以它几乎影响了英国全国的每一个成年人。

2005年6月，捐赠机构宣称新的Nirs2系统没有如期交付，并且应急计划和补救措施不充分。Nirs2出现了1900多处系统故障，其中三分之一到现在仍未解决。这些问题使该机构在2004~2005年间不能将1700万英镑的捐款划到个人的国家保险账户上。因为机构不能正确计算公民的养老金和救济金，致使它无法向公民提供服务。例如，120多份求职者补助申请在没有信息更新的情况下就付清了；396 000份养老金申请仍然以过去的信息为基础；并且向16万领养老金者支付的金额不足。那些等着输入系统的积压未办的事项可能要好几年才能理清，所有这些都是花的纳税人的钱。

这个信息技术失败的根本原因是进度计划的问题。原来的交付方法2004年2月之前交付整个系统，系统咨询公司建议将这种方法改为风险较低的分阶段方法，即从2004年2月到2005年4月份三次交付，尽管分阶段方法通常是一种好方法，而且捐赠机构也同意了采用这种方法，但是系统仍旧充满了问题。系统移交给之后的运行是灾难性的，并且新系统没有按照原定日期交付给捐赠机构、咨询公司和无辜的公民造成了严重的问题。

5.9 控制软件项目进度

软件项目进度控制是对项目进度实施与项目进度变更所进行的管理控制工作。具体地说，它分三个部分：

- 改变某些因素使进度朝有利方向改变
- 确定原有的进度已经发生改变
- 当实际进度发生改变时要加以控制，进度计划控制必须和其他控制过程结合

一旦建立了进度安排，就可以开始着手追踪和控制活动。项目管理人员负责在过程执行时监督过程的实施，提供过程进展的内部报告，并按合同规定向需方提供外部报告。

对于在进度安排中标明的每一个任务，如果任务实际完成日期滞后于进度安排，则项目管理人员可以使用自动的项目进度安排工具来确定在里程碑上进度误期所造成的影响。可对资源重新分配，对任务重新安排，或者可以修改交付日期(作为较坏的结果)以调整已经暴露的问题。用这些方式可以较好地控制软件项目的开发。项目管理人员可以用不同的方式进行追踪：

- 定期举行项目状态会议。在会上，每一位项目成员报告他的进展和遇到的问题。
- 评价在实施过程(如软件工程过程中)所产生的所有评审的结果。
- 确定由项目的计划进度所安排的里程碑。
- 比较在项目资源表中所列出的每一个项目任务的实际开始时间和计划开始时间。
- 非正式地与开发人员交谈，以得到他们对开发进展和刚冒头的问题的客观评价。

有经验的项目管理人员会综合使用所有这些追踪技术。

如果计划进行得顺利(即项目按进度安排要求且在预算内实施，各种评审表明进展正常且正在逐步达到里程碑)，控制将是轻微的。但当问题比较严重的时候，项目管理人员必须实行控制以尽可能快地排解它们。

在诊断出问题之后，可能需要一些追加资源；人员可能要重新部署，或者项目进度要重新调整。许多进度计划失败是由人引起的，并非没有好的计划。

影响软件项目进度的因素包括：

- 错估了软件项目实现的条件
- 项目参与者的失误
- 不可预见的事件发生
- 项目状态信息收集的情况
- 计划变更调整的及时性

软件项目进度控制步骤如下：

（1）识别偏差

（2）分析偏差原因，例如，图5.18用鱼骨图说明了某软件项目进度延迟的各种原因。

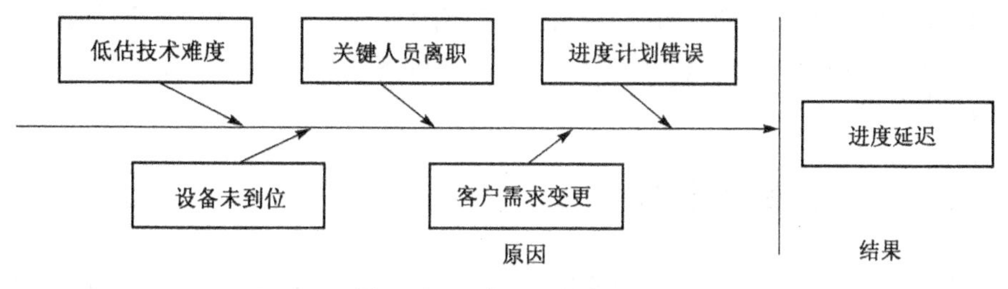

图5.18 进度延迟的鱼骨图

（3）确定对既发偏差的态度

（4）关注进度的正负偏差

（5）调整项目进度计划

以上工作步骤可从表5.4表现出来。

表5.4 项目进度管理一览表

项目名称：										
项目编号：						项目经理：				
本文件所依据计划基准文件名称及编号：										
文件编号：						发布日期：		发布人：		
WBS编号	任务名称	计划日期	实际日期	进度偏差	偏差原因	影响	偏差是否可以接受，若不能接受，提供纠正措施	计划解决日期	实际解决日期	责任人
关键路径上任务										
近关键路径上任务										
非关键路径上任务										

软件项目进度控制的结果如下：

（1）进度的更新。进度更新指根据进度执行情况对计划进行调整。如有必要，必须把进度更新结果通知有关方面。进度更新有时需要对项目的其他计划进行调整。在有些情况，进度延迟十分严重以致需要提出新的基准进度，给下面的工作提供现实的数据。

(2) 纠正措施。指采取纠正措施使进度与项目计划一致。在时间管理领域中，纠正措施是指加速活动以确保活动能按时完成或尽可能减少延迟时间。

(3) 教训与经验。进度产生差异的原因，采取纠正措施的理由以及其他方面的经验教训应被记录下来，成为执行组织在本项目和今后其他项目的历史数据与资料。

还值得一提的是，在软件项目中必须处理好进度与质量之间的关系。在软件开发实践中常常会遇到这样的情况，当任务未能按计划完成时，设法加快进度赶上去。但事实告诉我们，在进度压力下赶任务，其成果往往是以牺牲产品的质量为代价的。

项目管理者还应当注意到，产品的质量与生产率有着密切的关系。日本人有个说法：在价格和质量上折中是不可能的，但高质量给生产者带来了成本的下降这一事实是可以理解的，这里的质量是指的软件工程过程的质量。

5.10 进度计划的追踪和控制

综合上两节内容，再从软件工程的角度来追踪和控制进度计划。软件项目组一旦建立了进度安排，就可以开始着手追踪和控制活动。由项目管理人员负责在过程执行时监督过程的实施，提供过程进展的内部报告，并按合同规定向需方提供外部报告。

为使软件项目开发获得成功，一个关键问题是必须对软件开发项目的工作范围、可能遇到的风险、需要的资源(人、硬/软件)、要实现的任务、经历的里程碑、花费工作量(成本)，以及进度的安排等做到心中有数。而软件项目管理在技术工作开始之前就应开始，而在软件从概念到实现的过程中继续进行，只有当软件开发工作最后结束时才终止。从计划追踪和控制的层面看，软件开发的项目管理可以理解成如图 5.19 所示的过程。

(1) 启动一个软件项目

在制定软件项目计划之前，必须先明确项目的目标和范围、考虑候选的解决方案、标明技术和管理上的要求。有了这些信息，才能确定合理、精确的成本估算，实际可行的任务分解以及可管理的进度安排。

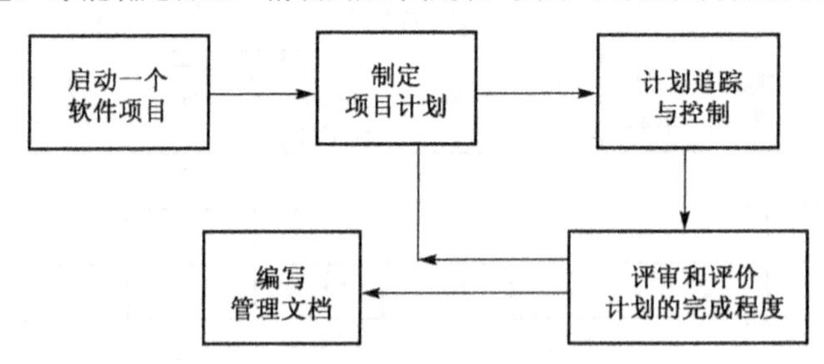

图 5.19 计划的追踪和控制过程

项目的目标标明了软件项目的目的，但不涉及如何去达到这些目的。范围标明了软件要实现的基本功能，并尽量以定量的方式界定这些功能。候选的解决方案虽然涉及方案细节不多，但有了方案，管理人员和技术人员就能够据此选择一种“好的”方法，给出诸如交付期限、预算、个人能力、技术界面及其他许多因素所构成的限制。

(2) 制定项目计划

制定计划的任务包括：

- 估算所需要的人力(通常以人月为单位)、项目持续时间(以年份或月份为单位)、成本(以元为单位)。
- 做出进度安排，分配资源，建立项目组织及任用人员(包括人员的地位、作用、职责、规章制度等)，根据规模和工作量估算分配任务。
- 进行风险分析，包括风险识别、风险估计、风险优化、风险驾驭策略、风险解决和风险监督。这些步骤贯穿在软件工程过程中。
- 制定质量管理指标，包括识别定义好的任务、管理人员掌握好项目结束时间、识别和监控关键路径、度量项目的进展、建立分隔任务的里程碑等。
- 编制预算和成本。
- 准备环境和基础设施等。

项目计划书的模板和纲要请参见附件3。

(3) 计划的追踪和控制

一旦建立了进度安排，就可以开始着手追踪和控制活动。由项目管理人员负责在过程执行时监督过程的实施，提供过程进展的内部报告，并按合同规定向需方提供外部报告。对于在进度安排中标明的每一个任务，如果任务实际完成日期滞后于进度安排，则管理人员可以使用一种自动的项目进度安排工具来确定在项目的中间里程碑上进度误期所造成的影响。可对资源重新定向，对任务重新安排，或者(作为最坏的结果)可以修改交付日期以调整已经暴露的问题。用这种方式可以较好地控制软件的开发。

(4) 评审和评价计划的完成程度

项目管理人员应对计划完成程度进行评审，对项目进行评价，并对计划和项目进行检查，使之在变更或完成后保持完整性和一致性。

(5) 编写管理文档

项目管理人员根据合同确定软件开发过程是否完成。如果完成，应从完整性方面检查项目完成的结果和记录，并把这些结果和记录编写成文档并存档。

项目时间管理案例分析

苏·约翰逊是一家咨询公司的项目经理，该公司已签订合同，向当地一所大学提供一个新的在线注册系统。该套系统必须在5月1日前能够运行，这样学生就能够用它在秋季这个学期进行注册。如果到那时系统还不能运行，她的公司要受到严厉的合同惩罚条款的制裁；如果工作完成得漂亮，苏和她的团队就会得到一笔丰厚的奖金。苏知道，达到进度要求的控制范围、成本和质量是她的责任。她和她的团队制定了一套详细的进度计划和网络图，以帮助组织项目。

制定进度计划容易，使项目沿着既定的轨道前进则要困难得多。管理人的问题以及解决进度计划的冲突，是两个最大的挑战。该客户的许多雇员临时休假，因此错过了一些项目评审会议，或者重新改变、设定了一些项目评审会议的时间。因为苏的团队在系统开发生命周期的各阶段，都需要有来自客户的结束指令，所以上述变更使苏和她的团队难以按原来计划的进度进行。苏的团队中一位高级程序员退出了，她知道要想找到一个新人来跟得上大家的速度，又将占用额外的时间。现在仍处在项目的早期，不过苏知道他们正在落后。她该做些什么才能赶得上5月1日的系统运转日期呢？

现在是3月15日，再过一个半月新的在线注册系统就要启用了。项目目前是一片混乱。苏·约翰逊认为她能处理好所有在项目进行过程中出现的冲突，并且她很自负，不向其上司或大学校长承认事情进展得不顺利。她花了大量的时间来详细准备项目的进度计划，并且她认为自己的项目管理软件使用得很好，可以跟上项目的状态。事实上，项目中有5位主要的程序员都清楚一种方法，使自己的任务在软件上每周自动更新，并说一切按预定计划进行。他们很少注意实际的计划，而且憎恨填写状态信息。苏并没有核实他们所做的大部分工作，以检查它们是不是真正的完成了。另外，注册办公室主任对项目不感兴趣，而且将结束指令责任授权给他的一个文员，而该文员对整个注册过程并不理解。当苏和她的团队开始测试新系统时，她才发现她的队员们使用的是去年的课程数据。由于大学在秋季将从过去的学期制转向半学期制，因此使用去年的课程数据会导致一些额外的问题。他们怎么能把这个要求漏掉呢？当苏为了寻求帮助而和她的经理一起步入会议厅时，她害羞地低垂着脑袋。她通过惨痛的教训知道了保持进度进行是多么的困难。为了核实关键可交付成果是否已满足了客户的需求，苏真希望她能多花一些时间与关键的项目干系人进行面对面的沟通，尤其是她这边的程序员与校方注册办公室的代表之间的沟通。

案例思考题:

1. 系统开发生命周期的各阶段，都需要经过客户的结束指令，这属于哪种依赖关系？
2. 从软件项目管理的角度分析本案例失败的原因，苏要怎么做来解决问题？

本章小结

项目的时间和进度是项目目标达成的三大约束(限制)之一。本章介绍项目时间管理的各个过程，主要过程包括：

- 活动定义，涉及确定项目团队成员和项目干系人为完成项目可交付成果而必须完成的具体活动。
- 活动排序，涉及确定项目活动之间的关系。
- 活动时间估计，即估计所需的时间。
- 编制进度计划，涉及分析活动顺序、活动历时估算和资源要求，来制定进度计划。
- 进度计划控制，涉及控制和管理项目进度计划的变更。

复习思考题

1. 理解好的项目时间管理的重要性。
2. 说明制定项目进度计划的过程。
3. 介绍各种工具和技术来进行活动定义、活动排序、活动历时估算、进度计划编制和跟踪进度。
4. 理解项目进度控制。
5. 理解项目网络图的应用。
6. 理解关键路径法的应用。

第 6 章　软件项目的成本管理

软件项目的成本管理贯穿于项目实施的始终，软件项目的开发成本是指开发过程中所花费的工作量及相应的代价。软件项目的成本管理包括为确保批准的预算内完成项目，在项目管理过程中所需的各个方法和过程。本章以某市的“人事信息平台”软件作为实例，详细说明软件项目的估算、预算方法和软件成本的控制方法、在实际的软件开发中降低成本的措施。最后，谈谈效益与成本的分析。

6.1　软件成本管理的基本概念

在国内，许多项目管理者都不重视软件项目的成本管理，他们认为，这是会计的事情，或者预算本来就不准，经常低估了开发的成本，或超出预算后只是单纯追加，“淡处理”或一笑了之。其实，一个项目是否控制在预先制定的范围内，是衡量一个项目成败的因素之一，成本的大小，直接关系到项目的利润，也就是公司的利润。现在许多项目组成员的奖金都与项目的成本直接挂钩，按纯利润的多少进行提成，这是一种必要的管理方法和措施。

软件项目的开发成本主要是指软件开发过程中所花费的工作量及相应的代价。它不同于其他物理产品的成本，基本上不包括原材料和能源的消耗，主要是人的劳动的消耗。人的劳动消耗所需代价就是软件产品的开发成本。另一方面，软件产品开发成本的计算方法不同于其他物理产品成本的计算。软件项目不存在重复制造过程，它的开发成本是以一次性开发过程所花费的代价来计算的。因此，软件项目的开发成本的估算，应是从软件计划、需求分析、设计、编码、单元测试、组装测试到确认测试，整个软件开发全过程所花费的代价作为依据的。当然，软件开发的全过程可以按不同的方法来划分，定义软件开发的里程碑。

在现实的企业中，领导层和管理层更懂得成本知识，对与成本相关的财务术语也更感兴趣，作为项目经理，要了解成本管理的原理、概念和术语。比如：

- 项目的利润，等于项目收入减去项目的成本。
- 软件全寿命周期成本，等于开发成本加上维护成本。
- 有形收益，使用软件项目开发的系统后，产生的可直接评测出的效益，如库存资金降低，财务资金周转加快等。
- 无形收益，如软件系统提高了企业的社会形象，协助企业的审计和稽查工作等。

成本主要有以下几种类型：

（1）直接成本，它是一个软件项目中能够以一种很经济的方式加以追踪的相关成本。你能够将直接成本直接归于某一项目。例如，项目中全职工作人员的薪金、为项目特殊购买的硬件和软件等都是直接成本。

（2）间接成本，它是一个项目中不能以一种很经济的方式加以追踪的相关成本。例如，在一幢高层办公楼里，许多项目的成千员工所使用的水电费用，公共设施的维修费用等，都是间接成本。分摊的项目的间接成本，项目经理很难使用和控制这些公共的成本与费用。

（3）沉没成本，它是那些在过去已经花的钱应该像永远不能收回的沉船一样考虑它。当决定应该或继续投资哪个项目时，应该不包括沉没成本。

例如，假设胡安的办公室为一个地理信息系统(GIS)开发项目，在过去3年已经花费了100万元，但没有产生有任何价值的东西。如果他的政府正在评估下一年资助哪些项目，有人建议继续资助地理信息系统，因为他们已经在该项目上已经花费了100万元。他或她在选择项目决策时，可能会错误地将沉没成本作为一个关键因素考虑。当考虑一个失败项目花费多少钱时，许多人陷入陷阱，因而不愿停止花钱。这个陷阱与赌徒因为已经输了钱而不想停止赌博相似，沉没成本应该被忘记。

(4) 机会成本(也叫择一成本)是指利用某种资源生产某种商品(或做某事)时所放弃的可以利用同一资源生产的其他商品(或做某事)的价值。

例如，上大学的机会成本。

如果进入公立大学，可能算出在2009年用在学费、书本费和旅行费合计约为每年14 000元。这14 000元是否就是入校的机会成本？当然不是。它必须包括花费在学习和上课时间的机会成本。假设2009年19岁高中毕业生的全日制工作年平均工资为16 000元。如果加上实际的花销和放弃的收入，我们发现大学的机会成本为至少每年30 000元，而不是每年14 000元。

又如，企业和政府进行决策的机会成本。

企业和政府进行决策也存在机会成本问题。例如：美国政府想在加利福尼亚海岸开采石油。暴风雨般的抱怨随之而来。该方案的辩护者宣称："有什么可争吵的呢？这里有高价值的石油，而且附近有丰富的海水。这是我国最低成本的石油。"然而，实际的机会成本却可能非常高。如果石油开采导致了石油流出，从而损害了海滩，旅游和娱乐活动就会遭到破坏。这种机会成本可能是难以估量的，在生活中，机会成本是衡量我们做出决策时所放弃的东西。

(5) 边际成本，指为提高软件项目的单位质量或降低单位成本，所多付出的花费和成本。

(6) 固定成本，指厂商在短期内无法改变的那些固定投入带来的成本(主要包括购置机器设备和厂房的费用、资金的利息、企业的各种保险费用等)。

(7) 可变成本，指厂商在短期内可以改变的那些可变投入带来的成本，通常包括工人工资、原材料成本、日常运营费用(运输、销售)等。

项目成本管理过程包括：

(1) 资源计划，包括决定为实施项目活动需要使用什么资源(人员、设备和物质)，以及每种资源的用量，资源计划过程的输出是一个资源需求清单。

(2) 成本估算，包括估计完成项目所需资源成本的近似值，成本估算过程的主要输出是成本估算、辅助的细节和成本管理计划。

(3) 成本预算，包括将整个成本估算配置到各单项工作，以建立一个衡量绩效的基准计划。成本预算过程的主要输出是修正的成本估算、纠正行动、完工估算和取得的教训。

软件开发成本管理在项目立项时就开始了，成本管理的过程如图6.1所示。

图6.1 软件成本管理过程

在图6.1中，资源计划初步确定了完成项目需要什么物质资源以及资源的数量；成本估算用项目的成本结构大致计算项目的总成本，成本预算则将成本合理地分摊到各个子工作项中。在项目的实施过程中，用挣值法(后面章节将介绍)对阶段的成本进行控制，并采取相应有控制措施。下面的各节都以"某市人事信息管理平台"和"厦兴化工ERP系统"为背景和实例来说明成本管理的过程。

6.2　资源计划

软件的开发必然要消耗资源，软件项目计划管理的一个重要任务是对完成该软件项目所需的资源进行估算。为了估算成本、预算和控制成本，项目经理首要的工作是通过《项目计划书》确定完成项目需要什么物质资源及资源的数量。组织和项目的特征将影响资源计划。资源计划过程的主要输出(结果)是一份资源需求清单。

一般软件的资源可以用金字塔的形式来表述，如图 6.2 所示。在塔的底部有现成的用以支持软件开发的工具——硬件及软件工具，在塔的高层是最基本的资源——人。通常，对每一种资源，应说明 4 个特性：

- 资源的描述
- 资源的有效性说明
- 资源在何时开始需要
- 使用资源的持续时间

最后两个特性统称为时间窗口。对每一个特定的时间窗口，在开始使用它之前就应说明它的有效性。

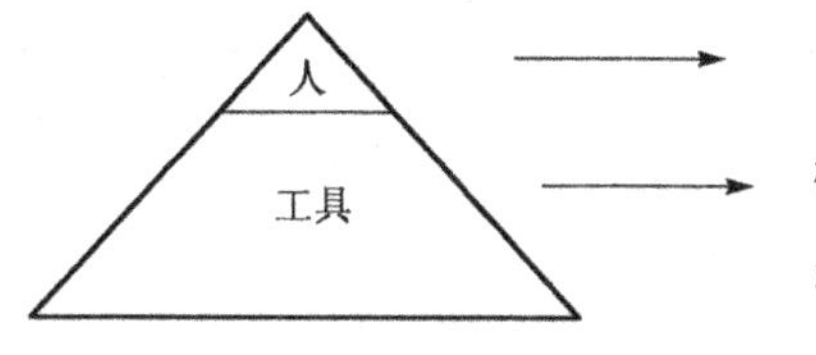

图 6.2　开发资源

下面对资源计划中的各资源做详细说明：

1. 人员资源

软件项目要求的人员数(包括系统分析员、高级程序员、程序员、操作员、资料员和软件测试人员、外聘专家等)，各类人员工作的时间阶段。

在考虑各种软件开发资源时，人是最重要的资源。在安排开发活动时必须考虑人员的技术水平、专业、人数，以及在开发过程各阶段中对各种人员的需要。

计划人员根据范围估算，选择为完成开发工作所需要的技能，并在组织状况(如管理人员、高级软件工程师等)和专业(如通信、数据库、微机等)两方面做出安排。

对于一些规模较小的项目(如需要 1 个人年或者更少)，只要向专家做些咨询，也许一个人就可以完成软件工程所说的各个步骤。对一些规模较大的项目，在整个软件生存期中，各种人员的参与情况是不一样的。一般地，随开发工作的进展，各类不同的人员在软件工程各个阶段的参与情况，如图 6.3 所示的典型曲线。

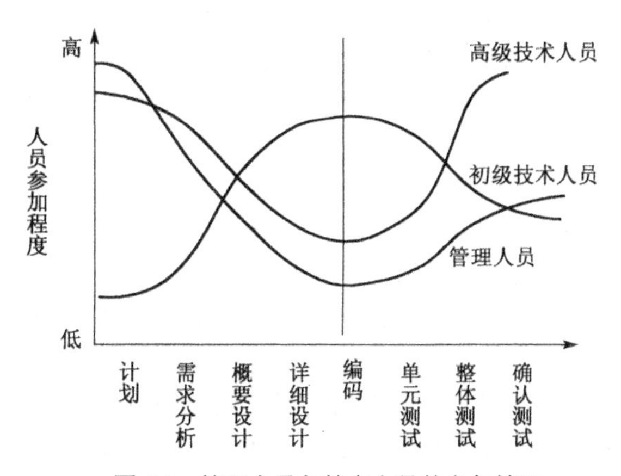

图 6.3　管理人员与技术人员的参与情况

软件项目所需要的人数往往要在对开发的工作量做出估算之后才能决定。“厦兴化工 ERP 系统”的实施，人力资源包括上层领导、IT 部工程师、外聘顾问、外聘专家和各业务部门的关键用户，他们一起组成“厦兴化工 ERP 系统”项目组。表 6.1 说明了“厦兴化工 ERP 系统”的人力资源计划。

表 6.1 “厦兴化工 ERP 系统”人力资源计划

工作任务	项目经理	质量经理	外聘技术专家	各模块顾问	关键用户	最终用户	IT 部工程师	相关说明
项目准备、培训	P			P	S		S	
业务流程设计	S	P		P			S	
系统配置	S	S	P	P			S	
系统实现(单元测试与集成测试、数据准备)	P			P	P	S	P	
上线与技术支持	S				P	P	S	

备注：P 表示主要参与，S 表示次要或辅助参与。

又如，在“某市人事信息管理平台”的项目中，资源主要是人力资源(即充当各类角色的项目组成员)、系统软件和机器设备，表 6.2 是其资源计划。

表 6.2 “某市人事信息管理平台”资源计划

工作任务	项目经理	系统分析员	高级程序员	程序员	资料员	测试工程师	计算机	软件	相关说明
需求调研、可行性分析	S	P	P				1~2 台	分析工具	
需求分析、系统设计	S	P	P			S	2~3 台	设计工具	
环境构建、组件和代码编写	P	S	S	P	S		3~4 台	系统软件	
单元测试与集成测试	P			S	S	P	5~6 台		
系统安装、试用与验收	S			P	S	P	2~3 台	系统软件	
系统维护	S		S	P	S	P	2~3 台		

备注：P 表示主要参与，S 表示次要或辅助参与。

2. 硬件资源

硬件资源为软件开发提供客观条件，主要包括：

(1) 宿主机(Host Machine)——指在软件开发阶段使用的计算机和有关外部设备。

(2) 目标机(Target Machine)——运行所开发软件的计算机叫目标机，其中也包括有关的外部设备。

(3) 其他硬件设备。

宿主机连同必要的软件工具构成一个软件开发系统。通常这样的开发系统能够支持多种用户的需要，且能保持大量的由软件开发小组成员共享的信息。但在许多情况下，除了那些很大的系统之外，不一定非要配备专门的开发系统。因此，所谓硬件资源，可以认为是对现存计算机系统的使用，宿主机与目标机可以是同一种机型。

可以定义系统中其他的硬件元素为软件开发的资源。例如，需要扫描仪，用于将图形类文档引入系统中，需要票据打印机，用于特殊票据的打印等。所有硬件元素都应当由计划人员指定。

在实施“厦兴化工 ERP 系统”中，所需的硬件资源清单(服务器部分)如表 6.3 所示：

表 6.3　“厦兴化工 ERP 系统”硬件资源清单

位置编号	序列号	机器名	IP 地址	基本硬件配置	软件应用
PV220S-2-01	58PFC1X	阵列柜		DELL PowerVault 220SS 14×73.4 G	连接服务器： PE2650-2-01 PE2650-2-02
PE2400-2-01	1K2Y11X	DCS-APP1	192.168.20.6	DELL 2400,2 CPU,P3,1 GHz 512 M 内存	Windows 2005 Advanced Server 金蝶 K3
PE2400-2-02	JJ2Y11X	BW	192.168.20.98	DELL 2400,2 CPU,P3,1 GHz 1.5 G 内存	Windows 2005 Advanced Server SAP BW 开发系统
PE2650-2-01	2PSFC1X	BIWA	192.168.20.96	DELL 2650,2 CPU,2.4 GHz 4 G 内存、3×73.4 G	Windows 2005 Advanced Server Cluster：192.168.20.99
PE2650-2-02	3PSFC1X	BIWB	192.168.20.97	DELL 2650	
PE2650-2-03	6WKFC1X	6WKFC1X	192.168.20.216	DELL 2650	Windows 2008 Server

3．软件资源

软件资源包括支持软件和实用软件，在开发期间使用了许多软件工具来帮助软件的开发。软件工程人员使用在许多方面都类似于硬件工程人员所使用的 CAD 或 CASE 工具的软件工具集。这种软件工具集叫做计算机辅助软件工程(CASE)。主要的软件工具可做如下分类，通常用到的工具有：

(1) 业务系统计划工具。业务系统计划工具借助特定的“元语言”建立一个组织的战略信息需求的模型，导出特定的信息系统。这些工具要解答一些简单但重要的问题，例如，业务关键数据从何处来，这些信息又向何处去，如何使用它们，当它们在业务系统中传递时又如何变换，要增加什么样的新信息。

(2) 项目管理工具。项目管理人员使用这些工具可生成关于工作量、成本及软件项目持续时间的估算。定义开发策略及达到这一目标的必要的步骤，计划可行的项目进程安排，以及持续地跟踪项目的实施。此外，管理人员还可使用工具收集建立软件开发生产率和产品质量的那些度量数据。

(3) 支持工具。支持工具可以分类为文档生成工具、网络系统软件、数据库、电子邮件、通报板，以及在开发软件时控制和管理所生成信息的配置管理工具。

(4) 分析和设计工具。分析和设计工具可帮助软件技术人员建立目标系统的分析模型和设计模型。这些工具还帮助人们进行模型质量的评价。它们靠对每一个模型执行一致性和有效性的检验，帮助软件技术人员在错误扩散到程序中之前排除之。

(5) 编程工具。系统软件实用程序、编辑器、编译器及调试程序都是 CASE 中必不可少的部分。而除这些工具之外，还有一些新的编程工具。面向对象的程序设计工具、第四代程序生成语言，高级数据库查询系统，以及一大批 PC 工具(如表格软件)。

(6) 组装和测试工具。测试工具为软件测试提供了各种不同类型和级别的支持。有些工具，像路径覆盖分析器为测试用例设计提供了直接支持，并在测试的早期使用。其他工具，像自动回归测试和测试数据生成工具，在组装和确认测试时使用，它们能帮助减少在测试过程中所需要的工作量。

(7) 原型化和模拟工具。原型化和模拟工具是一个很大的工具集，它包括的范围从简单的窗口画图到实时嵌入系统时序分析与规模分析的模拟产品。原型化工具把注意力集中在建立窗口和为使用户能够了解一个信息系统或工程应用的输入/输出域而提出的报告。使用模拟工具可建立嵌入式的实时应用，例如，为一架飞机建立航空控制系统的模型。在系统建立之前，可以对用模拟工具建立起来的模型进行分析，对系统的运行时间性能进行评价，但一般的软件项目用得比较多的是 Rational Rose 等建模工具。

(8) 维护工具。维护工具可以帮助分解一个现存的程序并帮助软件技术人员理解这个程序。软件技术人员必须利用直觉、设计观念和人的智慧来完成逆向工程过程及再工程。

4. 软件复用性及软件部件库

为了促成软件的复用，以提高软件的生产率和软件产品的质量，可建立可复用的软件部件库。根据需要，对软件部件稍做加工，就可以构成一些大的软件包。这要求这些软件部件应加以编目，以利引用，并进行标准化和确认，以利于应用和集成。

在使用这些软件部件时，有两种情况必须加以注意：

(1) 如果有现成的满足要求的软件，应当设法搞到它。因为搞到一个现成的软件所花的费用比重新开发一个同样的软件所花的费用少得多。

(2) 如果对一个现存的软件或软件部件，必须修改它才能使用。这时必须多加小心，谨慎对待，因为修改时可能会引出新的问题。而修改一个现存软件所花的费用有时会大于开发一个同样软件所花的费用。

事实上，项目组可以从网络上搜索到许多有用的组件，这些组件都是完成某一特定的功能的，是他人智慧的结晶，在面向对象的开发环境中，如.NET 或 J2EE 的中，可以使用 Webservice，在实施的软件项目中，合理地使用它们。

在实施“厦兴化工 ERP 系统”中，所需的软件资源包括：

(1) 操作系统：服务器端用 Windows 2005 Advanced Server for cluster，客户端用 Windows 2000/2003/XP 等

(2) 数据库：SQL Server 2005

(3) 开发系统服务器端软件：SAP R3 4.6C 应用服务器

(4) 开发客户端软件：SAP GUI 640

(5) 其他辅助工具：Veritas(用于磁带备份)、Excel、金税软件

总结一下，软件项目用到的资源如图 6.4 所示。

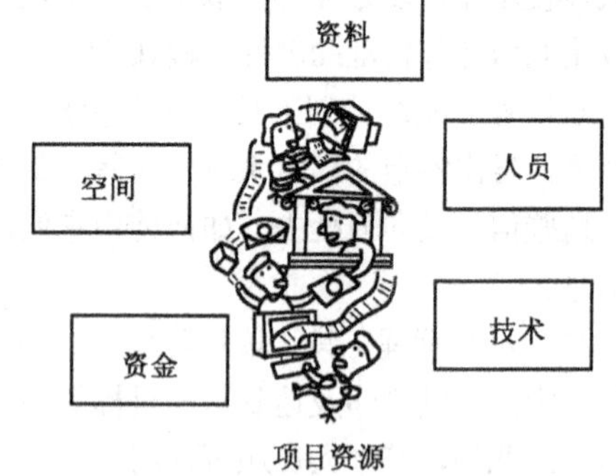

图 6.4 软件项目用到的资源

6.3 软件项目的估算

成本估算是从费用的角度对项目进行估计。这里的费用应理解为一个抽象概念，它可以是工时、材料或人员等。

成本估算是对完成项目所需费用的估计和计划，它是项目计划中的一个重要组成部分。要实行成本控制，首先要进行成本估算。理想的是，完成某项任务所需费用可根据历史标准估算。但对大多数实际情况来说，由于项目和计划变化多端，把以前的活动与现实对比几乎是不可能的。费用的信息不管是否根据历史标准，都只能将其作为一种估算。而且，在费时较长的大型项目中，还应考虑到今后的变化因素，如员工工资、管理费用在整个项目寿命周期内会不会变化等问题。所以，成本估算通常只能在一个无法高度可靠性预计的环境中进行。

6.3.1 软件开发成本估算方法

对于一个大型的软件项目，要进行一系列的估算处理。主要靠分解和类推的手段进行。基本估算方法分为三类。

（1）自顶向下的估算方法

此方法的主要思想是从项目的整体出发，进行类推。即估算人员根据以前已完成项目所消耗的总成本(或总工作量)，来推算将要开发的软件的总成本(或总工作量)，然后按比例将它分配到各开发任务单元中去。

这种方法的优点是估算工作量小，速度快。缺点是对项目中的特殊困难估计不足，估算出来的成本盲目性大，有时会遗漏被开发软件的某些部分。

下面使用自上而下估计法对项目“某市人事信息管理平台”进行成本估算，如表 6.4 所示。与该项目成本估算相关的背景如下：

项目“某市人事信息管理平台”是该市某网络科技公司承接的工程项目，在进行成本估算时，固定成本类和管理类的费用(如广告费用、管理费用、固定资产折旧、场地租金等)以去年财务账目的发生额为基数，按该项目金额(以合同签订的金额为准)在公司与去年内项目的总金额比例(已知该比例为 20%)进行分摊。资源占用费与资源的价格和工作的延续时间(或占用资源的数量)成正比。对于因该项目发生或将发生的费用，直接记入该项目的成本中(这里不考虑到可能发生的通货膨胀、人员工资调整等因素的影响)。

表 6.4 “某市人事信息管理平台”现金流量分析表　　单位：元

成本项目	数量	计算说明与假设条件
人工费用	150 000	一共 7 人直接参加该项目，项目经理兼系统分析员，高级程序员 1 人，程序员 3 人，资料员、测试工程师各 1 人
员工工资	90 000	按直接参与项目的各类人员工资的合计，假定每人工资都是 3 000 元/月，共消耗 30 个人月，则人员工资=月工资×参与项目的时间
补贴、奖金	45 000	指项目期间发放的补贴之和、项目的奖金提成额，假定每人补贴都是 300 元/月，项目经理奖金 6 000 元，其他的每人都是 5 000 元
员工福利	15 000	假定每人福利费用是 500 元/人月
销售费用	20 000	
佣金		支付给介绍人或经纪人的费用，这里假定为 0
广告费用	10 000	以财务中广告总费用为基数，乘以本项目金额与公司去年内项目的总金额比例(假定为 20%)，假定去年广告总费用 50 000 元
公关费用	10 000	承接项目所花费的接待费用，以红白票为准
开发费用	60 000	这里不含上述的人工费用
材料费	30 000	主要指采购系统软件费用总和，软盘和纸张等低值易耗品不记入在办公费用里，这里假定为 30 000 元
设备费	5 000	按使用时间计算计算机和外设折旧费用，这里假定为 5 000 元
咨询和培训费		在开发过程中为该项目所花费的咨询费和员工培训费，这里假定为 0
技术引进或外包费用	20 000	因本项目引进技术或技术外包的费用，这里假定为 20 000 元
差旅费用	5 000	因实施该项目所花费的红白票，这里假定为 5 000
管理费用	40 000	管理费用包括日常办公费用、财务费用、管理人员工资与福利、工会费用等。它以财务去年管理总费用为基数，乘以本项目金额与公司去年内项目的总金额比例(假定为 20%)，假定去年管理总费用 200 000 元
其他费用	30 000	
交通费用	5 000	因实施该项目所花费的市内或可核算的派车费用
场地租金	10 000	按本项目金额与公司去年项目的总金额比例分摊，假定去年的场地费用为 50 000 元
税费及附加费	5 000	本项目所涉及的税金总额
固定资产折旧	10 000	按本项目金额与公司去年项目的总金额比例分摊，假定去年的固定资产折旧为 50 000 元
其他		其他无法归类的费用，假定为 0
费用总计	300 000	该项目的总成本估算费用

备注：以上数据为模拟数字，并非真实的数据。

(2) 自底向上的估计法

这种方法的主要思想是把待开发的软件细分，直到每一个子任务都已经明确所需要的开发工作量，然后把它们加起来，得到软件开发的总工作量。这是一种常见的估算方法。它的优点是估算各个部分的准确性高。缺点是缺少各项子任务之间相互联系所需要的工作量，还缺少许多与软件开发有关的系统级工作量(配置管理、质量管理、项目管理)。所以往往估算值偏低，必须用其他方法进行检验和校正，这里不再举例。

(3) 差别估计法

这种方法综合了上述两种方法的优点，其主要思想是把待开发的软件项目与过去已完成的软件项目进行类比，从其开发的各个子任务中区分出类似的部分和不同的部分。类似的部分按实际量进行计算，不同的部分则采用相应的方法进行估算。这种的方法的优点是可以提高估算的准确程度，缺点是不容易明确“类似”的界限。

6.3.2 专家判定技术

专家判定技术是由多位专家进行成本估算。由于单独一位专家可能会有种种偏见，譬如有乐观的、悲观的、要求在竞争中取胜的、让大家都高兴的种种愿望及政治因素等。因此，最好由多位专家进行估算，取得多个估算值。Rand 公司提出 Deiphi 技术，作为统一专家意见的方法。用 Deiphi 技术可得到极为准确的估算值。

Deiphi 技术的步骤是：

(1) 组织者发给每位专家一份软件系统的规格说明书(略去名称和单位)和一张记录估算值的表格，请他们进行估算。

(2) 专家详细研究软件规格说明书的内容，对该软件提出三个规模的估算值：

- a_i——该软件可能的最小规模(最少源代码行数)；
- m_i——该软件最可能的规模(最可能的源代码行数)；
- b_i——该软件可能的最大规模(最多源代码行数)。

无记名地填写表格，并说明做此估算的理由。在填表的过程中，专家互相不进行讨论但可以向组织者提问。

(3) 组织者对专家们填在表格中的答复进行整理，做以下事情：

- 计算各位专家(序号为 i，$i=1, 2, \cdots, n$，共 n 位专家)的估算期望值 E_i，并综合各位专家估算值的期望中值 E：

$$E_i=\frac{a_i+4m_i+b_i}{6} \qquad E=\frac{1}{n}\sum_{i=1}^{n}E_i \tag{6.1}$$

- 对专家的估算结果进行分类摘要。

(4) 在综合专家估算结果的基础上，组织专家再次无记名地填写表格。然后比较两次估算的结果。若差异很大，则要通过查询找出差异的原因。

(5) 上述过程可重复多次。最终可获得一个得到多数专家共识的软件规模(源代码行数)。在此过程中不得进行小组讨论。

(6) 最后，通过与历史资料进行类比，根据过去完成软件项目的规模和成本等信息，推算出该软件每行源代码所需要的成本。然后再乘以该软件源代码行数的估算值，就可得到该软件的成本估算值。

此方法的缺点是人们无法利用其他参加者的估算值来调整自己的估算值。宽带 Deiphi 技术克服了这个缺点。在专家正式将估算值填入表格之前，由组织者召集小组会议，专家们与组织者一起对估算问题进行讨论，然后专家们再无记名填表。组织者对各位专家在表中填写的估算值进行综合和分类后，再召集会议，请专家们对其估算值有很大变动之处进行讨论，请专家们重新无记名填表。这样适当重复几次，得到比较准确的估计值。

由于增加了协商的机会，集思广益，使得估算值更趋于合理。

6.3.3　软件开发成本估算的早期经验模型

软件开发成本估算是依据开发成本估算模型进行估算的。开发成本估算模型通常采用经验公式来预测软件项目计划所需要的成本、工作量和进度数据。还没有一种估算模型能够适用于所有的软件类型和开发环境，从这些模型中得到的结果必须慎重使用。

1. IBM模型

IBM的Walston和Felix早期提出了如下的估算公式：

$E = 5.2 \times L \times 0.91$　　L是源代码行数(以KLOC计)，E是工作量(以PM计)

$D = 4.1 \times L \times 0.36 = 14.47 \times E \times 0.35$　　D是项目持续时间(以月计)

$S = 0.54 \times E \times 0.6$　　S是人员需要量(以人计)

$\mathrm{DOC} = 49 \times L \times 1.01$　　DOC是文档数量(以页计)

在此模型中，一般指一条机器指令为一行源代码。一个软件的源代码行数不包括程序注释、作业命令、调试程序在内。对于非机器指令编写的源程序，例如汇编语言或高级语言程序，应转换成机器指令源代码行数来考虑。

IBM模型是一个静态单变量模型，但不是一个通用的公式。在应用中有时要根据具体实际情况，对公式中的参数进行修改。这种修改必须拥有足够的历史数据，在明确局部的环境之后才能做出。

2. Putnam模型

这是1978年Putnam提出的模型，是一种动态多变量模型。它是假定在软件开发的整个生存期中工作量有特定的分布。这种模型是依据在一些大型项目(总工作量达到或超过30人年)中收集到的工作量分布情况而推导出来的，但也可以应用在一些较小的软件项目中。

Putnam模型可以导出一个“软件方程”，把已交付的源代码(源语句)行数与工作量和开发时间联系起来。其中，t_d是开发持续时间(以年计)，K是软件开发与维护在内的整个生存期所花费的工作量(以人年计)，L是源代码行数(以LOC计)，C_k是技术状态常数，它反映出“妨碍程序员进展的限制”，并因开发环境而异。其典型值的选取如表6.5所示。

$$L = C_k \cdot K^{\frac{1}{3}} \cdot t_d^{\frac{4}{3}} \tag{6.2}$$

表6.5　技术状态常数C_k的取值

C_k的典型值	开 发 环 境	开发环境举例
2 000	差	没有系统的开发方法，缺乏文档和复审，批处理方式
8 000	好	有合适的系统开发方法，有充分的文档和复审，交互执行方式
11 000	优	有自动开发工具和技术

6.3.4　COCOMO模型

COCOMO是COnstructive COst Model的缩写，是软件工程的创始人Boehm提出的结构型成本估算模型，是一种精确、易于使用的成本估算方法。在该模型中使用的基本量有以下几个：DSI(源指令条数)定义为代码或卡片形式的源程序行数。若一行有两个语句，则算做一条指令。它包括作业控制语句和格式语句，但不包括注释语句。KDSI=1000 DSI。MM(度量单位为人月)表示开发工作量。TDEV(度量单位为月)表示开发进度。它由工作量决定。

(1) 软件开发项目的分类

在 COCOMO 模型中，考虑开发环境，软件开发项目的总体类型可分为三种：

- 组织型(Organic)，指软件相对较小和较简单，一般需求不那么苛刻。开发人员对软件产品目标理解充分，与软件系统相关的工作经验丰富，对软件的使用环境熟悉，受硬件的约束较少，代码 <5 万行。例如，多数的应用软件和老的编译程序。
- 嵌入型(Embedded)，指软件要求在紧密联系的硬件、软件和操作系统的限制条件下运行，对接口、数据结构和算法要求比较高。软件规模任意。例如，复杂的事务处理系统、航天用的控制系统、大型操作系统、大型指挥系统等。
- 半独立型(Semidetached)，介于上述两种软件之间，但软件的规模和复杂性都属于中等。例如，新的数据库管理系统、大型库存/生产控制系统、简单的指挥系统。

(2) COCOMO 模型的分类

COCOMO 模型按其详细程度分成三级，即基本 COCOMO 模型、中间 COCOMO 模型、详细 COCOMO 模型。基本 COCOMO 模型是一个静态单变量模型，用一个以已估算出来的源代码行数(LOC)为自变量的(经验)函数来计算软件开发工作量。中间 COCOMO 模型则在用 LOC 为自变量的函数计算软件开发工作量(此时称为名义工作量)的基础上，再用涉及产品、硬件、人员、项目等方面属性的影响因素来调整工作量的估算。详细 COCOMO 模型包括中间 COCOMO 模型的所有特性，但用上述各种影响因素调整工作量估算时，还要考虑对软件工程过程中每一步骤(分析、设计等)的影响。

(3) 基本 COCOMO 模型

基本 COCOMO 模型的工作量和进度公式如表 6.6 所示。

表 6.6 基本 COCOMO 模型的工作量和进度公式

总体类型	工作量	进度
组织型	MM = 2.4 (KDSI) 1.05	TDEV = 2.5 (MM) 0.38
半独立型	MM = 3.0 (KDSI) 1.12	TDEV = 2.5 (MM) 0.35
嵌入型	MM = 3.6 (KDSI) 1.20	TDEV = 2.5 (MM) 0.32

利用公式，可求得软件项目，或分阶段求得各软件任务的开发工作量和开发进度。

(4) 中间 COCOMO 模型

进一步考虑以下 15 种影响软件工作量的因素，通过定下乘法因子，修正 COCOMO 工作量公式和进度公式，可以更合理地估算软件(各阶段)的工作量和进度。

中间 COCOMO 模型的名义工作量与进度公式如表 6.7 所示。

表 6.7 中间 COCOMO 模型的名义工作量与进度公式

总体类型	工作量	进度
组织型	MM = 3.2 (KDSI) 1.05	TDEV = 2.5 (MM) 0.38
半独立型	MM = 3.0 (KDSI) 1.12	TDEV = 2.5 (MM) 0.35
嵌入型	MM = 2.8 (KDSI) 1.20	TDEV = 2.5 (MM) 0.32

对 15 种影响软件工作量的因素 f_i 按等级打分，如表 6.8 所列。此时，工作量计算公式改成

$$\text{MM} = r \times \prod_{i=1}^{15} f_i \times (\text{KDSI})^c$$

表 6.8　15 种影响软件工作量的因素 f_i 的等级分

工作量因素 f_i		非常低	低	正常	高	非常高	超高
产品因素	软件可靠性	0.75	0.88	1.00	1.15	1.40	
	数据库规模		0.94	1.00	1.08	1.16	
	产品复杂性	0.70	0.85	1.00	1.15	1.30	1.65
计算机因素	执行时间限制			1.00	1.11	1.30	1.66
	存储限制			1.00	1.06	1.21	1.56
	虚拟机易变性		0.87	1.00	1.15	1.30	
	环境周转时间		0.87	1.00	1.07	1.15	
人为因素	分析员能力		1.46	1.00	0.86	0.71	
	应用论域实际经验	1.29	1.13	1.00	0.91	0.82	
	程序员能力	1.42	1.17	1.00	0.86	0.70	
	虚拟机使用经验	1.21	1.10	1.00	0.90		
	程序语言使用经验	1.41	1.07	1.00	0.95		
项目因素	现代程序设计技术	1.24	1.10	1.00	0.91	0.82	
	软件工具的使用	1.24	1.10	1.00	0.91	0.83	
	开发进度限制	1.23	1.08	1.00	1.04	1.10	

这里所谓的虚拟机是指为完成某一个软件任务所使用的硬、软件的结合。

(5) 详细 COCOMO 模型

详细 COCOMO 模型的名义工作量公式和进度公式与中间 COCOMO 模型相同。但分层、分阶段给出工作量因素分级表(类似于表 6.7)。针对每一个影响因素，按模块层、子系统层、系统层，有 3 张不同的工作量因素分级表，供不同层次的估算使用。每一张表中工作量因素又按开发各个不同阶段给出。

例如，关于软件可靠性(RELY)要求的工作量因素分级表(子系统层)，如表 6.9 所示。使用这些表格，可以比中间 COCOMO 模型更方便、更准确地估算软件开发工作量。

表 6.9　软件可靠性工作量因素分级表(子系统层)

阶段 RELY 级别	需求和产品设计	详细设计	编码及单元测试	集成及测试	综　合
非常低	0.80	0.80	0.80	0.60	0.75
低	0.90	0.90	0.90	0.80	0.88
正常	1.00	1.00	1.00	1.00	1.00
高	1.10	1.10	1.10	1.30	1.15
非常高	1.30	1.30	1.30	1.70	1.40

其实，每个软件开发企业或机构都应该有自己的一套方法，以上所提及的方法可供参考和结合实情选用。

6.4　软件项目成本预算

项目成本预算涉及将项目成本估算分配给单个工作项，这些单个工作项是以项目工作分解结构为基础的。为了简便，将工作单元分为需求调研、可行性分析，需求分析、系统设计，环境构建、组件和代码编写，单元测试与集成测试，系统安装、试用与验收，系统维护六个部分，各工作单元不再进行下一级分解。接上节“某市人事信息管理平台”项目的例子，每单位工作单元人工成本为 150 000 元/30 人月 = 5 000 元/人月，按项目开发计划书，假定各工作单元所花费的工作量和费用如表 6.10 所示。

表 6.10　工作单元所花费的工作量及人工成本分配表

工 作 单 元	工作量(人月)	人工成本(元)
需求调研、可行性分析	3	15 000
需求分析、系统设计	7	35 000
环境构建、组件和代码编写	4	20 000
单元测试与集成测试	6	30 000
系统安装、试用与验收	5	25 000
系统维护	5	25 000
合计	30	150 000

在本例中，成本预算方法为：

(1) 统计该工作单元发生的人工费用，将值记入该工作单元预算中，在本例中，每个工作单元按表 6.10 分摊它的人工费用。(如果项目组成员的工资差异比较大，则先算每个工作单元的各个工作成员的月人工费用(工资+补贴+奖金分摊)乘以工作时间(以月为单位)，再算出它们的和，并把该值作为各工作单元的人工费用。)

(2) 该工作单元的材料费用记入该工作单元预算中，所以系统软件在“系统安装、试用与验收”工作单元中使用，采购系统软件费用 30 000 元记入该工作单元中。

(3) 其余的费用按工作量进行分摊。

这样可以得到一个各工作单元的预算表，如表 6.11 所示。

表 6.11　各工作单元的预算表

工 作 单 元	工作量(人月)	预算成本(元)
需求调研、可行性分析	3	27 000
需求分析、系统设计	7	63 000
环境构建、组件和代码编写	4	36 000
单元测试与集成测试	6	54 000
系统安装、试用与验收	5	75 000
系统维护	5	45 000
合计	30	300 000

备注：工作单元“系统安装、试用与验收”预算成本为 45 000 + 30 000 = 75 000 元。

对于“厦兴化工 ERP 系统”项目，其预算相对简单，主要原因是，该项目的预算目的并不是要计算出比较精确的项目花费，而是事前对该项目做个比较粗略的计算，申报公司上层董事会核准，该项目的所有资本性支出和费用都将从这个预算中开支。其预算费用主要包括硬件类费用(如服务器、网络设备、存储设备等，包含设备的配套软件)、系统软件费用(主要有操作系统、SAP 软件、数据库等)、顾问实施费用(请实施的咨询公司的服务费用)和日常项目实施时的管理费用(如办公费用、项目组活动费用、培训费用、外请专家费用)等，估算出一个大致的数据。

6.5 软件项目成本的控制

软件成本控制是控制项目预算的变化，成本控制的主要过程是修正成本估算、更新预算、纠正行动、完工估算和取得的经验教训。项目成本控制包括监控成本执行、评审变更和向项目干系人通报与成本有关的变更。

挣值分析是用于成本控制的主要方法，与它相关的几个基本概念有：

(1) 计划工作预算成本(BCWS)，也叫预算，它是计划在一定时期内用于某项活动的已经批准的整个成本估算的一部分。其计算公式为：BCWS=计划工作量×预算定额

(2) 已完成工作实际成本(ACWP)，也叫实际成本，它是在给定时间内，完成一项活动所发生的直接成本和间接成本的总和。

(3) 已完成工作预算成本(BCWP)，叫挣值，它是实际完成工作的百分比乘以计划成本。其计算公式为：BCWP=已完成工作量×预算定额

(4) 按照完成情况估计 EAC，它是按照完成情况估计在目前实施情况下完成项目所需的总费用。其计算公式为：EAC＝ 实际费用+(总预算成本−BCWP)×(ACWP/BCWP)

下面的例子以前三节的实例为基础，说明如何利用挣值来进行成本控制(为了便于计算，采用虚拟数据)。

假设上述项目目前执行到 6 周末。各工作在其工期内每周计划费用、实际费用及计划量完成百分比如图 6.5 所示，计算 ACWP、BCWP 及 EAC。

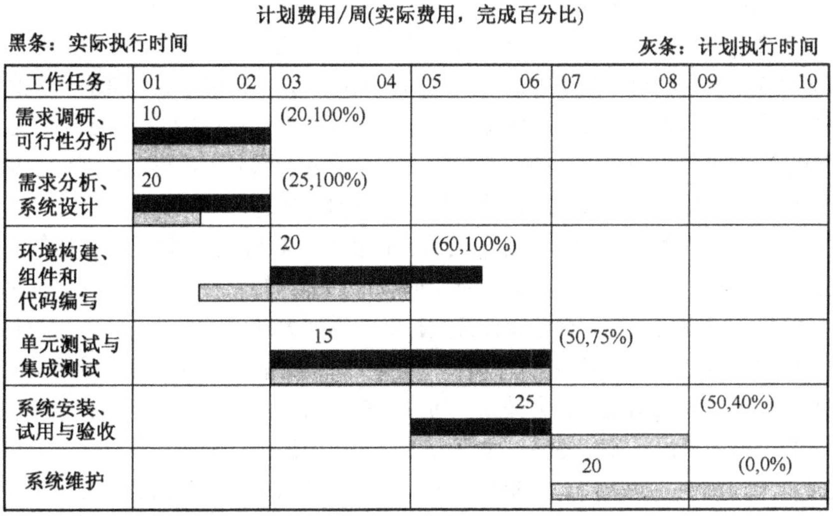

计划费用/周(实际费用，完成百分比)

黑条：实际执行时间　　灰条：计划执行时间

工作任务	01　02	03　04	05　06	07　08	09　10
需求调研、可行性分析	10	(20,100%)			
需求分析、系统设计	20	(25,100%)			
环境构建、组件和代码编写		20	(60,100%)		
单元测试与集成测试		15		(50,75%)	
系统安装、试用与验收			25		(50,40%)
系统维护				20	(0,0%)

图 6.5　各工作单元计划费用、实际费用及计划量完成百分比图

(1) ACWP 计算。ACWP 为所有工作实际已支付费用之和，即

$$ACWP = 20 + 25 + 60 + 50 + 50 + 0 = 205$$

(2) BCWP 的计算。BCWP 为各工作已完成工作量预算成本之和，即

$$BCWP = 20 \times 100\% + 20 \times 100\% + 60 \times 100\% + 60 \times 75\% + 100 \times 40\% + 80 \times 0\% = 185$$

(3) EAC 的计算。假设项目先前的变化可以反映未来项目的进展情况，则

$$EAC = \text{实际费用} + (\text{总预算成本} - BCWP) \times (ACWP/BCWP) = 205 + (340 - 185) \times 205/185 = 377$$

从上述值可以很清楚地得出，如果按照此进度进行，项目的总成本必然会增加 37 个单元，该项目的开发进度稍慢。

6.6　降低成本的措施

对软件项目的成本管理，除通过上述较理性化的方法和工具外，也能总结出一些感性的方法和经验，采用以下方法来控制开发的成本。

(1) 通过估算和预算项目的总成本，采用项目经理负责制方式来实施项目，各功能模块的工作量的估计和各功能模块的关系，应该由系统工程师和资深软件工程师根据历史数据、这个项目的实际情况和人员的平均能力做出。

(2) 根据各功能模块的工作量和其之间的关系以及人员状况，交货时间等外部条件做出项目的工作计划(一般要经过几轮的协商)，并由此导出项目的人员使用计划(资源计划)。根据人员的使用计划以及相应其他的开销做出项目成本的计划，这个文档必须得到各个资源拥有部门经理和项目拥有者的认可。

(3) 定期的工作进度和工作内容检查与评审，使用挣值分析来核算成本控制情况，通过适量的加班来完成的任务，缩短工时，提高进度。在项目执行过程中，监测实际支出和计划的差异。如果有很大的偏差应该做出及时的调整，这种调整必须得到各个资源拥有部门经理，如果涉及总费用预期超支还要得到项目拥有者的认可。

(4) 通过合理的激励方法来提高员工的积极性。至于人员的激励，项目经理关键在于创造一个融洽的团队氛围，使大家能够感受到自己的努力在逐渐地创造一个新的成果，一个新的改进。这种团队努力达到目标的感觉往往比简单金钱激励更有效果，当然这是在金钱激励不低于市场对个人的认可值的条件满足时才成立，否则人们会产生被剥削感。团队气氛的建立有时需要一些社会活动来形成，但这部分花销虽增加成本，但相对于整个人员上的费用一般不会太多，最好公司能有一定的指导性限制以防止各个项目之间过大的差距。员工工资是由员工的直线经理(负责员工长期能力发展)来评定和调整的，当然直线经理要把项目经理对其的意见作为总体评价的一部分。再有，如果一些成员培训费用太高，可以用租赁技术录像带、订阅杂志、员工技术交流的方式进行。

(5) 实际上，在软件开发过程中，大部分人的工作在使用高科技的成果(如很好的开发工具、建模工具)来开发产品，完成项目组织的工作，项目组成员很大部分精力是放在人与人之间的沟通和理解上。这几十年计算机技术发展很快，但在软件开发行业，需要大部分精力放在需求和设计那些“低科技”的方面。从软件开发几十年的发展历程来看，其生产力不可能在一夜间有数量级上的飞跃。

(6) 外包某一技术难点或引进第三方技术，通过发挥他人优势和弥补自身某种技术的不足，而不是所有的软件都自己投入开发。签订各种外包合同时，一定要货比三家，并在价格方面进行控制。

(7) 通过远程沟通降低差旅费用，如视频会议，并不是什么事情都要面对面才能解决的。

(8) 建立严格的开支审查与批准制度。

6.7 成本－效益分析

成本－效益分析的目的，是从经济角度评价开发一个新的软件项目的经济效益或在进行可行性分析时参考。

成本－效益分析首先是估算新软件系统的开发成本，然后与可能取得的效益(有形的和无形的)进行比较权衡。有形的效益可以用货币的时间价值、投资回收期、纯收入、投资回收率等指标进行度量。无形的效益主要是从性质上、心理上进行衡量，很难直接进行量上的比较。无形的效益在某些情形下会转化成有形的效益。例如，一个高质量和设计先进的软件可以使用户更满意，从而影响到其他潜在的用户也会喜欢它，一旦需要时就会选择购买它，这样使得无形的效益转化成有形的效益，客户在选择提供商时，会将经验和口碑作为考虑的最重要因素之一。

系统的经济效益等于因使用新系统而增加的收入加上使用新系统可以节省的运行费用。运行费用包括操作员人数、工作时间、消耗的物资等。

1．几种度量效益的方法

(1) 货币的时间价值

成本估算的目的是要求对项目投资。但投资在前，取得效益在后。因此要考虑货币的时间价值。通常用利率表示货币的时间价值。设年利率为 i，现已存入 P 元，则 n 年后可得钱数为 $F=P(1+i)^n$，这就是 P 元钱在 n 年后的价值。反之，若 n 年后能收入 F 元，那么这些钱现在的价值是 $P=\dfrac{F}{(1+i)^n}$。

例如，“厦兴化工 ERP 系统”来取代大部分人工工作，每年可节省 9.6 万元。若软件生存期为 5 年，则 5 年可节省 48 万元。开发这个 ERP 系统共投资了 20 万元(当然实际数据远不止这些，只是举例)。我们不能简单地把 20 万元与 48 万元相比较。因为前者是现在投资的钱，而后者是 5 年以后节省的钱。需要把 5 年内每年预计节省的钱折合成现在的价值才能进行比较。

设年利率是5%，利用上面计算货币现在价值的公式，可以算出引入系统后，每年预计节省的钱的现在价值，如表 6.12 所示。

表 6.12　货币的时间价值

年　份	将来值(万)	$(1+i)^n$	现在值(万)	累计的现在值(万)
1	9.6	1.05	9.1429	9.1429
2	9.6	1.1025	8.7075	17.8513
3	9.6	1.1576	8.2928	26.1432
4	9.6	1.2155	7.8979	34.0411
5	9.6	1.2763	7.5219	41.5630

(2) 投资回收期

投资回收期是衡量一个开发软件项目价值的经济指标。所谓投资回收期就是使累计的经济效益等于最初的投资所需的时间。投资回收期越短，就能越快获得利润。因此这项工程就越值得投资。例如，引入“厦兴化工 ERP 系统”两年后可以节省 17.85 万元，比最初的投资还少 2.15 万元，但第三年可以节省 8.29 万元，则 2.15/8.29 = 0.259。因此，投资回收期是 2.259 年。

(3) 纯收入

软件项目的纯收入是衡量工程价值的另一项经济指标。所谓纯收入就是在整个生存期之内系统的累计经济效益(折合成现在值)与投资之差。例如，引入“厦兴化工 ERP 系统”之后，5 年内纯收入预计是 41.563–20 = 21.563 万元。这相当于比较投资一个待开发的软件项目后预期可取得的效益和把钱存在银行里(或贷款给其他企业)所取得的收益，到底孰优孰劣。如果纯收入为零，则软件项目的预期效益与在银行存款一样。但开发一个软件项目有风险，从经济观点看，这项软件项目可能是不值得投资的。如果纯收入小于零，那么显然这项工程不值得投资。只有当纯收入大于零，才能考虑投资。

(4) 投资回收率

把钱存在银行里，可以用年利率来衡量利息的多少。类似地，用投资回收率来衡量投资效益的大小。已知现在的投资额 P，并且已经估算出将来每年可以获得的经济效益 F_k，以及软件的使用寿命 n，$k=1, 2,\cdots, n$。则投资回收率 j 可用如下的方程来计算：

$$P=\frac{F_1}{(1+j)^1}+\frac{F_2}{(1+j)^2}+\frac{F_3}{(1+j)^3}+\cdots+\frac{F_n}{(1+j)^n} \tag{6.3}$$

这相当于把数额等于投资额的资金存入银行，每年年底从银行取回的钱等于系统每年预期可以获得的效益。在时间等于系统寿命时，正好把在银行中的钱全部取光。此时的年利率是多少呢？就等于投资回收率。

2. 成本－效益的分析

系统的效益分析随系统的特性而异。大多数数据处理系统的基本目标是开发具有较大信息容量、更高的质量、更及时、组织得更好的系统。因此，效益集中在信息存取和它对用户环境的影响上面。与工程－科学计算软件及基于微处理器的产品相关的效益在本质上可能不大相同。

新系统的效益与系统的工作方式有关。仍以前面所说的“厦兴化工 ERP 系统”软件项目为例。分析员对实施 ERP 前后的各情况进行比较，可以对节省的人工成本进行量化(可将人员工资作为基数)比较，对节省的资金占用(产品和原材料库存减少等)进行量化，得出 ERP 系统的有形效益，对 ERP 产生的无形的效益(如较好的客户满意度、较高的雇员素质)可以被赋予货币价值。表 6.13 以“厦兴化工 ERP 系统”的 MM(物料管理)模块为例，列出了该模块的效益表。

表 6.13 “厦兴化工 ERP 系统”物料管理模块效益表

项　目	过　去		现　在		备　注
	方　式	时　间	方　式	时　间	
原辅料库存查询	查询台账	0.5 天	随时	1 分钟	
库存价值分析	手工汇总分析	2 天	随时	5 分钟	数据比手工准确，出错率低
物料消耗清单	生产部月底提供	1 天	随时	5 分钟	
采购申请到比价结束	书面文件传递	24 天	SAP 处理	5 天	
采购跟踪表	电话催	1～2 天	随时系统查询	5 分钟	清晰、准确显示项目所处环节
验收时间	手工	平均 13 天	随时	平均 5 天	
从验收合格到付款	人工跑单、催单	23 天	SAP 处理	6 天	

该系统开发的成本也可以通过财务中发生的数据进行统计，将所有成本进行分类，如表 6.14 所示。

表 6.14 “厦兴化工 ERP 系统”各阶段的费用

项目组筹办费用	筹办咨询费	实际设备购置或租用设备费
	设备安装费	筹办人员的费用
	设备场所改建费(空调、安全设施等)	与筹办相关的管理和人员的费用
	操作系统软件的费用	指导开办活动所需的管理费用
	通信设备安装费用(电话线、数据线等)	人员寻找与聘用活动所需的费用
与项目开发有关的费用	应用软件购置费	为适应局域系统修改软件的费用
	公司内应用系统开发所需的人员工资、经常性开销等	数据收集和建立数据收集过程所需的费用
	准备文档所需的费用	培训用户人员使用应用系统的费用
	开发管理费	
系统运行费用	系统维护费用(硬件、软件和设备)	租借费用(电费、电话费等)
	硬件折旧费	信息系统管理、操作及计划活动中涉及人员的费用

分析员可以估算每一项的成本，然后用开发费用和运行费用来确定投资的偿还、损益两平点和投资回收期。图6.6说明了“厦兴化工 ERP 系统”实例的特性。假设每年可节约总费用的估计值为 96 000 元，总开发(或购买)费用为 204 000 元，年度费用估计为 32 000 元。则从图 6.6 可知，投资回收期大约需要 3.1 年。实际上，投资的偿还可以用更详细的分析方法来确定，即货币的时间价值、税收的影响及其他潜在的对投资的使用。再把无形的效益考虑在内，上级领导就可以决策，在经济上是否值得开发这个系统。

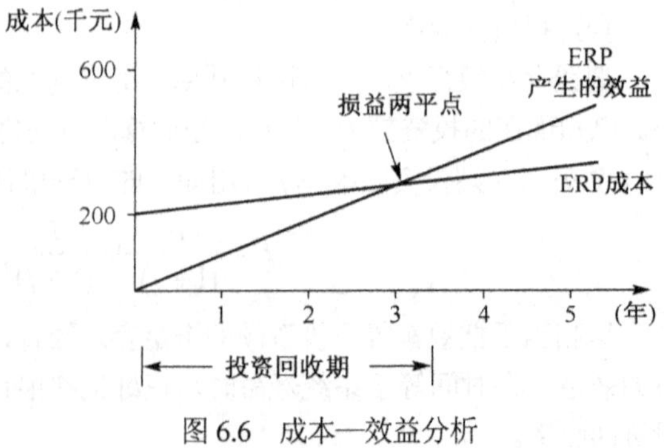

图 6.6 成本—效益分析

项目成本管理案例分析

胡安·冈萨雷斯是一个系统分析师、网络专家，在一个大城市的供水系统工作，他喜欢帮助他的国家发展基础措施，他的下一个目标是成为一名项目经理，以便有更大的影响力。他的一个同事邀请他参加政府一个重大项目的评审会，其中包括“测量员助理”这个概念，是开发一个复杂信息系统，该信息系统包括专家系统、面向对象数据库和无线通信系统。该系统为政府的测量员提供即时的图形信息，帮助他们工作。例如，一名测量员触摸手感装置显示屏显示的地图之后，系统将提示他选择有关那个区域所需要的信息类型。该系统将对许多项目的计划和执行有帮助，从光缆的铺设到输水管线铺设。

然而，当会议的大部分时间花在讨论有关成本问题时，他非常惊奇。政府官员在讨论资助任何新项目之前，一直在评审许多现有的项目，评估它们到目前的执行情况及其在预算上的潜在影响。讲演者引用的很多术语和图表，胡安都不理解。他们总是谈及的挣值分析是什么？胡安曾想他应当学习更多的测量员助理项目中将要应用的新技术，但现在他发现成本估算和项目收益是高级官员在会议上最感兴趣的事情。好像在任何技术工作开始之前，必须花大量的精力在详细财务研究。胡安多么希望自己学过一些会计和财务方面的课程，那样他就能够理解人们正在讨论的缩写和概念。尽管胡安有一个电子工程学位，但他在财务方面没受过正规的教育，经验也特别少。他自信地认为自己能够懂得信息系统和网络，也同样能理解项目中的财务问题。他草草地记下会后需要和同事们讨论的问题。

胡安对他的同事谈了这次会议之后，他对项目成本管理的重要性有了更好的理解。特别是当他了解到在项目后期纠正缺陷需要更高成本之后，他更认识到了在对项目做出主要开支之前详细研究的价值。他也理解了建立好的成本估算和成本控制的重要性。项目经理表示他们正在实施的项目管理不善，并承认他们在项目的前期计划和分析方面做得不够，政府官员于是取消了几个项目。胡安知道，如果想在自己的职业生涯中有所长进，就不能仅注重项目的技术方面。他开始怀疑本市正在考虑的几个项目是否真的对得起纳税者的钱。成本管理问题又给胡安工作增添了一个新的空间。

本章小结

软件项目的成本目标是项目目标达成的三大要素之一，软件项目的开发成本是指开发过程中所花费的工作量及相应的代价。本章说明了项目成本管理的重要性，接着解释基本的项目成本管理的原理、概念和术语，让读者理解软件项目成本估算所包括的内容，描述了资源计划、成本估算、成本预算和成本控制过程，特别是使用挣值方法来估算项目进程中的成本控制水平。最后，从效益与成本两个方面来分析软件项目的经济合理性。

复习思考题

1. 软件项目成本管理由哪些过程组成？理解各过程的含义。
2. 软件项目的开发成本与一般物理产品成本的差异有哪两点？
3. 理解直接成本、间接成本、机会成本、沉没成本、边际成本的概念。
4. 理解项目的资源计划主要输出资源清单和资源计划矩阵图。
5. 理解使用 BCWS、ACWP、BCWP、EAC 公式进行实例的成本控制分析方法。
6. 理解书中提到的几种度量效益的方法。

第 7 章　软件项目的质量管理

随着软件开发的规模越来越大，软件的质量问题显得越来越突出。其实软件质量是一个很大的话题，整个项目管理过程都与软件的质量相关。软件质量的控制不单单是一个软件测试问题，在软件开发的所有阶段都应该引入质量管理。本章主要介绍软件质量概述、质量评审、质量控制、与软件质量相关的项目实施方法论，对软件质量控制的最常用方法——软件测试进行重点阐述，最后，总结了提高软件质量的方法。

7.1　软件质量概述

下面举几个例子说明软件质量的重要性：

- 1981 年，由计算机程序改变而导致的 1/67 的时间偏差，使航天飞机上的 5 台计算机不能同步运行。这个错误导致了航天飞机发射失败。
- 银行一个晚上从 10 多万位顾客账户上，错误地扣除了大约 1500 万美元的存款。这是银行历史上最大的软件错误之一。这一问题是由一个最新计算机程序的一行独立代码产生的，它导致银行在处理自动取款机(ATM)自动提款和划转业务时，将一笔业务重复记录两次。
- 在 21 世纪初，建立电子商务网站如雨后春笋，其中英国 Boo.com 网站商店专营服装，由于系统设计问题，一开始网站就不太对劲。它的网页充斥着 Java 脚本和 Flash，在那个尚有拨号上网的时代，网页打开的速度非常缓慢。它在全球范围内进行营销，结果不得不面对复杂的语言、定价和税务问题。因系统质量问题引起它的销售收入从未达到过预期。它烧掉了 1.6 亿美元，2000 年 5 月倒闭。
- 1999 年创办的 GovWorks.com 网站，旨在帮助市民与市政当局打交道，再清楚一些，就是帮助政府建立网上缴税、交纳罚款等系统。创办人有两位，一个是销售员，另一个是技术员，两人是儿时的玩伴。起初，两人都很高兴，不仅各自身家百万，而且经常与政客们打交道。可惜好景不长，先是另一名合伙人出走，后来技术被盗，公司的软件也从未达到过预计的质量要求。最终，两位儿时好友反目成仇，公司也被竞争对手接管。

事实上，我们经常听到用户一碰到软件出现问题或用得不顺，总是会说一句：“这个软件质量有问题！”。既然经常听到大家谈软件质量的问题，那么究竟什么是软件质量呢？事实上，软件质量与传统意义上的质量概念并无本质差别，只是针对软件的某些特性进行了调整。从最狭义上讲，质量可被定义为“无缺陷”。但是，绝大多数以顾客为中心的企业对质量的定义远不止这些，他们是根据顾客满意来定义质量的。“以顾客为中心”的定义说明质量要以顾客的需要为开始，以顾客满意为结束。现代质量管理追求顾客满意，注重预防而不是检查，并承认管理层对质量的责任，在较大型的软件项目中，虽然项目组中可能会有专门的质量监督人，但项目经理必须对项目质量负根本责任。

软件质量天生符合上述含义，最初的定制式软件系统首先要求必须满足用户的需求。为满足软件的各项精确定义的功能、性能需求，符合文档化的开发标准，需要相应地给出或设计一些质量特性及其组合，作为软件开发与维护中的主要考虑因素。如果这些质量特性及其组合都能在产品中得到满足，则这个软件产品质量就是高的。软件质量反映了以下三方面的问题：

(1) 软件需求是度量软件质量的基础。

(2) 在各种标准中定义了一些开发准则，用来指导软件人员用工程化的方法来开发软件。如果不遵守这些开发准则，软件质量就得不到保证。

(3) 往往会有一些隐含的需求没有明确提出来。如果软件只满足那些精确定义了的需求而没有满足这些隐含的需求，软件质量也得不到保证。从我们的经验来看，隐含的需求是引起用户不满意的主要原因，经常有用户想当然有的需求未表示出来，而开发人员认为并不在需要的范围中。

对绝大多数成功的企业来说，顾客驱动型质量已成为企业经营理念，要求企业从战略高度来看待质量问题，软件质量不仅是缺陷率，还包括不断改进、提高用户的满意度、缩短产品开发周期与投放市场时间、降低质量成本等，是全面质量概念。面对日新月异的技术发展，如何不断创新以满足顾客快速变化的需求，是每个软件开发单位必须解决的重要课题。

引起应用软件项目的质量问题的原因，可以从两个方面进行分析：

(1) 管理方面的问题，即项目管理过程质量，包括系统建设的准备、规划、组织、协调以及运行管理方面所反映的工作质量问题；

(2) 技术方面的问题，即产品实现过程质量，包括系统生命期各阶段的产品质量。

这两个方面的质量问题是相辅相成的，管理方面的质量可以促进技术产品质量的提高，技术产品的质量也可以促进管理质量的提高。

为了提升应用软件项目的质量，质量控制是其最核心的问题，质量控制包括监控特定的项目结果，确保它们遵循了相关质量标准，并识别提高整体质量的途径。这个过程常与质量管理所采用的工具和技术密切相关。质量控制是开发过程中事前和出现偏差后采取的措施，结合应用软件项目的特征，采取以下方法实施全面质量控制：

(1) 实行工程化开发

应用软件系统属于信息系统范畴，而“信息系统开发方法”一词的广义理解是“探索复杂系统开发过程的秩序”；狭义理解是“一组为信息系统开发起作用的规程”，按这些规程(由一系列活动组成，形成方法体系)工作，可以较合理地达到目标。应用软件项目往往是结合 IT 技术和商务模式的项目，是一项系统工程，必须建立严格的工程控制方法，要求开发组的每个人都要遵守工程规范。在项目开发组织中，都应有一些明文的规范。

(2) 实行阶段性冻结与改动控制

与信息系统一样，应用软件系统具有生命周期，这就为划分项目阶段提供了参考。一个大项目可分成若干阶段，每个阶段有自己的任务和成果。一方面便于管理和控制工程进度；另一方面可以增强项目开发人员和用户的信心。在每个阶段末要“冻结”部分成果，作为下一阶段开发的基础。并不是说冻结之后不能修改，而是其修改要经过一定的审批程序，并且涉及项目计划的调整。在每个阶段，都要遵循严格的质量计划，落实质量计划中的各项措施，执行质量计划中的各项工作。

(3) 实行里程碑式的审查与版本控制

里程碑式审查就是在应用软件系统生命周期的每个阶段结束之前，都正式使用结束标准对该阶段的成果进行严格的技术审查，如果发现问题，就可以及时在阶段内解决。

版本控制是保证项目小组顺利工作的重要技术。版本控制的含义是通过给文档和程序文件编上版本号，记录每次的修改信息，使项目组的所有成员都了解文档和程序的修改过程。通过配置管理及其对应的工具进行控制。

(4) 采用面向对象和基于构件的方法

在面向对象的方法益趋成熟的时期，应用软件项目的重心是软件系统的开发和配置，面向对象的软件开发强调类、封装和继承，能提高应用软件类软件的可重用性，将错误和缺憾局部化，同时还有利于用户的参与，这些对提高软件的质量都大有好处。

基于构件的开发又称为“即插即用编程”方法，是从计算机硬件设计中吸收过来的优秀方法。它是将编制好的“构件”插入已做好的框架中，从而形成一个大型软件。构件是可重用的软件部分，构件既可以自己开发，也可以使用其他项目的开发成果，或者直接向软件供应商购买。当发现某个构件不符合要求时，可对其进行修改而不会影响其他构件，也不会影响系统功能的实现和测试，就好像整修一座大楼中的某个房间，不会影响其他房间的使用。

建设 SOA 架构的应用软件系统，其核心任务是建立和引用丰富的组件，通过 Webservice 技术跨平台协同作业，面向用户定制式的业务流程等。

(5) 全面评审、质量跟踪和项目监理

要采用适当的手段，对系统调查、系统分析、系统设计、编码和文档进行全面审查和测试，对应用软件项目进行跟踪管理，通过必要的 IT 项目监理方法和手段进行风险管理和控制。

影响软件质量的因素有：开发软件产品的组织(含人员)、开发过程(比如，项目组有无方法论，有无成熟的程序和过程等)、开发过程所用到的方法和技术(Word、Excel、Project、Sharepoint 等)，如果将影响软件质量的因素进一步细化，影响软件质量的 15 种因素有：

- 开发方法与工具
- 开发人员的训练因素
- 软件开发的组织形式
- 文档的提供情况
- 软件的复杂性
- 使用环境
- 现有的软件原型
- 需求转换和可跟踪性
- 测试方法
- 维护(文件、标准和方法)
- 计划和资源的限制情况
- 开发语言
- 现有类似软件
- 软件的质量特征(如维护性、重用性、安全性、故障容差等)
- 设计参数的折中

7.2 质量计划

质量计划是进行应用软件项目质量管理的首要工作，它指为确定应该达到和如何达到的质量标准，而进行的有关质量的计划与安排。应用软件项目的质量计划是指将与应用软件有关的质量标准标识出来，并提出如何达到这些质量标准和要求，在此基础上制定并评审通过应用软件项目的质量计划。应用软件的质量计划是该项目质量策划的结果之一。它规定与项目相关的质量标准，如何满足这些标准，由谁及何时应使用哪些工作程序和相关资源。

7.2.1 质量计划依据

对于质量计划来说，其主要依据为：

- 企业(项目)的质量方针，带有企业或开发机构自身的文化的色彩。

- 国家、行业的法律法规，即适合应用软件领域的专门标准和规则。
- 项目合同文件中对交付产品的要求等。

应用软件项目的质量计划带有明显的 IT 项目特征，其主要依据和常用的标准主要包括：

(1) 项目质量方针

它是应用软件开发组织中提倡的方向性质量要求和口号，如“严格管理、不断创新、持续改善、用户满意”、“服务至诚，精益求精，管理规范，进取创新”等。

(2) 项目范围描述

项目目标的说明和项目任务范围的说明，它明确地说明了开展项目工作及工作的具体要求，在项目中通过 WBS(工作分解结构)对范围进行定义和分解。

(3) 项目产出物的描述

指对于项目产出物的全面与详细的说明，应用软件项目产出物是一个适合某类业务模式或某行业的电子化作业平台。

(4) 相关标准和规定

项目组织在制定项目质量计划时还必须充分考虑相关领域的国家、行业标准、各种规范以及政府规定等。对于应用软件项目来说，标准和规定主要包括：

① 国际标准组织 ISO 推出的 ISO 9000

它不是指一个标准，而是一族标准的统称，ISO 9000.3 是 ISO 9000 质量体系认证中关于计算机软件质量管理和质量保证标准部分。ISO 9000 实际上是由计划、控制和文档工作三部分组成的无限循环的体系。计划用来保证方向、目标、授权和每种活动的责任关系的确切定义和理解；控制用来保证目标与方向的拟合，通过正确行动预测和避免问题的发生；文档工作主要用来反馈质量管理系统在满足客户需求方面表现如何以及何种改变是必要的。

② 软件能力成熟度模型 SW-CMM，一般简称为 CMM 模型

CMM 也可以作为指导应用软件开发过程的质量体系和标准。它从低到高分成五级，即初始级、可重复级、已定义级、定量管理级和优化级。

③ 应用软件应用领域涉及的行业标准

主要包括：产品或服务的质量标准，如国标、部标、行业标准等。体系和指标众多，如响应速度指标中，系统中最长的服务响应时间；稳定性中的正常运行率；物料产品中采用何种编码标准等。另一个是项目管理过程的质量标准，如采取的 RUP、XP、TSP、PSP 等软件开发过程某些方法或过程。

比如，某电子政务流程再造及城市规划政务审批共享平台，在系统设计过程中，主要参照了以下规范和标准，沿用了相关的概念并进行了部分的修改：

- GB-14804—1993，《l:500、1:1000、1:2000 地形图要素分类与代码》
- GB/T 13923—1992，《国土基础信息数据分类与代码》
- CH 15002—1994，《地籍测绘规范》
- CH 15003—1994，《地籍图图式》
- 国家土地管理局，《土地登记规则》
- TD0001—1993，《城镇地籍调查规程》
- GB/T 2260—1999，《中华人民共和国行政区划代码》
- GB/T 7929—1995，《1:500、l:1000、l:2000 地形图图式》
- 《城镇地籍数据库标准》(试行)，国土资源部
- GB/T 17798—1999，《地球空间数据交换格式》
- GBJl37—1990，《城市用地分类与规划建设用地标准》

- CJJ/T97—2003，《城市规划制图标准》
- GB 50180—1993，《城市居住区规划设计规范》

在应用软件项目中，要能使用标准度量其质量，度量应用软件软件质量的全球范围标准 ISO 9126 如图 7.1 所示。

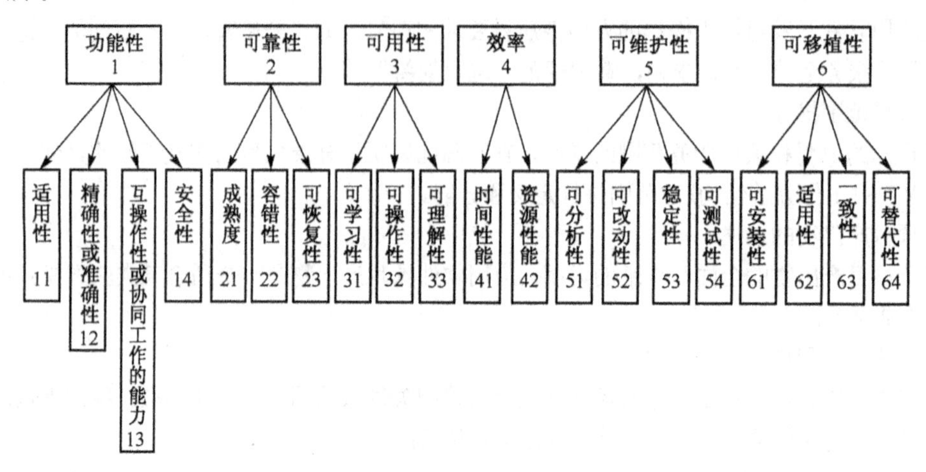

图 7.1 度量软件质量标准的 ISO 9126

通过图 17.1 的结构，可以通过评估某应用软件项目的各项指标，得到项目的质量量化结果。

7.2.2 质量计划制定方法

质量计划制定方法要结合应用软件项目的背景与外部环境，通常有下面几个方法：

（1）效益/成本分析

质量计划程序必须考虑应用软件项目的效益/成本平衡，达到质量标准，首先就是减少了返工，这意味着高效率、低成本，以及提高项目相关人员的满意度。达到质量标准的首要成本包括与项目质量管理活动有关的费用。

也就是说，在应用软件的项目中，我们制定质量管理计划时，需要权衡项目最后的质量与付出的成本，质量与成本是相应对的，有关 IT 类项目的质量类的成本名词如下：

- 质量成本，它是指为了达到产品或服务的质量而进行的全部工作所发生的所有成本。
- 一致成本(质量保障成本)，它是为确保与合同要求(或用户协议)一致而做的所有工作耗费的成本。
- 不一致成本(质量检验和纠偏成本)，它是指由于不符合要求而进行的全部工作所引起的成本。
- 预防成本，它是为了使项目结果满足项目的质量要求而在项目结果产生之前采取的一系列活动所花费的费用。
- 评估成本，它是项目的结果产生之后，为了评估项目的结果是否满足项目的质量要求而做的测试活动所引起的成本。
- 故障处置成本，它是在项目的结果产生之后，通过质量测试活动发现项目结果不能满足质量要求，为了纠正其错误使其满足质量要求而发生的成本。

从上面的成本分析可以看出，质量成本包括两部分：其一是质量保障工作，其二是质量检验与恢复工作。前者产生质量保障成本，后者产生质量检验和纠偏成本。项目质量计划的成本/收益法就是合理安排这两种项目质量成本，以使项目质量总成本相对最低，如图 7.2 所示。

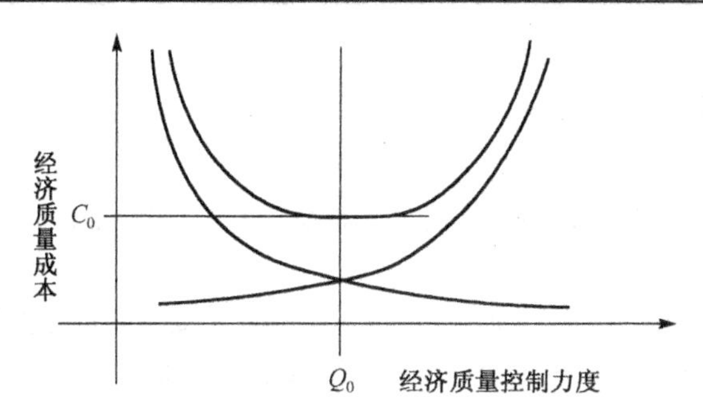

图 7.2　应用软件项目的质量总成本图

从图可以看出，质量成本是由一致成本和不一致成本结构的，其构成为：质量成本包括一致成本和不一致成本，而一致成本包括预防成本和评估成本，不一致成本主要因质量问题产生的故障处置成本。

(2) 基本水平标准(质量标杆法)

基本水平标准法，是指将实际的或计划中的项目实施情况与其他应用软件项目的实施情况相比较，从而得出提高水平的思路，并提供检测项目绩效的标准。通常，如果一家企业以推行和开发应用软件平台为主业，通过新项目的实施，不断进行经验积累和质量标准的提升。

(3) 系统或程序流程图

流程图用于显示系统中各组成要素之间的相互关系。图7.3是设计复查程序流程图示例。

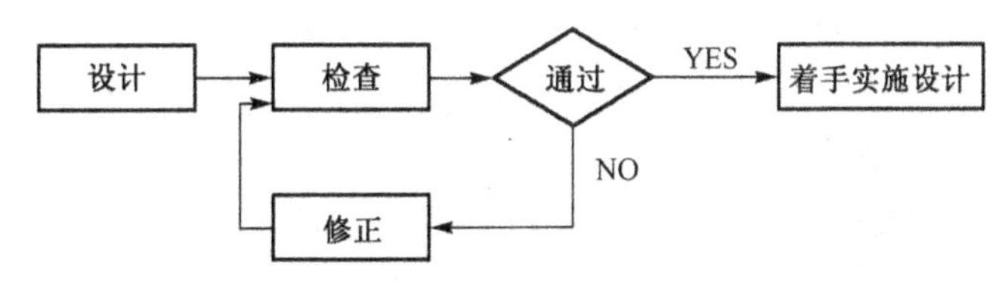

图 7.3　设计复查程序流程图

(4) 试验设计

试验设计是一种分析技巧，它有助于鉴定哪些变量对整个应用软件项目的成果产生最大的影响。

这种技巧常应用于应用软件软件项目产品开发中(某种开发工具与哪种数据库、操作系统组合比较高效，性能比较稳定，而成本又比较合理，应用软件系统与企业其他核心系统如 ERP、OA 接口的试验等)。

7.2.3　质量计划工作的成果

与其他信息系统项目一样，应用软件的项目质量计划完成后，应提交阶段性成果或文档，它主要包括：

(1) 应用软件的项目质量管理计划，它又分为：

- 项目的质量目标(包括功能性属性和非功能性属性的质量等要求)。
- 各质量属性相互约束分析，满足的优先级和成本效益分析。
- 项目开发潜在的质量问题和应对分析(评审，培训，代码审查)。
- 项目的质量控制策略(评审安排及覆盖率，培训，测试安装等)。

(2) 项目质量工作说明，包括相应的操作说明。

(3) 质量核检清单，包括各种检查表，如应用软件系统的并发用户数、压力测试参数、数据精确度、各核心模块的响应速度等。

7.3 软件质量保证

质量保证是“为了提供信用，证明项目或产品将达到有关质量标准，而在质量体系中开展的有计划、有组织的工作活动”。

它贯穿于整个软件项目或软件开发的始终。比ISO 9000质量体系的发展更进一步的是，在质量计划部分所描述的活动从广义上说，也是质量保证的组成部分。其目的在于增加项目干系人对项目的信心。

质量保证包括对整体项目绩效进行预先评估以确保项目能够满足相关的质量标准。质量保证过程不仅要对项目的最终结果负责，而且还要对整个项目过程承担质量责任。高级管理层应带头强调全体员工在质量保证活动中发挥作用，尤其是高级管理者要发挥作用。

如果能够同时对软件开发过程的质量加以控制，则可以大幅度提高软件质量。只有从一开始就在开发过程中严格贯彻质量管理，软件产品的质量才有保证。否则，开发工作一旦进行到后期，无论怎样通过测试和补漏洞，都会无济于事。这就是近年来国际上十分重视的“软件过程管理”的一个重要思想。

软件质量保证是贯穿于整个软件过程的第三方独立审查活动(通常大中型软件项目有专门的质量审查负责人，如“厦兴化工ERP系统”项目)，在实际工作中，可以从两个方面来理解软件质量保证工作。

一方面，从上面所述的用户驱动观点看，注重于复审和校核方法并保证一致性，其关键是需要一种客观的标准来确定并报告软件开发过程及其工作成果的质量，一般由某个独立的小组(一般称为“软件质量保证小组”)完成，关键步骤包括：

(1) 选择软件项目应遵循的标准。制定项目中的质量保证计划(可参照 ANSI/IEEE STOL 730—1984，1983—1986标准)，评价其完整性并选择项目将采用的标准。

(2) 对软件工程活动进行复审。根据事先制定的计划和选择的标准来复审软件工程活动。

(3) 校核工作成果。根据选择的标准来校核软件工作成果。

(4) 报告结果。将上述活动的结果(尤其是偏离)汇报给适当的管理层人员。

(5) 处理偏离。各种偏离将在适当的管理层次加以处理，若需要则交给上一级管理人员做进一步处理，直至得到解决。

另一方面，从管理者驱动观点看，注重于确定为了产品质量必须做些什么，并且建立管理和控制机制来确保这些活动能够得到执行。它包括确定软件项目必需的质量特性，努力工作以期达到质量要求，并显示已经达到质量要求。关键步骤如下：

(1) 建立质量目标

以客户对于质量的需求为基础，对项目开发周期的各个检查点(如每个阶段结束时)建立质量目标。

(2) 定义质量度量

定义各种质量度量来衡量项目活动的结果以协助评价有关的质量目标是否达到。

(3) 确定质量活动

对于每个质量目标，确定那些能够帮助实现该质量目标的活动，并将这些活动集成到软件生命周期模型中去。

(4) 执行质量活动

执行已经确定的质量活动。

(5) 评价质量

在项目开发周期的确定检查点上，利用已经定义好的质量度量来评价有关的质量目标是否达到。

(6) 采取修正行动

若质量目标没有达到，采取修正行动。

事实上，以上两种含义的软件质量保证在实际工作均有体现，后者表现为从公司范围建立质量方针和质量保证体系并贯彻实施，前者则依靠某些没有直接执行责任的监督人员来保证质量体系得到有效落实，二者相辅相成。

下面举例说明“厦兴化工 ERP 系统”实施顾问公司的质量保证方法：

(1) 质量方针、目标和承诺

质量方针：优秀的产品，一流的服务。

质量目标：职责明确，管理规范；响应迅速，服务满意；过程有效，提供符合客户要求的产品。

(2) 质量记录

在系统实施的各个阶段，软件开发项目组将提供相应的质量记录文档，文档的编写符合 ISO 9001 质量标准及以下标准：

- 《信息处理——数据流程图、程序流程图、系统流程图、程序网络图和系统资源图的文件编制符号及约定/GB 1526—1989》
- 《计算机软件产品开发文件编制指南/GB 8567—1988》
- 《计算机软件需求说明书编制指南/GB 9385—1988》
- 《计算机软件开发规范/GB 8566—1988》

质量保证对整体项目绩效(程序和文档等)进行预先的评估以确保项目能够满足相关的质量标准。比如，采用合适的评审的方法，对项目进行软件评审，以便及早发现软件的缺陷。质量保证既保证项目产品的质量，又保证项目过程的质量。

质量保证策略主要分为三种：

(1) 以事后检测为重：产品制成之后进行检测，只能判断产品质量，不能提高产品质量。

(2) 以过程管理为重：把质量的保证工作重点放在过程管理上，对制造过程中的每一道工序都要进行质量控制。

(3) 以新产品设计和开发为重：在新产品的开发设计阶段，采取强有力的措施来消灭由于设计原因而产生的质量隐患。

质量保证的工具和技术主要包括两种：

(1) 基准比较分析：是一种用于质量改进的技术，将产品特性与那些内部或外部的其他软件产品特性进行比较。

(2) 质量审计：是对特定质量管理活动的结构化审查，找出教训，改进现在或将来项目的执行，可定期或随时，也可在项目结束阶段进行。

基于软件项目的质量保证的活动包括：

- 选择质量保证的技术方法
- 正式技术评审的实施
- 系统(含硬件和软件)测试结果分析
- 监督开发标准的执行
- 软件质量的度量
- 开发相关记录及保存

为了保证软件系统的版本控制和项目描述的正确性和完整性，必须进行配置管理，它是质量保证的精髓。

在软件项目中，其软件配置管理(Software Configuration Management，SCM)是进行质量控制的重要技术，软件配置管理又称软件形态管理或软件建构管理。界定软件的组成项目，对每个项目的变更进行管控(版本控制)，并维护不同项目之间的版本关联，以使软件在开发过程中任一时间的内容都可以被追溯，包括某几个具有重要意义的数个组合。

配置管理主要是进行技术上的管理，它是一种标识、组织和控制修改的技术，对产品的功能和设计特征以及辅助文档进行确认和控制。软件的配置项通常包括计算机程序、数据和文档。

配置控制委员会(Configuration Control Board，CCB)通常是项目组成立的临时虚拟机构，负责指导和控制配置管理的各项具体活动的进行，为项目经理的决策提供建议。软件项目配置管理的内容主要包括：

(1) 版本控制，它是对系统不同版本进行标识和跟踪的过程。版本标识的目的是便于对版本加以区分、检索和跟踪，以表明各个版本之间的关系。实际上，对版本的控制就是对版本的各种操作控制，包括检入检出控制、版本的分支和合并、版本的历史记录和版本的发行。

(2) 变更控制，一个软件项目，它包括范围的变更和需求的变更，比如用户提出增加电子支付方式的形式、增加网上销售商品的大类、增加某一统计报表等。

如果出现需要变更实施范围的要求，应以正式文档方式提出，项目组成员必须谨慎考虑项目范围的变更或需求变更将对整个项目进程可能产生的影响，必须对变更进行评估，在评估批准后才能进行，在实施过程中必须对变更的部分加以跟踪。

(3) 过程控制，它是指如何在项目开发过程中，组织间进行有效的协同作业，组织之间通过过程驱动建立一种单向或双向的连接。对于开发员或测试员则不必去熟悉整个过程，只需集中精力关心自己所需要进行的工作，就可以延续其一贯的工作程序和处理办法。

IEEE 软件配置管理计划的标准列举了建立一个有效的配置管理规则所必需的许多关键过程概念。

配置管理主要工作是：

(1) 确定、记录项目产品的功能和结构特征。

(2) 对产品的变更进行控制、记录和报告。

(3) 对产品进行审查以考察其与要求的一致性。

通常，软件的项目(特别是软件部分)越大，越需要配置工具管理，进行版本控制、变更记录和跟踪、并发控制等。

软件项目的配置管理工具：Microsoft Visual SourceSafe、Rational ClearCase、Borland StarTeam、IBM RPM、CVS、RapidSVN 等。RapidSVN 配置工具是开源软件，其操作界面如图 7.4 所示。目录中包括各类文档(需求分析、系统设计、操作说明)、源代码和数据。

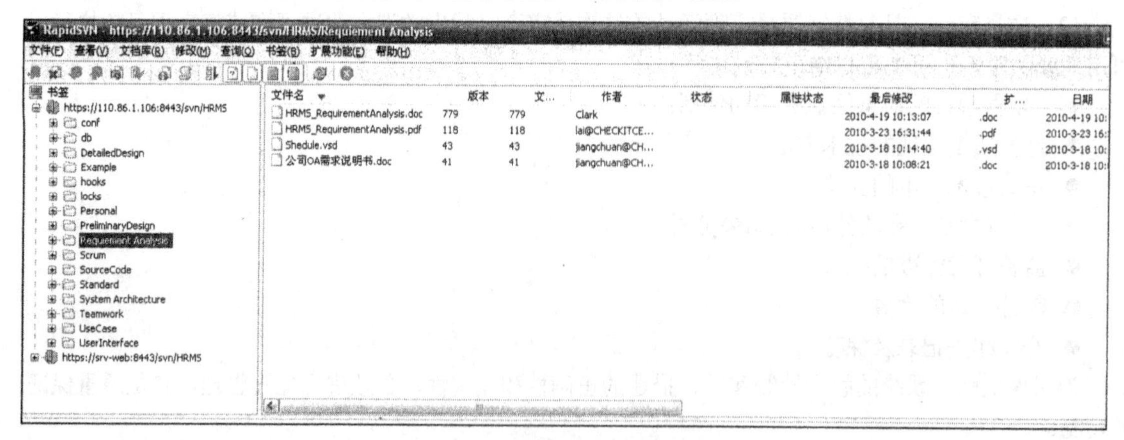

图 7.4 RapidSVN 操作界面

配置工具可以将各种程序源进行统一的系统配置，其所有的信息存储在一个 VSS 的数据库中，如图 7.5 所示。

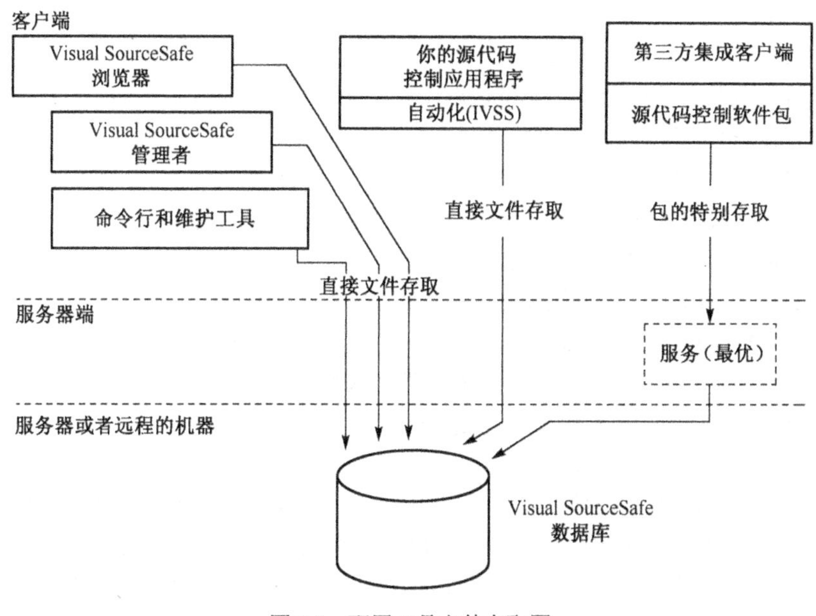

图 7.5　配置工具文件存取图

7.4　软件评审

软件评审是保证软件质量的一项重要任务，在软件开发的各个阶段都要进行评审。因为在软件开发的各个阶段都可能产生错误，如果这些错误不及时发现并纠正，会不断地扩大，最后可能导致开发的失败。表 7.1 中的这组数据可以清楚地看出前期的错误对后期的影响。

表 7.1　开发不同阶段的错误扩张倍数

阶　　段	错误扩张倍数
需求分析阶段	1
设计阶段(概要、详细)	3～6 倍
编码阶段	10 倍
集成测试阶段	15～40 倍
系统测试阶段	30～70 倍
运行	40～100 倍

前面介绍的项目“某市人事信息管理平台”，很好地将质量的评审活动列为项目管理的一项重要活动。下面以开发软件“某市人事信息管理平台”为例，说明如何进行软件质量的评审。其评审工作的步骤如图 7.4.1 所示。

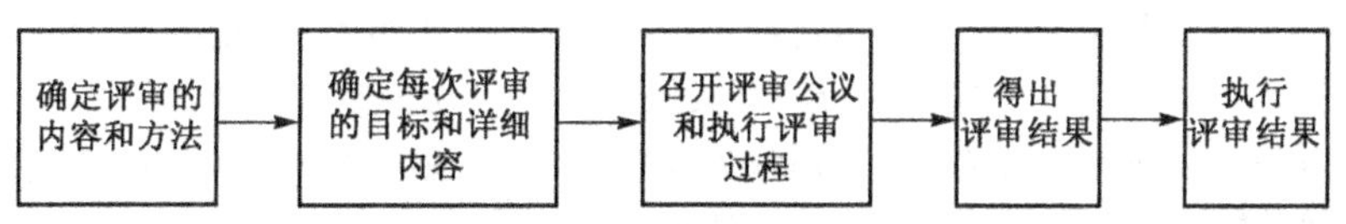

图 7.6　“某市人事信息管理平台”质量评审图

在项目“某市人事信息管理平台”中，评审目标是发现任何形式表现的软件功能、逻辑或实现方面的错误，保证软件按预先定义的标准表示并以统一的方式开发。每次的评审都先确定一个评审的目标或目的。

评审准则有：

- 评审项目，而不是评审设计者(不能使设计者有任何压力)
- 会场要有良好的气氛
- 建立议事日程并维持它(会议不能脱离主题)
- 限制争论与反驳(评审会不是为了解决问题，而是为了发现问题)
- 指明问题范围，而不是解决提到的问题
- 展示记录(最好有黑板，将问题随时写在黑板上)
- 限制会议人数和坚持会前准备工作
- 对每个被评审的产品要尽力评审清单(帮助评审人员思考)
- 对每个正式技术评审分配资源和时间进度表
- 对全部评审人员进行必要的讲解和培训

确定的评审的各项内容有：内部过程评审、软件需求的评审、物理评审、设计和功能的评审、软件验证和确认评审等。内部过程评审主要评审项目开发过程是否合理、能否进一步优化；软件需求的评审主要评审项目的《调研报告》和《需求分析说明书》是否能基本满足用户方(某市人事局及各机关事业单位)的人事业务需求；物理评审主要评审其网络结构和硬件选型的合理性；设计和功能的评审主要评审《概要设计说明书》和《详细设计说明书》，分析设计的方法是否合理和规范化、设计的功能是否齐全等；软件验证和确认评审主要评审《用户验收报告》，已完成系统是否符合用户的要求，系统通过用户的验收还有什么问题等。

评审的工作主要以会议的形式进行，一般应有3～5人参加(主要由某网络公司与该项目相关的管理人员组成)，会前每个参加者做好准备，建立评审清单，对全部评审人员进行必要的讲解和培训，评审会每次一般不超过2小时。

评审针对软件产品或文档，而不是评审某些开发人员。在会场上，会议须指明问题范围而不能脱离主题，要保持有良好的气氛，限制争论与反驳，充分展示评审内容，将问题随时写在黑板讨论，所提出的问题都要进行记录，或者制作成PowerPoint进行讲解。在评审会结束前产生一个评审问题表，另外必须完成评审简要报告。会议结束时必须做出以下决策之一：接受该方案或通过评审，不需做修改；由于问题严重，拒绝接受；暂时接受。

项目“某市人事信息管理平台”通过质量的评审，不仅提高了软件产品的质量，而且对改善公司的项目管理起到举足轻重的作用。

7.5 质量控制

软件项目质量控制的目标是基于收集的实际绩效数据，持续地改善项目过程，交付给客户满意的产品和服务。

质量控制活动开始于质量保证中的检测过程，二者都是项目小组为了保证项目的高质量完成而采取的持续行动，没有质量保证的质量控制只能在问题出现之后才发现它，而不能防患于未然。

项目经理和项目小组成员都必须明白，质量管理的首要目标就是在不出问题的情况下完成项目，第二个目标则是尽可能及早发现问题。这些都需要质量控制来达成。

质量控制包括监控特定的项目结果，确保它们遵循了相关质量标准，并识别提高整体质量的途径。

这个过程常与质量管理所采用的工具和技术密切相关。质量控制是开发过程中事前和出现偏差后采取的措施，可以采取以下步骤实施全面质量控制：

（1）实行工程化开发

“信息系统开发方法”一词的广义理解是“探索复杂系统开发过程的秩序”，狭义理解是“一组为信息系统开发起作用的规程”，按这些规程工作，可以较合理地达到目标。规程由一系列活动组成，形成方法体系。软件产品是一项系统工程，必须建立严格的工程控制方法，要求开发组的每一个人都要遵守工程规范。在软件开发组织中，都应有一些明文的规范。

（2）实行阶段性冻结与改动控制

信息系统具有生命周期，这就为划分项目阶段提供了参考。一个大项目可分成若干阶段，每个阶段有自己的任务和成果。这样一方面便于管理和控制工程进度；另一方面可以增强开发人员和用户的信心。

（3）在每个阶段末要“冻结”部分成果，作为下一阶段开发的基础

并不是说冻结之后不能修改，而是其修改要经过一定的审批程序，并且涉及项目计划的调整。

（4）实行里程碑式的审查与版本控制

里程碑式审查就是在信息系统生命周期每个阶段结束之前，都正式使用结束标准对该阶段的冻结成果进行严格的技术审查，如果发现问题，就可以及时在阶段内解决。

版本控制是保证项目小组顺利工作的重要技术。版本控制的含义是通过给文档和程序文件编上版本号，记录每次的修改信息，使项目组的所有成员都了解文档和程序的修改过程。

（5）实行面向用户参与的原型演化

在每个阶段的后期，快速建立反映该阶段成果的原型系统，通过原型系统与用户交互，及时得到反馈信息，验证该阶段的成果并及时纠正错误，这一技术被称为“原型演化”，原型演化技术需要先进的 CASE 工具的支持。

（6）尽量采用面向对象和基于构件的方法

前面提到过，面向对象的方法强调类、封装和继承，能提高软件的可重用性，将错误和缺憾局部化，同时还有利于用户的参与，这些对提高软件的质量都大有好处。

基于构件的开发又被称为“即插即用编程”方法，是从计算机硬件设计中吸收过来的优秀方法。这种编程方法是将编制好的“构件”插入已做好的框架中，从而形成一个大型软件。构件是可重用的软件部分，构件既可以自己开发，也可以使用其他项目的开发成果，或者直接向软件供应商购买。当发现某个构件不符合要求时，可对其进行修改而不会影响其他构件，也不会影响系统功能的实现和测试，就好像整修一座大楼中的某个房间，不会影响其他房间的使用。

（7）全面评审和测试

要采用适当的手段，对系统调查、系统分析、系统设计、编码和文档进行全面审查和测试，后面将对测试进行描述。

质量控制计划内容包括：

- 背景，即对系统任务的简要描述
- 软件的质量需求
- 限制条件，指客户及开发组织关于产品、过程、资源的预定需求及限制
- 条件风险，指当前特定风险的严重性等级列表
- 软件质量控制过程概要活动的进度、设置的检查点时间和检查的目的等
- 软件质量控制的活动

一般地，质量控制的输入输出如图 7.7 所示。软件项目质量控制的输入，就是质量控制需要收集的信息有：

● 软件开发项目的成果，包括程序运行结果和成果
● 质量管理计划(标准)
● 检查表(评审表)

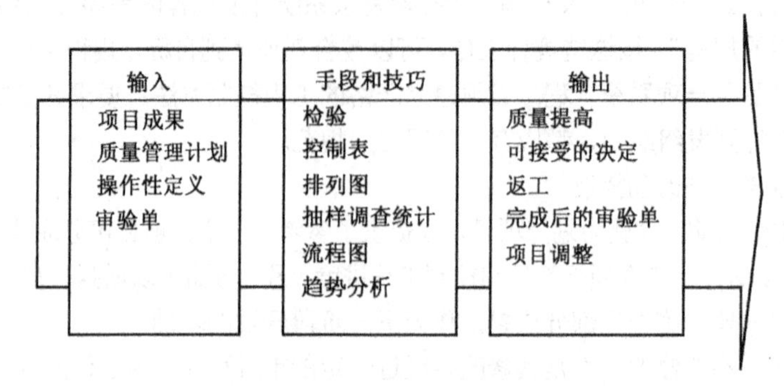

图 7.7　质量控制的输入输出

软件项目的质量控制的主要输出结果，即产生的结果有：
● 返工
● 过程调整
● 结束决定
● 质量的提高
软件项目质量控制的方法和工具(手段和技巧)主要有：
● 帕累托分析
● 统计抽样与 6 sigma
● 质量控制图
● 软件系统的测试
下面对每个方法和工具逐个进行说明：

1．帕累托分析

帕累托分析(Pareto Analysis)，指确认造成系统质量问题的诸多因素中最为重要的几个因素。即 80%的问题经常是由于 20%的原因引起的。类似库存管理的 ABC 法，帕累托分析法通常把影响项目质量的因素分为三大类：

(1) A 类为关键的少数，其影响程度的累计百分数在 70%～80%范围内的因素。
(2) B 类为一般的因素，是除 A 类之外的累计百分数在 80%～90%范围内的因素。
(3) C 类为次要因素，是除 A、B 两类外累计百分数在 90%～100%范围内的因素。
帕累托图是用于帮助确认问题和对问题进行排序的柱状图，如图 7.8 所示。

2．统计抽样和标准差

统计抽样是选择样本总体的部分检查。抽样如果得当往往可以降低质量控制成本。样本大小取决于想要的样本有多大代表性。

样本大小计算公式为：样本大小 = 0.25 × (可信度因子/可接受误差)^2
期望的确定度(数值等于 1-可接受误差)与可信度因子的对应表如表 7.2 所示。

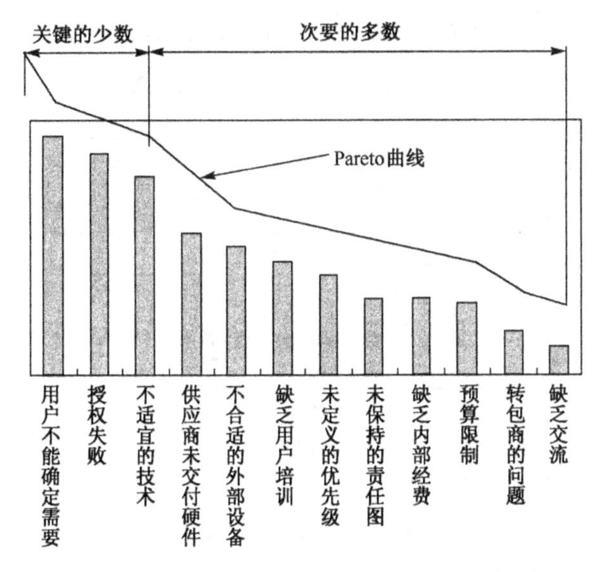

图 7.8　某计算机集成制造系统的帕累托分析图

表 7.2　期望的确定度与可信度因子的对应表

序　号	期望的确定度	可信度因子
1	95%	1.960
2	90%	1.645
3	80%	1.281

标准差测量数据分布中存在多少偏差。一个小的标准差意味着数据集中在分布的中间，数据之间存在很小的变化。正态分布是一个钟形曲线，关于样本的均值对称，如图 7.9 所示。

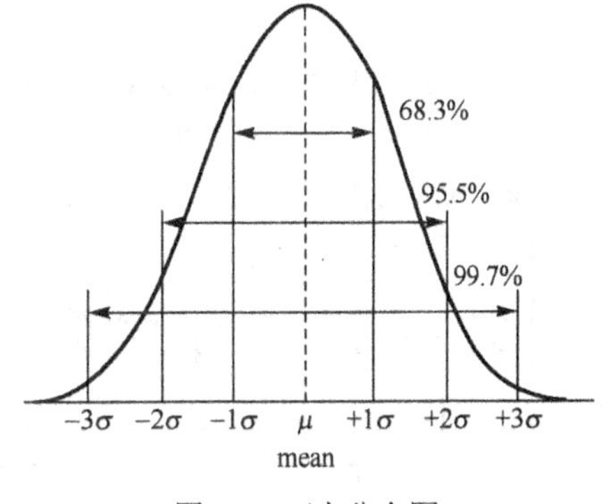

图 7.9　正态分布图

6 sigma 在统计学中用来表示数据相对于平均值的分散程度，即在过程输出为正态分布的情况下，每百万个输出中，可能出现在 $+6\sigma$ 和 -6σ 之外的输出次数为 4。

在软件项目管理中，6σ 是一种用于质量、成本、进度控制的动态改进工具，当项目达到如此接近零曲率(百万分之三点四的误差)的境界，它无限接近于开发完美的体系。

3. 质量控制图

质量控制图是质量过程数据的时序图形表示，其主要目的是为了确定过程处于“正常控制范围之内”，如果过程处于正常控制范围之内，表示过程实施良好，不需要调整，否则需要确认过程偏差的原因，并采取改进措施进行调整。

质量控制图是数据的图形表示，表明一个过程随时间的结果。它可以决定一个过程在控制中还是失去了控制。用它可以关注 CPU 运行情况、软件运行的负荷情况、数据库增长指标的情况等。质量控制图不是为了监测或拒绝缺陷，而是为了预防质量缺陷。

控制图的七点运行法则指出，如连续的 7 个数据点，如果出现以下两种中的一种：

(1) 都在平均值的上面或都在平均值下面

(2) 都在上升或都在下降

那么需要检查这个过程是否有非随机问题，如图 7.10 所示，有两个带星的点可能存在非随机问题。

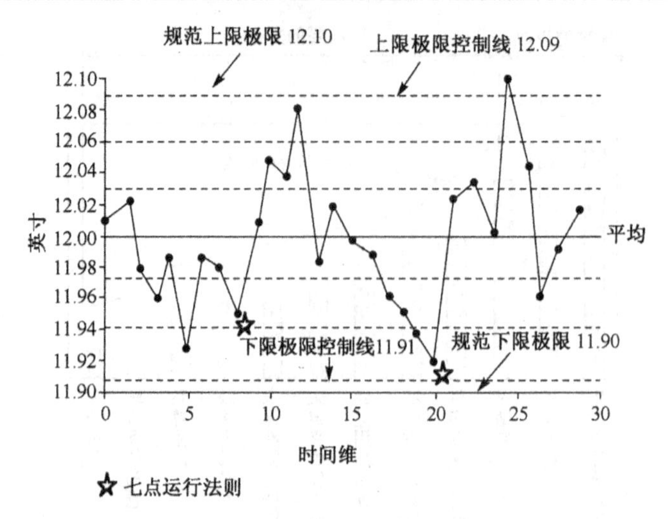

图 7.10 质量控制图

7.6 软件质量跟踪与监理

CMM 是过程能力成熟度模型(Capability Maturity Model)，由卡内基梅隆大学软件工程研究所提出(在质量体系的章节中会更详细介绍)，在软件开发机构中被广泛地用来指导过程改进工作。一个软件系统，如果从软件工程的生命周期的角度看，其过程如图 7.11 所示。

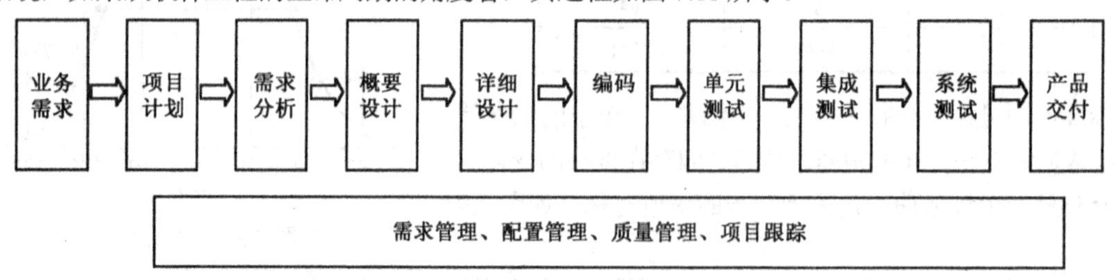

图 7.11 软件的开发过程图

从图 7.11 看出，项目的跟踪也贯穿于项目的始终，一个软件项目应具有可追踪性或可跟踪性，其含义为：当后续阶段出现质量问题时，可通过一定的方式回溯到质量问题的源点，从而发现和解决存在的问题的根本点所在。

以需求跟踪为出发点，跟踪管理的目标是建立与维护“需求－设计－编程－测试”之间的一致性，确保所有的工作成果符合用户需求与要求。需求跟踪包括编制每个需求同系统元素之间的联系文档。这些元素包括别的需求、体系结构、其他设计部件、源代码模块、测试、帮助文件、文档等。

需求跟踪有两种方式，如图7.12所示。

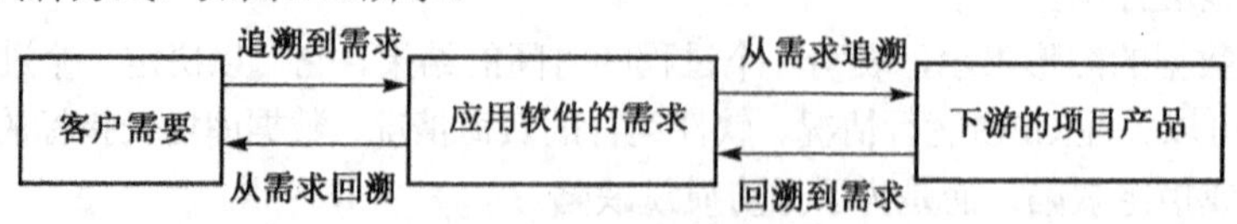

图 7.12 需求跟踪有两种方式

(1) 正向跟踪：检查《项目需求规格说明书》中的每个需求是否都能在后继工作成果中找到对应点。

(2) 逆向跟踪：检查设计文档、代码、测试用例等工作成果是否都能在《项目需求规格说明书》中找到出处。

在开发某一软件项目时，进行项目需求跟踪矩阵进行需求的跟踪，如图7.13所示，编号为BR001的业务需求，对应于需求规格为SRS001(如实现用户电子支付功能)，要落实此功能需求点，对应于概要设计和详细设计的ID分别为HLD001和LLD001，再通过CODE001和CODE002来实现，这些代码的正确性通过单元测试用例、集成测试用例和系统测试用例来对应。

项目需求跟踪矩阵							
说明:							
1	需求跟踪矩阵的主要目的是跟踪，查找对应关系。						
2	公共的模块需要在设计文档中体现出来。						
	项目名称			文档版本			
	作者			日期			
跟踪矩阵							
业务需求	需求规格	概要设计	详细设计	源代码	单元测试用例范围	集成测试用例范围	系统测试用例范围
BR001	SRS001	HLD001	LLD001	CODE001	UT001-UT010	IT001-IT012	ST001-UT005
				CODE002			
			LLD002	CODE003			
				CODE004			
		HLD002	LLD003	CODE005			
				CODE006			
			LLD004	CODE007			
				CODE008			
BR002	SR002						

图 7.13　项目需求跟踪矩阵

随着面向对象开发和UML建模的推广和普及，软件也可以通过需求跟踪能力矩阵进行项目的跟踪管理工作，如表7.3所示，项目中两个需求功能点：

(1) 提供用户查询某一商品的库存量和其销售状态。

(2) 管理员在系统中新添某种新商品，以网上进行销售。

这两个功能点分别对应两个用例(或称为两个需求功能点)，其ID为Ucase0021和Ucase0022，在设计模块里，定义两个类Check0021和Check0031来表示查询所涉及的属性、方法和事件等，再分别通过Check0021()和Check0031()代码来实现。类和代码的正确性通过测试用例CTest0021.1、CTest0021.2和CTest0031.1、CTest0031.2来检验。在现实的软件项目中，对应关系不是单纯的一对多或多对一，而是多对多的。

表7.3　项目需求跟踪能力矩阵

用　例	功能需求	设计元素	实现代码段	测试用例
Ucase0021	查询	Check0021类	Check0021()	CTest0021.1
				CTest0021.2
Ucase0022	插入	Check0031类	Check0031()	CTest0031.1
				CTest0031.2

从时间的角度分析，软件项目的跟踪管理是配合项目的时间管理和项目计划进行计划的跟踪、执行和控制，项目跟踪控制如图7.14所示，从图中分析，项目的跟踪控制过程是在项目计划执行过程中，收集偏差信息，产生和响应变更请求，将相关信息记录到PMIS数据存储(可以是数据库或其他电子文档)中。

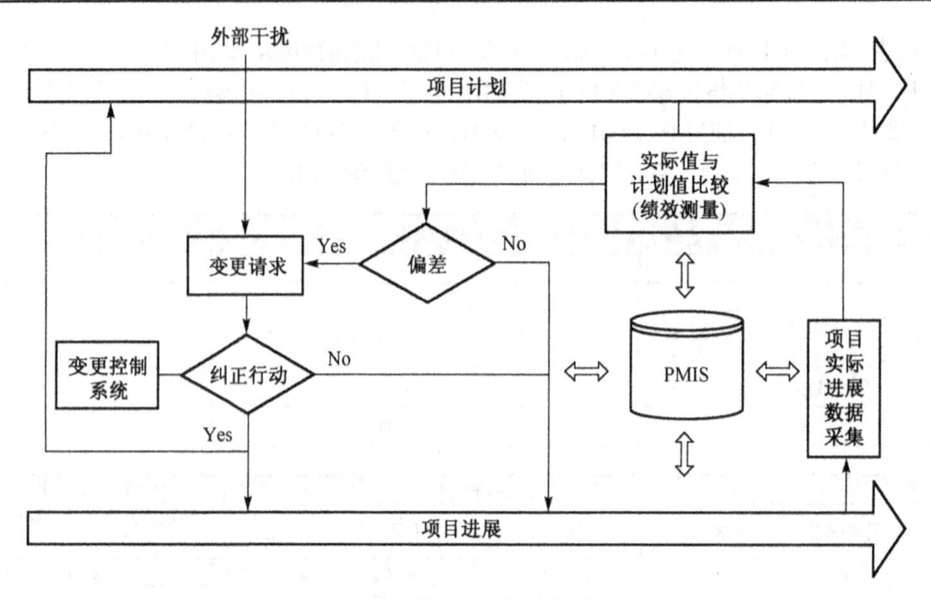

图 7.14 项目跟踪控制关系图

软件的项目跟踪控制的过程步骤如下：

(1) 建立跟踪控制的标准

(2) 项目的信息采集

(3) 项目性能分析

(4) 项目评审

(5) 项目计划修改

在软件项目中，项目监理与建筑业的监理类似，站在第三方的角度监督项目的质量，它是一种用来规避项目风险的管理机制，是国际上确保项目质量和进度的一种通行惯例和行之有效的方法。

软件项目的开发方式有四种：独立开发，委托开发，合作开发，以及购买现成软件然后再进行二次开发。无论是哪种开发方式，都需要组建软件项目组。

对于独立开发方式，开发组织与人员与最终用户属于一个单位，不存在原则上的冲突。对于后三种开发方式，在项目组内部，则出现两个利益主体的成员，一方主要表现为系统开发人员，另一方则主要表现为业务支持人员。由于双方在技术和业务上的信息互不对称，就很有可能发生损人利己的现象。按照利益主体的不同，将软件项目组简单地分为系统开发人员和业务支持人员。这样，可以将这两类人员简单地称为甲方(用户方，由业务人员组成)和乙方(开发方，由系统开发人员组成)，并且在两方之间存在合同(协议)的关系，软件项目建设的双方是一对“委托人—代理人”的关系。作为委托人的用户方要改变自己的信息不对称地位，就需要设计一套机制和合同来激励或约束作为代理人的开发方，聘请咨询和监理就是委托人采取的对策。

在软件项目的建设中，乙方可能有多个，比如，一个电子商务项目，乙方有硬件提供商、软件开发商、系统集成商等，而且每一个也可能涉及多个有关单位，如要进行 CA 认证中心、电信部门、银行等，因而监理方既可以由一个专业单位承担综合监理任务，也可以将一个复杂的项目分解为硬件提供、软件设计等一系列工作，由多个不同的专业单位分别进行监理。

按项目实施的时间，软件的监理工作分成：

(1) 事前控制

确定项目计划与总体方案；发现并预警问题，预防危险于损害发生之前，相较于事中、事后控制，事前控制成本最低、效果最明显，该项工作能否得到有效开展对于项目成败经常是决定性的。 比如，某企业或部门要开发一个软件网站，请专家进行可行性的评审，属于事前控制的监理工作。

监理的主要关注点为：审核与评估 IT 承包商的项目计划、总体方案、项目管理方法、质量控制体系，发现其中的隐患及时向甲方(用户方)与承建方通报、预警。

(2) 事中控制

确保项目依照既定方案执行，推动并跟踪问题的解决。

比如，通过检查和评估，提供商是否按合同中规定或规范提供服务器、存储设备、网络设备，是否配置、调试和安装完好。

软件提供商是否按确认的《需求规格说明书》和进度计划进行开发，每个里程碑是否有提供满意质量要求的成果和文档。

(3) 事后控制

评估确认项目实现预定目标。

事后控制的作用是采用相应补救措施，防止损失扩大，并预防同类问题再次发生。 比如，在软件项目中，错误的原始数据(如商品表和客户信息表)越迟发现和改正，损失越大。

系统测试、验收是常见的事后控制方式。其意义不仅在于确认承建方完成了预定的任务，更在于发现问题和隐患，减少进一步的损失(软件的问题称为“臭虫”或 Bug，如果它出现在开发工作完成后，是一种既成的损失，无法减少或弥补，在测试中发现并修正它防止损失的进一步扩大，如果在上线运行后才发现就会造成更严重的损失)。

7.7　软件测试

软件测试是保证软件质量的一个最常用、最有效的方法，是软件项目质量控制最常用的手段，也是软件开发过程中比较容易忽略和执行得不够彻底的工作，项目管理者必须了解软件测试的一些基本知识，以便通过测试来提高软件的质量。

7.7.1　测试概述

软件测试是保证软件质量的关键步骤，它是对软件系统规格说明、设计和编码的最后复审。广义上讲，测试是指软件产品生存周期内所有的检查、评审和确认活动，如设计评审、系统测试。狭义上讲，测试是对软件产品质量的检验和评价。它一方面检查软件质量中存在的质量问题，同时对产品质量进行客观的评价。

关于软件测试，有以下几个解释：

- 软件测试是为了发现错误而执行程序的过程
- 测试是为了证明程序有错，而不是证明程序无错误
- 一个好的测试用例(后面将介绍)在于它能发现至今未发现的错误
- 一个成功的测试是发现了至今未发现的错误的测试

7.7.2　测试的目标和原则

测试一般要达到下列目标：

- 确保产品完成了它所承诺或公布的功能，并且所有用户可以访问到的功能都有明确的书面说明——在某种意义上与 ISO 9000.3 是同一种思想。
- 确保产品满足性能和效率的要求。

- 确保产品是健壮的和适应用户环境的。健壮性即稳定性，是产品质量的基本要求。

简单地说，测试的最终目的是确保最终交给用户的产品的功能符合用户的需求，把尽可能多的问题在产品交给用户之前发现并改正。

测试一般有下列的原则：

- 应当把“尽早地和不断地进行软件测试”作为软件开发者的座右铭
- 测试用例应由测试输入数据和与之对应的预期输出结果这两部分组成
- 程序员就避免检查自己的程序
- 在设计测试用例时，应当包括合理的输入条件和不合理的输入条件
- 充分注意测试中的群集现象
- 严格执行测试计划
- 应当对每个输出结果进行检查
- 妥善保存测试计划、测试用例、出错统计和最终的分析报告，为将来维护提供方便

7.7.3 测试过程

测试过程伴随着一个信息流的过程，软件测试的信息流如图 7.15 所示。

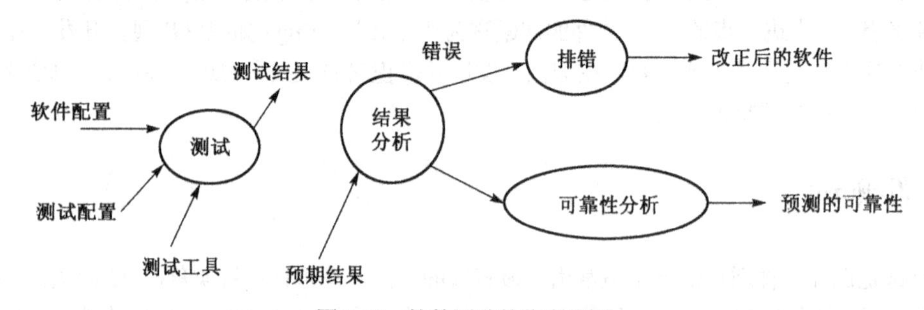

图 7.15 软件测试的信息流图

整个测试过程包含环节有单元测试、集成测试、确认测试、验收测试和系统测试等，如图 7.16 所示。

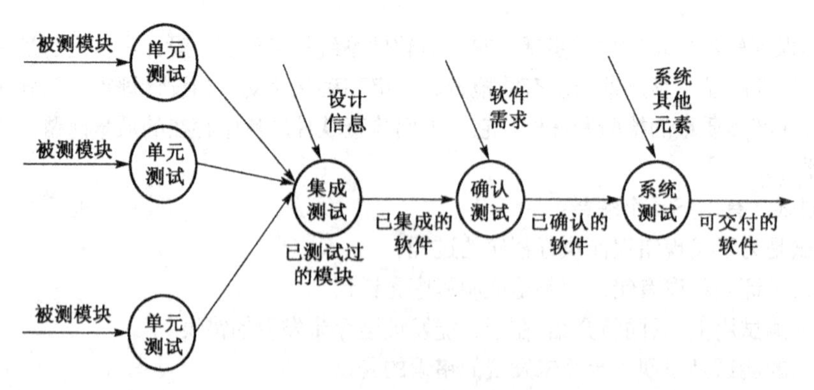

图 7.16 软件测试过程图

7.7.4 测试步骤实例

以“某市人事信息管理平台”项目为例，说明一个单元测试和集成测试的业务流程实例。

(1) 测试人员通过《需求分析说明书》和《系统设计说明书》，熟悉测试所涉及的业务。

(2) 测试人员配置测试环境、熟悉所测试的程序。

(3) 项目经理编制测试计划(在项目计划或测试阶段实施)。

(4) 系统分析员编制测试大纲(在需求分析阶段实施)。

(5) 高级程序员整理测试要点(在系统设计阶段实施)。

(6) 测试小组长编制《测试分析报告》和《软件修改报告》。

(7) 测试小组长组织人员进行单元测试。

(8) 测试人员填写《测试报告单》。

(9) 测试小组长《测试报告单》审核。

(10) 程序员修改和补充代码。

(11) 测试人员进行回归测试。

(12) 根据问题，重复(8)～(11)的步骤。

(13) 根据测试用例进行集成测试。

(14) 重复(9)～(12)的步骤。

(15) 测试小组长总结测试工作并书写测试分析报告。

(16) 各类测试文档正式成文，归档备案，交由资料员保管。

7.7.5　测试的方法

按不同的角度来分类，测试的方法有：

(1) 从测试是否针对系统的内部结构和具体实现算法的角度来看，可分为黑盒测试和白盒测试。

黑盒测试：也称功能测试或数据驱动测试，它是在已知产品所应具有的功能，通过测试来检测每个功能是否都能正常使用，它只检查程序功能是否按照需求规格说明书的规定正常使用，程序是否能适当地接收输入数据而产生正确的输出信息，并且保持外部信息(如数据库或文件)的完整性。

白盒测试：也称结构测试或逻辑驱动测试，它是知道产品内部工作过程，可通过测试来检测产品内部动作是否按照规格说明书的规定正常进行，按照程序内部的结构测试程序，检验程序中的每条通路是否都能按预定要求正确工作，而不顾它的功能。

(2) 穷尽测试和非穷尽测试

把所有运行可能的结果都考虑进去而进行的测试叫穷尽测试，否则称为非穷尽测试。

(3) 组装(集成)测试

它分一次性组装方式和增殖组装方式，而增殖组装方式又分自顶而下、自底向上、混合三种方法。

7.7.6　测试报告

测试报告是对测试工作的书面反映，是开发人员对系统进行调整和修改的依据，通常包括：《测试计划书》、《测试分析报告》、《测试用例》、《单元测试报告》、《软件修改和调试报告单》、《系统常见问题检查表》，详见附件 4。

7.7.7　“厦兴化工 ERP 系统”的测试举例

因“厦兴化工 ERP 系统”使用 SAP 软件系统(全球最大的 ERP 软件之一)，其测试主要是面向功能的，检查系统是否按预定的流程进行，系统信息是否足够等，它一般分成单元测试和集成测试两个过程。其测试细节上面已描述，图 7.17 是单元测试的文档界面。

SAP 单元测试进度

业务内容	业务部门	T0-BE 总数量	测试场景数 文档量	完成测试前 Word 文档 准备数量	已完成单元 测试情景 数量	已完成单元 测试情景 文档数量	确认数量
会计（FI）	会计科	22	15	15	14	13	14
资金（TR）	财务科	10	5	5	5	5	5
成本（CO）	会计科	15	15	15	12	12	12
销售（SD）	业务部	7	9	9	9	9	9
	运输科	2	1	1	1	1	1
	包装工厂	2	2	2	2	2	2
	会计科	3	3	0	3	0	3
	管理科	1	1	0	0	0	0
	Sub_Total	15	16	12	15	12	15
人力资源（HR）	人事部	20	18	8	8	8	7
生产（PP）	包装工厂	15	15	15	15	15	15
物料管理（MM）	资材部	11	11	9	9	9	2
	材料科	14	14	7	7	7	3
	港口仓储部	7	7	7	7	5	5
	Sub_Total	32	32	23	23	21	10
Total		129	116	93	92	86	78

图 7.17 单元测试文档

7.8 软件质量体系与项目实施方法论实例

在 ISO 9000 的术语中，对质量体系的描述是“组织结构、责任、工序(程序)、工作过程及具体执行质量管理所需的资源”。质量体系图所图 7.18 所示。

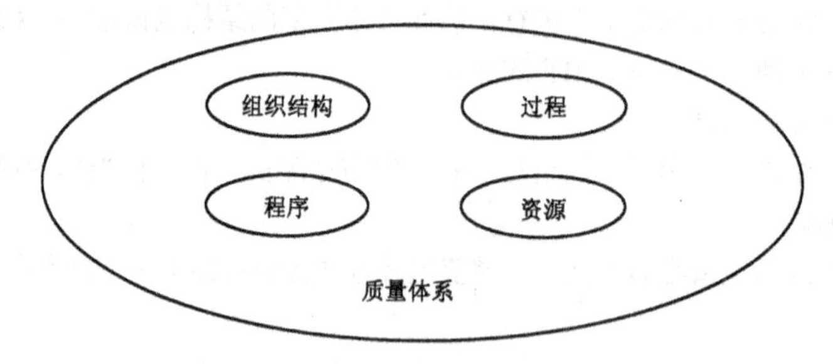

图 7.18 质量体系图

企业的质量是根据企业的质量方针和实施策略建立的，以保证达到企业的质量目标。

在软件项目中，各质量体系要素关系如图 7.19 所示。

不同性质和不同行业的组织，质量有不同思路和重点，比如，微软公司重视产品本身质量问题外，还注重其生产过程，如包装是否标准、紧密；摩托罗拉产品质量要求需要达到 6 Sigma 标准，航天飞机控制软件要求接近零缺陷，无故障；而典型的政府合同要满足合同的要求和规格等。

马尔科姆-鲍威治奖开始于 1987 年，是对那些通过质量管理取得世界级竞争水平的公司的承认。

质量体系与质量计划的区别是：质量体系是企业长期遵循和需要重复实施的文件，具有较强的标准性质。质量计划是一次性实施的，项目结束，质量计划的有效性就结束。

下面要讨论的 ISO 和 CMM 都是目前建立软件质量体系的指导性内容和实施指南。

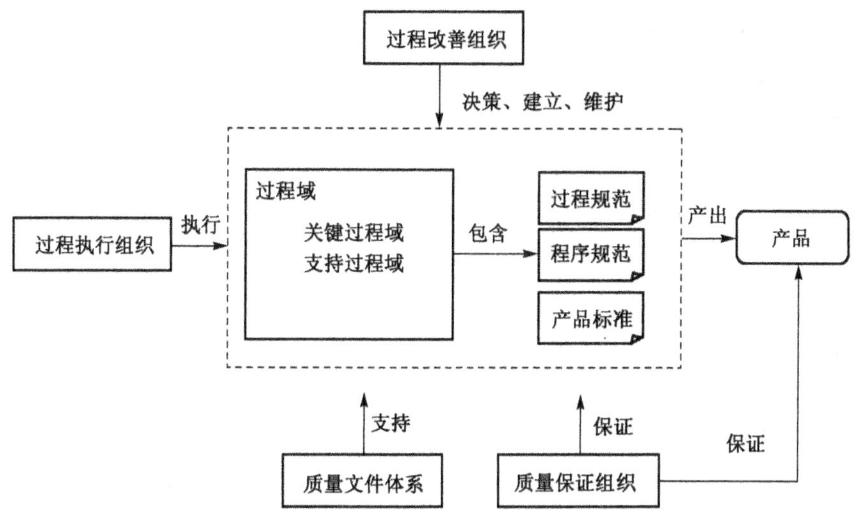

图 7.19　质量体系要素关系图

7.8.1　ISO 质量标准指南

讲到质量标准，自然让人联系到 ISO 9000.3，它是 ISO 9000 质量体系认证中关于计算机软件质量管理和质量保证标准部分。它从管理职责、质量体系、合同评审、设计控制、文件和资料控制、采购、对顾客提供产品的控制、产品标识和可追溯性、过程控制、检验和试验、检验/测量和试验设备的控制、检验和试验状态、不合格品的控制、纠正和预防措施、搬运/贮存/包装/防护和交付、质量记录的控制、内部质量审核、培训、服务、统计系统等方面对软件质量进行了要求。

ISO 9000 标准是国际标准组织提出的，它以一种能够适用于任何行业(不论提供的是何种产品或服务)的一般术语描述了质量保证的要素。

ISO 9000 质量保证模型(如 ISO 9001)将企业视为一个互联过程的网络。为了使质量系统符合 ISO 标准，这些过程必须与标准中给出的区域对应，并且必须按照描述进行文档化和实现。对一个过程文档化，将有助于组织的理解、控制和改进。

正是理解、控制和改进过程的机会，为设计和实现符合 ISO 的质量的组织提供了很大的效益。

ISO 9000 并不描述一个组织应该如何实现这些质量系统要素。因此，真正的挑战在于如何设计和实现能够满足标准并适用于公司的产品、服务和文化的质量保证系统。

但现实上许多公司或组织将 ISO 当成金字招牌，通过 ISO 认证的企业也越来越多，认证过多了，其含金量就少了。

ISO 9001 是应用于软件工程的质量保证标准。这一标准中包含了高效的质量保证系统必须体现的 20 条需求。它通过对 IT 产品从市场调查、需求分析、编码、测试等开发工作，直至作为商品软件销售，以及安装和维护整个过程进行控制，保障 IT 产品的质量。

由 ISO 9001 描述的 20 条需求所面向的问题如下：

- 管理责任
- 质量系统
- 合同复审
- 设计控制
- 文档和数据控制
- 采购

- 对客户提供的产品的控制
- 产品标识和可跟踪性
- 过程控制
- 审查和测试
- 审查、度量和测试设备的控制
- 审查和测试状态
- 对不符合标准产品的控制
- 改正和预防行动
- 处理、存储、包装、保存和交付
- 质量记录的控制
- 内部质量审计
- 培训
- 服务
- 统计技术

因为 ISO 9001 标准适用于所有的工程行业，因此为了在软件过程的使用中帮助解释该标准，而专门开发了 ISO 指南的子集(即 ISO 9000.3)。

软件组织为了通过 ISO 9001，就必须针对上述每一条需求建立相关政策(制度)和过程，并且有能力显示组织活动的确是按照这些政策和过程进行的。

ISO 9000 提供了组织满足其质量认证标准的最低要求。在长期的软件开发项目管理实践中，我们得到一条经验：要真正贯彻和实施质量管理，必须让项目开发中的所有相关人员都能够自觉遵守有关规范，以主人翁的态度来执行各项质量工作，培训相关的知识(如 ISO 9000 质量体系)，努力营造一种全员参与的文化氛围，最大限度地调动人员的积极性，这对软件开发的质量以及企业的生存发展都是至关重要的，而不是简单地为了 ISO 质量认证。

7.8.2 CMM 概述

软件过程成熟度是指对过程的计划或定义水平、过程实施水平、过程管理和控制水平、过程改善潜力等指标的综合评价。

能力成熟度模型(Capability Maturity Model，CMM)是美国国防部对软件承包商软件能力评估的一种模型，也是承包商改进其软件过程的一种途径。由卡内基-梅隆大学软件工程研究所(SEI)提出，曾几经修改。该模型事实上已经形成标准，其模型分为五个等级。CMM 的等级和内部结构如图7.20、图 7.21 所示。

各等级的总体说明和描述如下：

(1) 初始级

软件生产过程的特征是随机的，有时甚至是杂乱的。很少过程被定义，成功依赖于个人的努力。

(2) 可重复级

建立基本的项目管理过程，以跟踪费用、进度和功能。设定必要的过程纪律以重复以往在相同应用的项目的成功。

(3) 已定义级

管理和工程活动的软件过程已文档化、标准化和集成化到一个标准的组织的软件过程。组织内所有的项目使用的软件过程是集体同意、裁剪过的标准开发和维护软件的版本。

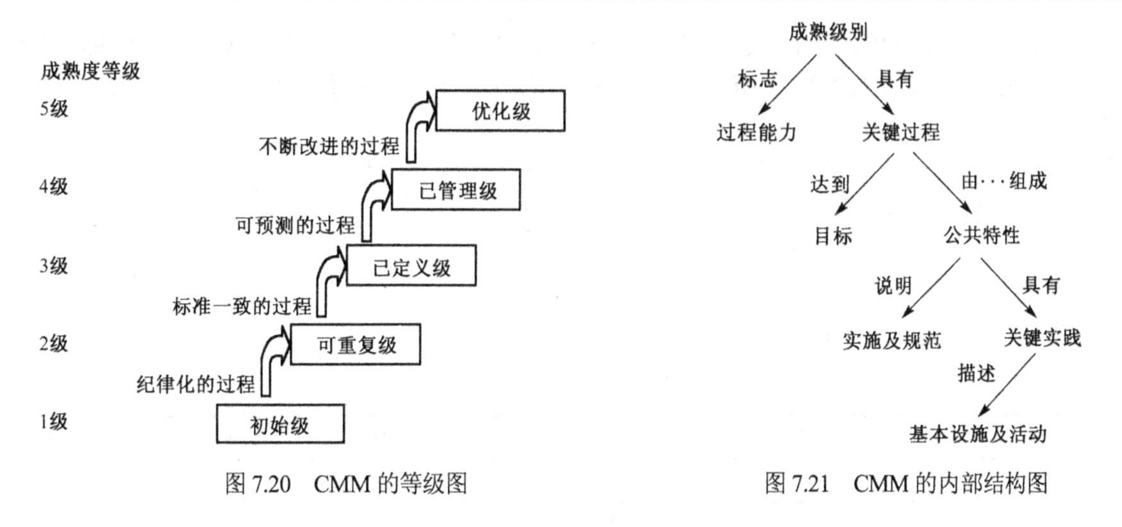

图 7.20　CMM 的等级图　　图 7.21　CMM 的内部结构图

(4) 已管理级

详细的软件过程和产品质量的特征已被收集。软件过程和产品已被定量管理和控制。

(5) 优化级

能自觉利用各种经验和来自新技术、新思想的先导试验的定量反馈信息，不断改进和优化组织统一的标准软件过程。

CMM 的特点如下：

(1) CMM1 级

特点：个人英雄主义。项目的成功依赖于一个非常优秀的项目经理的团队；无法重复以往成功的实践；缺乏基本配置管理。

可视度：整个过程基本上不可预测，不可见，不可控(过程管理混乱)。

(2) CMM2 级

特点：有纪律。能够重复以前成功的经验和实践；引入合理需求变更(需求管理)；测试与开发分离，整个过程能力可概括为有纪律的。

可视度：从原始需求→需求分析→设计→编码→测试→产品

(3) CMM3 级

特点：有过程，经过行业评审。组织中有一个专门负责组织的标准软件过程。通常称为 SEPG，即 Software Engineering Process Group 软件工程过程小组。

可视度：同 CMM2，但整个过程是标准和一致的。

(4) CMM4 级特点

特点：量化管理。过程能力是可预防的，因为过程是已测量的并在可测的范围内运行。组织能定量地预测过程和产品质量方面趋势。软件产品具有可预测的高质量。

可视度：同 CMM3，但整个过程是可预测的。

(5) CMM5 级特点

特点：(改进过程本身)通过缺陷来发现过程的不足。新的开发技术促使改进过程。

可视度：同 CMM4 级，整个过程是已改进的。

在 CMM 中，每个等级都有关键过程域(KPA)，即每个等级包含的对该等级至关重要的过程域，每个 KPA 明确列出了一个或多个目标，并有一组相关的 KP。

关键实践活动(KP)，例如，可重复级有 6 个 KPA：需求管理、项目管理、计划跟踪和勘漏、子合同管理、质量保证、配置管理；而每个 KPA 有 5 个 KP：执行约定、执行能力、执行活动、度量分析、验证执行。

又如，需求管理是 CMM2 的 6 个 KPA(关键过程域)之一。其目标是：

- 建立软件需求基线，供软件工程和管理使用。
- 软件计划、产品和活动同软件需求保持一致。
- 建议通过版本控制和变更控制来管理需求文档。

软件开发组织中，各等级应达到的平均度量数，如表 7.4 所示。

表 7.4 各等级应达到的平均度量数

序　号	软件能力成熟度等级	软件开发过程平均可度量数(可视度)
1	1	11
2	2	19
3	3	22
4	4	26
5	5	31

备注：可度量过程指可理解和可控制的过程。

软件质量度量，即运用测度方法(建立模型)来量化评价所建立的工程化软件产品或系统的质量。度量结果通常为一个数字或等级。McCall 质量模型是一种常用的模型，模型将影响软件质量的因素分成三组，分别反映用户在使用软件产品时的三种不同倾向或观点。这三种倾向是：产品运行、产品修改和产品转移。

1. 产品运行方面

正确性： 软件是否按用户的需要工作了，系统满足规格说明和用户目标的程度，即在预定环境下能正确地完成预期功能的程度。

健壮性： 在硬件发生故障、输入的数据无效或操作错误等意外环境下，系统能做出适当响应的程度。

效率： 为了完成预定的功能，系统需要的计算资源的多少。

完整性(安全性)： 对未经授权的人使用软件或数据的企图，系统能控制(禁止)的程度。

可用性： 系统在完成预定应该完成的功能时令人满意的程度。

风险性： 按预定的成本和进度把系统开发出来，并且为用户所满意的概率。

2. 产品修改方面

可理解性： 理解和使用该系统的容易程度。

可维修性： 诊断和改正在运行现场发现的错误所需要的工作量的大小。

灵活性(适应性)： 修改或改进正在运行的系统需要的工作量的多少。

可测试性： 软件容易测试的程度。

3. 产品转移方面

可移植性： 把程序从一种硬件配置和(或)软件系统环境转移到另一种配置和环境时，需要的工作量多少。有一种定量度量的方法是：用原来程序设计和调试的成本除移植时需用的费用。

可再用性：在其他应用中该程序可以被再次使用的程度(或范围)。

互运行性：把该系统和另一个系统结合起来需要的工作量的多少。

下面谈谈与软件质量管理相关的软件项目实施方法论，许多软件开发项目的质量问题来自于粗糙的项目计划，开发的软件系统不能及时、准确地反映用户需求的变更，对项目的时间控制、范围的界定、资源的管理和质量控制标准没有一套可执行的规范和方法来指导。系统实施时没有定义有效的沟通机制、培训及支持方式等。在“厦兴化工 ERP 系统”项目实施过程中，负责实施 ERP 系统的管理咨询公司(也称顾问公司)提出一套方法论，来保障软件的质量。下面将方法论的主要思想分享给各位读者。

该顾问公司在与国际最大 IT 公司 IBM 的战略合作过程中，逐步形成自己的方法，它全面定义了在软件开发过程中一系列的可操作的切实可行的工作方法、工具、技术和流程，保证顾问公司专业人员为客户开发的软件系统是在规范有序下进行，确保开发的成果满足客户的需求，按时完成项目目标，有效地控制项目的成本和质量。下面就该项目的软件开发过程管理做简要的介绍：

项目准备：项目开始任务包括最初的项目管理活动，明确项目目标，确定项目的工作范围和工作框架，以及确定如何协调和评估项目进展各个阶段必须的活动和标准。将目标系统分解成连续的可管理的工作单元，明确每一工作单元的目标和提交成果。

项目队伍的组织和建立：队伍组成包括确定合适的资源和后勤保障工作，队伍组成同样包括确认客户单位参加项目的人员。保证参与项目人员有相应的技能和经验。

项目启动：项目启动包括项目成员见面认识，介绍项目目标和项目计划。明确项目组织结构，落实用户部门和技术支持部门的业务关系及职责。介绍项目组工作方式和管理工具。准备项目组工作环境及其他事宜。

项目定位：项目定位包括项目计划的回顾，以及基于可用资源的项目计划的调整，建立项目管理工具，项目组工作角色的分配和确认，确定项目的里程碑回顾和质量确认，以及必要时项目目标的修改。

项目进度管理：通过项目每一工作单元的完成情况和客户对提交成果认可，量化项目的进度状况。设定项目质量检查点，及时发现问题，并对问题进行上报和讨论，协调解决。管理资源和更新项目计划。提供工作进度报告和阶段性工作终结。

项目转变管理：为保证新系统的实施和运行得到员工广泛支持和接受，旧系统向新系统的平稳过渡，定制和执行的沟通，培训，支持计划。

项目质量控制：规范开发流程，制定开发标准，监督规范和标准的执行。

项目风险管理：在项目启动前全面评估项目成功的关键点和可能存在的问题、风险，描述风险触发点和制定风险防范和应对策略。

项目结束：组织项目总结会议，移交所有最终版本的项目文档。确定后续系统维护和支持的渠道和方式。

协作开发：协作开发过程强调是团队合作，客户的全程参与。通过与客户深入沟通和交流，在项目过程中实现技能的传递。

使用持续优化的原型迭代来管理用户的需求，用户的需求需不断地细化和明确，不可能一成不变，开发的目标系统必须能满足不断变化的需求，使用不断优化的原型法，通过可操作的用户界面了解需求，可有效地验证开发人员与业务人员对目标系统理解是否正确，沟通是否有效。

提供各个软件开发阶段的工作方法和实现工具。包括使用面向对象的方法进行系统设计，软件的开发策略，用户接收测试方法，问题跟踪等。

项目组织通过一系列行之有效的工作方法和工具对资源、进度、质量、项目范围和风险进行控制，实现整个团队全面、深入的沟通和协调，实现整个团队的目标明确、任务明确、责任明确和进度明确，保证项目的成功，降低项目风险，实现顾问软件服务和客户双赢。

项目质量管理案例分析

某大型医疗仪器公司刚雇佣了一家著名咨询公司的资深顾问斯考特·丹尼尔，来帮助解决公司新开发的行政信息系统(EIS)存在的质量问题。EIS 系统是由公司内部程序员、分析员以及公司的几位行政官员共同开发的。许多以前从未使用过计算机的行政管理人员也被 EIS 所吸引。EIS 能够使他们便捷地跟踪按照不同产品、国家、医院和销售代理商分类的各种医疗仪器的销售情况。这个系统非常便于用户使用。EIS 系统在几个行政部门成功测试后，公司决定把 EIS 系统推广到公司的各个管理层。

不幸的是，在经过几个月的运行之后，新的行政信息系统(EIS)产生了许多质量问题。人们抱怨他们不能进入系统。这个系统一个月出几次故障，据说反应频度也在变慢。用户在几秒钟之内得不到所需信息，就开始抱怨。

有几个人总忘记如何输入指令进入系统，因而多了向咨询台打电话求助的次数。有人抱怨系统中的有些报告输出的信息不一致。显示合计数的总结报告与详细报告对相同信息的反映怎么会不一致呢？EIS 的行政负责人希望这些问题能够获得快速准确地解决，所以决定从公司外部雇佣一名质量专家。据他所知，这位专家有类似的项目经验。斯考特·丹尼尔的工作将是领导由来自医疗仪器公司和他的咨询公司的人员共同组成的工作小组，识别并解决行政信息系统(EIS)中存在的质量问题，制订一项计划以防止未来 IT 项目质量问题的发生。

斯考特·丹尼尔组建了一个团体来确认和解决 EIS 的相关质量问题，并开发了一项计划来帮助这家医疗设备公司阻止将来质量问题的发生。斯考特团队做的第一件事是分析研究 EIS 存在的问题。他们绘制了类似的鱼骨图，还绘制了一张帕累托图来帮助分析服务台得到的诸多报怨和有关 EIS 的书面材料。在进一步调查之后，斯考特和他的团队弄清楚了许多使用此系统的管理者在使用计算机系统方面是没有经验的。在系统设计中，系统自动地产生一个包括字母和数字的用户密码，但许多管理者在收到系统自动产生的密码后，却不知道如何将它们改成他们能记住的或让系统保存的密码。

斯考特还了解到一些刚收到密码的人把他们密码中的数字 1 误解成小写字母 l。EIS 的硬件或用户的个人计算机不存在大的问题。有关报告中数据不一致的抱怨全部来自一名管理者，实际上，是他读错了报告，而与软件设计没有任何联系。除了培训存在问题外，整个项目的质量给斯考特留下了深刻印象。斯考特·丹尼尔向 EIS 的发起人报告了他的团队的发现，发起人宽心地发现质量问题根本不像许多人担心得那样严重。

本章小结

本章说明了软件质量管理的重要性，主要介绍什么是软件质量、软件质量计划、质量保证、软件质量的评审、质量的控制(含软件测试)、与软件质量相关的项目实施方法论，介绍了软件质量体系，主要说明了 ISO 质量标准、CMM，最后总结了提高软件质量的方法。

复习思考题

1．质量的定义是什么？软件项目质量管理过程有哪些？理解其含义。
2．什么是 6 sigma 的 4M1E？
3．了解度量软件质量的标准 ISO 9126 结构。
4．质量控制过程的工具、方法、输出有哪些？
5．什么帕累托图？其作用是什么？
6．什么是质量控制图的七点运行法则？
7．理解测试和软件测试流程图。
8．你有哪些提高软件项目质量的建议？
9．CMM 有哪五个等级？

第 8 章　软件开发的风险管理

在软件开发领域，谁都不可能回避风险问题。拿一个最明显的例子来说，软件行业人员流动率很高，一个软件项目的开发，因为项目经理或技术骨干的辞职，影响项目的成功，甚至导致项目的失败，这就是风险。软件开发的创造性本质意味着不能完全预测会发生的事情，当有预想不到的事情引起项目脱离正常轨道时，会导致软件项目的风险和失败。

目前，风险管理一直是项目管理中的重点和难点问题。软件开发的风险管理被认为是减少项目失败的一种重要手段。当不能很确定地预测将来事情的时候，可以采用结构化风险管理来发现计划中的缺陷，并且采取行动来减少潜在问题发生的可能性和影响。风险管理意味着危机还没有发生之前就对它进行处理，这就提高了项目成功的机会，减少了不可避免风险所产生的后果。风险管理的过程贯穿于软件开发的始终。

8.1　软件开发中的风险

著名的风险管理专家 Robert Charette 在他关于风险管理的著作中对风险给出了如下定义："首先，风险关系到未来发生的事情。我们今天收获的是以前的活动播下的种子。问题是，能否通过改变今天的活动为我们自身的明天创造一个完全不同的充满希望的美好前景。其次，风险会发生变化，就像爱好、意见、动作或地点会变化一样。最后，风险导致选择，而选择本身将带来不确定性。因此，风险就像死亡那样，是一个其生命周期很不确定的东西。"在这里，我们所说的项目管理风险通常与以下情况相联：

- 有损失或收益与之相联系
- 涉及某种或然性或不确定性
- 涉及某种选择

所谓"风险"，是指结果的不确定性，或者说是一定时期可能发生的各种结果间的差异。但具有不确定性的事件不一定就是风险。软件项目开发总是有一定风险的，不管开发过程如何进行，都有可能超出预算或时间延迟。项目开发的方式很少能保证开发工作一定成功，都要冒一定的风险，也就需要进行项目风险分析。在进行项目风险分析时，重要的是要量化不确定的程度和每个风险相当的损失程度，为实现这一点就必须要考虑以下问题：

- 要考虑未来，什么样的风险会导致软件项目失败。
- 要考虑变化，用户需求、开发技术、目标、机制及其他与项目有关的因素的改变将对按时交付和系统成功产生什么影响。
- 应采用什么方法和工具，应配备多少人力，在质量上强调到什么程度才满足要求。
- 要考虑风险类型，是属于项目风险、技术风险、商业风险、管理风险，还是预算风险。

这些潜在的问题可能会对软件项目的计划、成本、技术、产品的质量及团队的士气都有负面的影响。项目管理风险就是在项目管理活动或事件中消极的、项目管理人员不希望的后果发生的潜在可能性，在这些潜在的问题对项目造成破坏之前识别、量化、处理和排除。

风险是损害(Hazard)和损害暴露度(Exposure)两种因素的综合，其表达式为：Risk=hazard×Exposure。其中，损害暴露度内含了风险发生的频率和可能性。

8.2　风险的特点

在讨论软件开发的风险以前，先了解一下风险有哪些特点：

● 第一，风险存在的客观性和普遍性

作为损失发生的不确定性，风险是不以人的意志为转移并超越人们主观意识的客观存在，而且在项目的全寿命周期内，风险是无处不在、无时没有的。这些说明为什么虽然人类一直希望认识和控制风险，但直到现在也只能在有限的空间和时间内改变风险存在和发生的条件，降低其发生的频率，减少损失程度，而不能也不可能完全消除风险。

● 第二，某一具体风险发生的偶然性和大量风险发生的必然性

任一具体风险的发生都是诸多风险因素和其他因素共同作用的结果，是一种随机现象。个别风险事故的发生是偶然的、杂乱无章的，但对大量风险事故资料的观察和统计分析，发现其呈现出明显的运动规律，这就使人们有可能用概率统计方法及其他现代风险分析方法去计算风险发生的概率和损失程度，同时也导致风险管理的迅猛发展。

● 第三，风险的可变性

这是指在项目实施的整个过程中，各种风险在质和量上是可以变化的。随着项目的进行，有些风险得到控制并消除，有些风险会发生并得到处理，同时在项目的每一阶段都可能产生新的风险。

● 第四，风险的多样性和多层次性

大型开发项目周期长、规模大、涉及范围广、风险因素数量多且种类繁杂，致使其在全寿命周期内面临的风险多种多样。而且大量风险因素之间的内在关系错综复杂、各风险因素之间与外界交叉影响又使风险显示出多层次性。

8.3　风险管理概述

软件风险管理为“试图以一种可行的原则和实践，规范化地控制影响项目成功的风险，其目的是辨识、描述和消除风险因素，以免它们威胁软件的成功运作”。

软件中的项目风险管理是指为了最好地达到项目的目标，识别、分配、应对项目生命周期内风险的科学与艺术。它要求团队不断地评估什么会对项目产生消极的影响，并确定这些事件发生的概率，以确定这些事件如果发生所造成的影响。

根据美国项目管理学会(PMI)的报告，风险管理有三个涵义：

● 系统识别和评估风险因素的形式化过程。

● 识别和控制能够引起不希望的变化的潜在领域和事件的形式、系统的方法。

● 在项目期间识别、分析风险因素，采取必要对策的决策科学和决策艺术的结合。

实际上项目风险管理贯穿在项目过程中的一系列步骤中，其中包括风险识别、风险量化、风险管理策略、风险处理和风险监控，它们的关系如图 8.1 所示。

图 8.1　项目风险管理各步骤的关系

风险识别：包含确定哪种风险可能影响一个项目，识别风险的方法常用的有风险识别问询法(座谈法、专家法)、财务报表法、流程图法、现场观察法、相关部门配合法和环境分析法等。

风险量化：对已识别的风险要进行估计和评价，风险估计的主要任务是确定风险发生的概率与后果，风险评价则是确定该风险的经济意义及处理的费用效益分析，在任何情况下，风险管理的成本不应超过潜在的收益。

风险处理：一般而言，风险处理有四种方法，分别为转移、减轻、接受和规避。

风险监控：包括对风险发生的监督和对风险管理的监督，前者是对已识别的风险源进行监视和控制，后者是在项目实施过程中监督员工认真执行风险管理的措施。

在软件项目管理中，风险管理者的主要职责是在制订与评估软件的规划时，从风险管理的角度对项目规划或计划进行审核并发表意见，不断寻找可能出现的任何意外情况，试着指出各个风险的管理策略及常用的管理方法，以随时处理出现的风险，风险管理者最好是由项目主管以外的人担任。

风险管理的内容包括风险分析和应对风险，风险分析又包括风险识别、风险评估和应对(行动)计划，应对风险又分成风险预防、风险监控(风险监视与控制)，如图 8.2 所示。

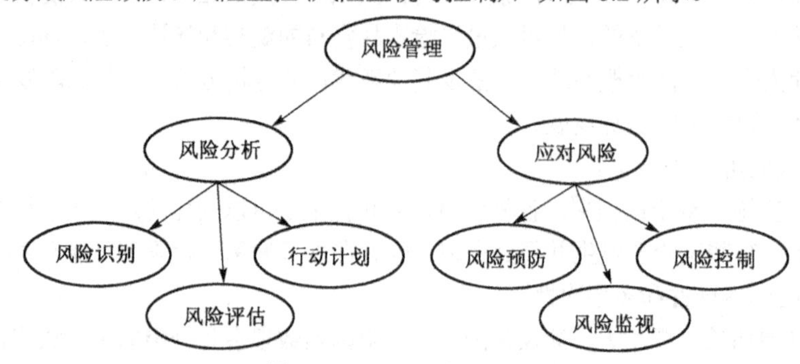

图 8.2 项目风险管理内容

下面将以一个实例来分析如何进行风险的识别、风险的量化及风险的解决措施和处置方法。

以开发“某市人事信息管理平台”项目为例，负责开发的软件公司为了减少项目失败，决定将风险管理引进新的软件项目中。在以往的项目开发中，需求分析和项目管理一直是他们的薄弱环节，在该项目中，客户要求采用正版的系统软件(包括操作系统、后台数据库等)，并要求以新的 B/S 架构与 C/S 架构相结合的方式(该公司以前的项目都是基于 C/S 架构的)进行开发，系统中还需要大量的外部设备作为其数据输入和输出终端。另外，软件所涉及的行业受政策的影响大，政策的影响可能导致系统的业务流程与业务逻辑。下面章节以该项目作为背景，说明软件项目风险管理的内容。

风险管理常用的模型有 Boehm 模型、CMMI 模型和 MSF 模型，以 MSF 模型为例，如图 8.3 所示。

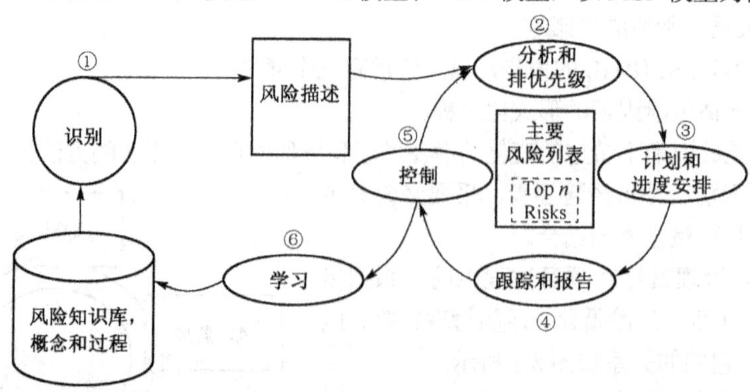

图 8.3 MSF 的风险管理模型

图 8.3 说明，先进行风险识别和风险描述，对各风险点进行分析和排优先级，形成主要风险列表，安排风险应对的计划，在软件项目的执行过程中，进行风险跟踪和报告，控制好风险的发生。通过项

目的执行，形成风险知识库，改进软件开发过程。其中，TOP *n* Risks 表示每周排在前几位的风险清单，如表 8.1 所示。

表 8.1　TOP *n* Risks 清单

本周	上周	总周数	风险	风险解决的情况
1	1	5	需求的逐渐增加	利用用户界面原型来收集需求 将需求说明书置于明确的变更控制程序之下 运用分阶段交付的方法
2	4	5	有多余的需求或开发人员	项目计划书明确说明软件中不需要包含哪些东西 设计的重点放在最小化，用检查表完成设计评审
3	2	4	发布的软件质量低	开发用户界面原型，更好验证用户的需求 对所有的需求、设计和代码进行技术评审 制定测试计划，以确保系统测试能测试所有的功能 系统测试由独立的测试员来完成
4	3	3	开发和测试人员之间的摩擦	建立以质量为中心的企业文化 采用敏捷方法，建立合适的流程 加强沟通

8.4　风险识别

风险识别是理解某特定项目有哪些可能令人不满意的结果的过程。就是采用系统化的方法，识别某特定项目已知的和可预测的风险。

风险识别的前提条件是要了解项目的风险，常见的项目风险包括：

（1）信用风险

- 项目参与方的信用及能力

（2）建设和开发风险

- 自然资源和人力资源
- 项目生产能力和效率
- 投资成本
- 竣工延期
- 不可抗力

（3）市场和运营风险

- 市场竞争
- 市场准入
- 市场变化
- 技术变化
- 经营决策失误

（4）金融风险

- 汇率、利率变动
- 通货膨胀
- 贸易保护

（5）政治风险

- 体制变化
- 政策变化
- 法律法规变化

(6) 法律风险
- 有关法律法规不完善
- 对有关法律法规不熟悉
- 法律纠纷及争议难以解决

(7) 环境风险

项目管理过程中，风险识别的输入(收集的信息)主要包括：
- 清楚项目产品的特性需求以及项目范围
- 在项目计划过程中的工作量和进度估算
- 项目历史数据

风险识别主要回答以下问题：
- 有哪些风险应当考虑？
- 引起这些风险的主要因素是什么？
- 这些风险所引起后果的严重程度如何？

风险识别的方法和工具有：头脑风暴法、风险库、检查表等，常用方法是建立"风险条目检查表"，利用一组提问来帮助项目风险管理者了解在项目和技术方面有哪些风险。在"某市人事信息管理平台"软件项目中，有如下四类风险，这里通过表 8.2 建立"风险条目检查表"，用来说明常见的风险。

表 8.2 风险条目检查表

代号	风险类别	风 险 内 容	相 关 说 明
XQ01	需求风险	对软件缺少清晰的认识	在软件项目早期忽视了这些不确定性，并且在软件项目进展过程当中得不到解决，如果不控制与需求相关的风险因素，那么时间拖越长，将来的弥补所付出的成本越大、风险也越大
XQ02		对产品需求缺少认同	
XQ03		做需求分析时客户参与不够	
XQ04		客户没有优先需求	
XQ05		缺少有效的需求变化管理过程	
XQ06		对需求的变化缺少相关分析	
GL01	管理风险	计划和任务定义不够充分	定义了项目追踪过程且明晰项目角色和责任，就能处理这些管理风险因素
GL02		实际项目状态不够明确	
GL03		项目所有者和决策者分不清	
GL04		对用户不切实际的承诺	
GL05		员工之间的冲突	
JS01	技术风险	缺乏相关技术培训	软件技术的飞速发展和经历丰富员工的缺乏，意味着项目团队可能会因为技术的原因影响软件项目的成功
JS02		对方法、工具理解得不够	
JS03		应用领域的经验不够	
JS04		出现新的技术和开发方法	
WB01	外部风险	与内部或外部转包商的关系	无法很好地控制外部的相关风险，但可识别和预防
WB02		交互成员或交互团体的依赖性	
WB03		相关政策、法规的稳定性不够	

作为一个优秀的项目管理人员，必须掌握下面的风险识别方法：

分解原则：就是将项目管理过程中复杂的难于理解的事物分解成比较简单的容易被认识的事物，将大系统分解成小系统，这也是人们在分析问题时常用的方法(如项目工作分解结构 WBS)。

故障树(Fault Trees)法：就是利用图解的形式将大的风险分解成各种小的风险，或对各种引起风险的原因进行分解，这是风险识别的有利工具。该法是利用树状图将项目风险由粗到细，由大到小，分层排列的方法，这样容易找出所有的风险因素，关系明确。与故障树相似的还有概率树、决策树等。

专家调查法： 由于在风险识别阶段的主要任务是找出各种潜在的危险并做出对其后果的定性估量，不要求做定量的估计，又由于有些危险很难在短时间内用统计的方法、实验分析的方法或因果关系论证得到证实(如市场需求的变化对项目经济效益的影响，同类软件开发商对本组织的竞争影响等)。该方法主要包括两种：集思广益法和德尔菲法(Delphi)。其中后者是美国著名咨询机构兰德公司于 20 世纪 50 年代初发明的。它主要依靠专家的直观能力对风险进行识别，即通过调查意见逐步集中，直至在某种程度上达到一致，故又叫专家意见集中法。其基本步骤为：

(1) 由项目风险管理人员提出风险问题调查方案，制定专家调查表；

(2) 请若干专家阅读有关背景资料和项目方案设计资料，并回答有关问题，填写调查表；

(3) 风险管理人员收集整理专家意见，并把汇总结果反馈给各位专家；

(4) 请专家进行下一轮咨询填表，直至专家意见趋于集中。

当然，尽管目前有大量的风险识别方法可以利用，但风险识别理论仍然存在着一些问题，主要有三方面：

(1) 可靠性问题，即是否有严重的危险未被发现；

(2) 成本问题，即为了风险识别而进行的收集数据、调查研究或科学实验所消耗的费用是否有意义；

(3) 偏差问题，即由于风险识别带有很大的主观性和不确定性，所获得的结果是否客观、准确。

除了根据项目的特性及项目所产生的产品特性来识别风险之外，通过项目管理的知识领域来识别可能的风险，也是很重要的。表 8.3 说明了 PMBOK 中各知识领域相关的可能风险条件。

针对企业应用软件的特点，在调查研究和数据分析的基础上，可以得到如图 8.4 所示的企业应用软件项目风险结构图。

表 8.3　与各知识领域相关的可能风险条件

知识领域	风险条件
整体管理	计划不充分；错误的资源配置；拙劣的整体管理；缺乏项目后评价
范围管理	工作包与范围的定义欠妥；质量要求的定义不安全；范围控制不恰当
时间管理	错误的估算时间或资源可利用性；浮动时间的分配与管理较差；相竞争的产品很早上市
成本管理	估算错误；生产率、成本、变更或应急控制不充分
质量管理	错误的质量观；设计/材料和手艺不符合标准；质量保证做得不够
人力资源管理	差劲的冲突管理；表现很差的项目组织和拙劣的责任定义；缺乏领导
沟通管理	计划编制与沟通比较粗心；缺乏与重要项目干系人的协商；忽略了风险；风险分配得不清楚；差劲的风险管理
采购管理	没有实施的条件或合同条款；对抗的关系

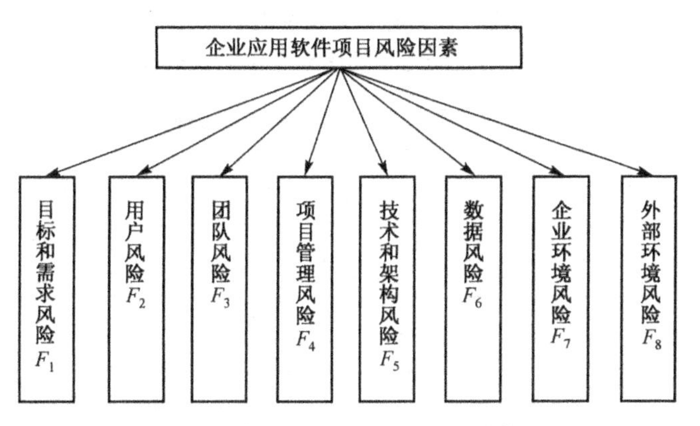

图 8.4　企业应用软件项目风险结构图

8.5 风险量化

风险量化，又称风险评估、风险预测或风险度量。一般来讲，风险管理者要与项目计划人员、技术人员及其他管理人员一起执行四种风险活动：

- 建立一个标准(尺度)，以反映风险发生的可能性
- 描述风险的后果
- 估计风险对项目和产品的影响
- 确定风险的精确度，以免产生误解

要对每个风险的表现、范围、时间做出尽量准确的判断，对不同类型的风险采取不同的分析办法。常采用两种方法估价每种风险。

一种是估计风险发生的可能性或概率，项目管理者必须对风险实际将发生的可能性做一个初步的评估。开会讨论这个风险并做出风险发生概率的评估报告。这个风险概率应该赋予一个具体的值，从0(不可能发生)到1(这个风险已经发生)，每一个风险都将确定以下其中一种的可能性。

0.0：如果风险不可能发生

0.2：如果风险有0～20%发生的机会

0.4：如果风险有21%～40%发生的机会

0.6：如果风险有41%～60%发生的机会

0.8：如果风险有61%～80%发生的机会

1.0：如果风险有大于81%发生的机会或已经发生

然后，用得出风险概率的具体赋值更新风险日志(文档)。

另一种是估计风险发生时所产生的后果。对风险影响赋予一个确切的数值从0(没有或可忽略的影响)到1(导致项目失败)。根据下面的公式估计风险影响的严重指数：风险概率×风险赋值。在风险日志中更新风险影响的严重指数。

每一个风险都将确定以下其中一种的影响。

0.0：如果风险对项目无影响

0.2：如果风险只影响项目计划

0.4：如果风险影响项目质量

0.6：如果风险影响到项目目标、计划和质量

0.8：如果风险影响到企业业务运作

1.0：如果风险对项目造成致命的影响，将导致项目失败

比如，“某市人事信息管理平台”的风险发生的概率和影响示例如表8.4所示。

表8.4 风险发生的概率和影响示例表

风　险	概　率	影　响
关键设计者转到另外项目	中	高
在验收前用户改变	高	中
不可能得到领域专家的分析	高	高
平台有大量错误	非常低	高
硬件进口过度地延期	高	高
人员连续性低于平均水平	高	中
开发过程不合适	非常低	低

量化风险的工具和技术包括期望货币值(EMV)、计算风险因子、计划评估技术(PERT)、模拟和专家判断(德尔菲法)。

期望货币值进行量化风险的公式为：风险值=风险概率×风险影响值。例如，某软件企业从两个项目中选择一个，按 EMV 方法来决定选择哪一个应用软件项目。方法如图 8.5 所示。

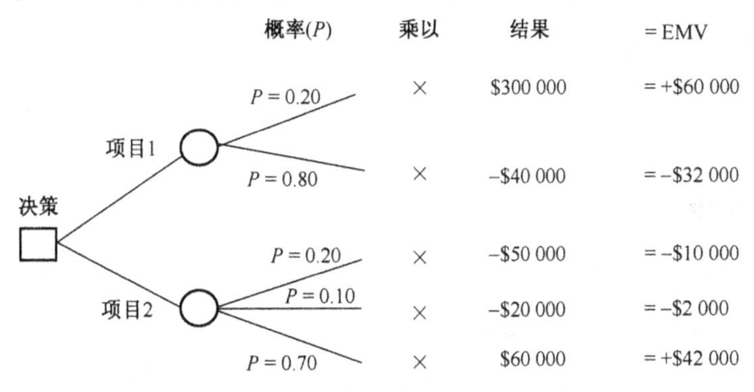

图 8.5　EMV 法进行项目风险的评估

其中：

项目 1 的 EMV = 60 000 – 32 000 = $28 000

项目 2 的 EMV = –10 000–2 000 + 42 000 = $30 000

对于风险理性者来说，会选择项目 2。

通常，对风险进行上述的量化有一定的困难性，因此，另一种比较简便的方法是，把风险划分为低风险、中等风险和高风险三个级别。它们的定义及具体涵义如下：

低风险是指可以辨识并可以监控其对项目目标影响的风险。这种风险发生的可能性相当低，其起因也无关紧要，一般只需要正常的设计部门对其加以监控，而不需要采取其他的专门措施来处理该类风险。

中等风险是指可以被辨识的，对工程系统的技术性能、费用或进度将产生较大影响的风险。这类风险发生的可能性相当高，需要对其进行严密监控。应当在各个设计阶段的设计评审中对该类风险进行评审，并应采取适当的手段或行动来降低风险。

高风险是指发生的可能性很高，其后果将对工程项目有极大影响的风险。这种风险只能在单纯的研究工作或工程研制中的方案阶段或方案验证和初步设计阶段中才可允许存在，而对一个进入工程发展阶段的项目则是不能允许的。项目管理部门必须严密监控每一个高风险领域，并要强制地执行降低风险的计划。对高风险还应当定期地报告和评审。

对不同级别的风险可采取不同的预防和监控措施，对属于不同风险级别的项目应采取相应的应对策略。通过对风险的级别划分，可以为项目可行性论证或决策提供直观的辅助信息，使决策者直观地了解项目风险大小。如果要实施某个项目，则应对照各类风险的具体涵义，采取有力措施进行风险处置，把项目风险减小到可接受程度内。

针对软件项目，用计算风险因子法可以得到高风险区、中风险区和低风险区，图 8.6 是一软件项目用计算风险因子法得到的结果。

一般地，软件项目的风险点的区域可以用图 8.7 表示，识别出来的每个风险点都对应其中的一个区域。

在“某市人事信息管理平台”项目中，通过相关人员的分析和讨论，得出了各条风险内容的风险值，按风险值大小将风险的危险识别分成三级 A、B、C，并描述风险产生的影响。下面的章节将说明风险的量化与处理结果。

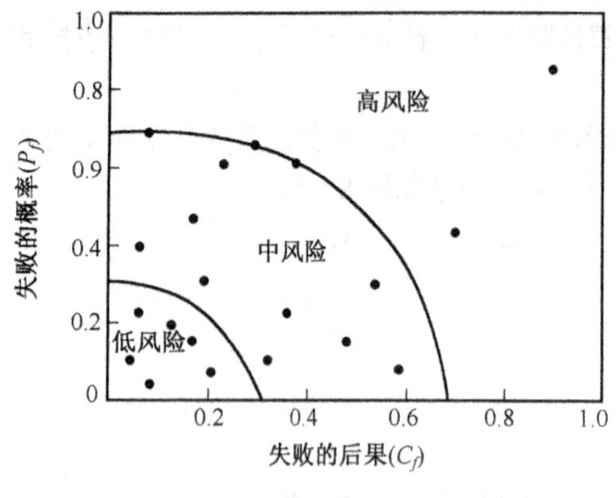

图 8.6 软件项目用计算风险因子法示例

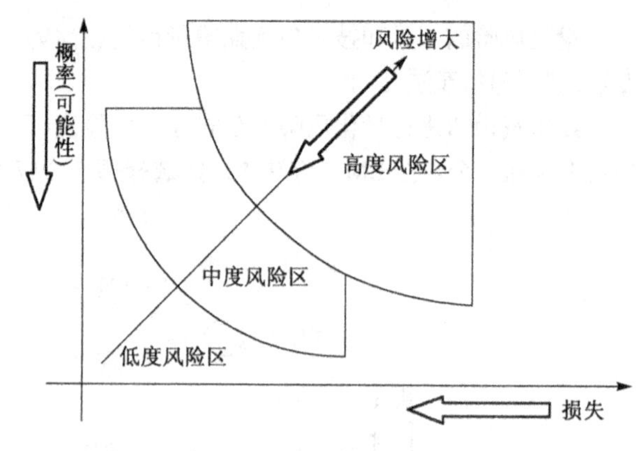

图 8.7 软件项目风险区划分

下面对风险分析进行讨论，风险分析是在风险识别的基础上对项目管理过程中可能出现的任何事件所带来的后果的分析，以确定该事件发生的概率以及与可能影响项目的潜在的相关后果。风险分析的出发点是揭示所观察到的风险的原因、影响和程度，并提出和考察备选方案。要描述并量化一个特定风险及其程度，通常要做某些建模工作。帮助风险分析的建模手段很多，典型的建模方法有：

- 进度网络模型：风险评价审查技术(VERT)或计划评价审查技术(PERT)，包括独立的活动网络，用于分析对项目管理过程中某个事件的影响。
- 寿命周期费用(LCC)模型。
- 快速反应速率/定量费用影响模型。

前两个模型用于考查进度风险和项目费用风险。当在制订项目开发计划、确定项目过程优先级和维护软件等方面有多种选择供考虑时，可以使用。快速反应模型在项目资金受到挑战时使用，经常发生在预算周期期间。这些挑战大多数发生在项目就要开始之前，因而可能严重影响整个项目的执行。快速反应模型也可用于考查可能存在的费用影响，以确定该项目规划的各种备选方案所需的预算分配。

此外，风险分析有四个目的：

- 对项目诸风险进行比较和评价，确定它们的先后顺序。
- 从整体出发弄清各风险事件之间确切的因果关系，以便制定出系统的风险管理计划。
- 考虑各种不同风险之间相互转化的条件，研究如何才能化威胁为机会，同时也要注意机会在什么条件下会转化为威胁。
- 进一步量化已识别风险的发生概率和后果，减少风险发生概率和后果估计中的不确定性。

风险分析的结果是一张"预测清单"。它应该能够给出项目管理过程中某一危险发生的概率以及其后果的性质和概率，一般关于概率有客观概率和主观概率之分，客观概率的计算方法有两种：一种是根据大量试验用统计方法进行计算；另一种根据概率的古典定义，将事件集分解成基本事件，用分析的方法进行计算。但在实际工作中我们经常不可能获得足够多的信息，因为通常我们所遇到的风险事件都不可能做大量试验，又因事件是未来发生的，所以不能做出准确的分析，也就很难计算出客观概率，这时只能由决策者或专家对事件出现的可能性做出估计，这就是主观概率。主观概率就是用较少的信息量做出估计的一种方法，也就是根据事件是否发生的个人观点用一个 0 到 1 之间的数值来描述此事件发生的可能性(上节已经说明)。换句话说，就是利用专家的长期经验对事件所做出的直觉判断。直觉判断出偏差的可能性是很大的，近些年来科学家们正在从各个方面探讨减少这些偏差的程序和方法，如前面的德尔菲法实质上就是利用大量的直觉判断来解决个别人直觉判断容易出现的偏差问题，专家系统及人工智能系统等则是利用计算机辅助决策以提高直觉判断的效率和准确性，实现向客观实际的逼近。科学实验事实证明，大多数人的估计都不可能超出他们所经历的和认识到的，这是由于经验的有限性及认识过程的局限性所导致的。如何才能保证主观概率做到尽可能的准确，是今后长时间内仍然需要研究的问题。

风险分析中所使用的主要方法有：概率分布、概率树及外推方法、PERT，而蒙特卡洛方法是随着计算机的普及日益得到广泛使用的重要方法，使用于问题比较复杂，要求精度较高的场合，特别是对少数几个可行方案实行精选比较时更为重要。掌握上面这些方法，对于提高项目管理人员驾驭风险的能力具有很大作用。

8.6　风险管理策略

风险管理策略就是风险处理。项目开发是一个高风险的活动，如果项目采取积极的风险管理策略，就可以避免或降低许多风险，反之，就有可能使项目处于瘫痪状态。一般来讲，一个较好的风险管理策略应满足以下要求：

- 在项目开发中规划风险管理，尽量避免风险
- 指定风险管理者，监控风险因素
- 建立风险反馈渠道
- 建立风险清单及风险应对计划，包括风险管理计划、应急计划和应急储备

风险应对是根据风险评估的结果，为消除或者减少风险造成的不良后果而制定的风险应对措施。风险应对方案必须考虑风险的严重程度、项目目标和风险应对措施所花的费用，综合决策选择应对措施。常用的风险应对措施有四种方法。

- 风险减轻法，即主动采取措施避免风险，消灭风险，中和风险或采用紧急方案降低风险。将风险时间的概率或结果降低到一个可以接受的程度，其中降低发生的概率更为有效。
- 接受风险，当风险量不大时可以余留风险，即不改变项目计划，而考虑发生后如何应对。
- 风险规避，通过变更项目计划消除风险或风险的触发条件，使目标免受影响。
- 风险转移，不能消除风险，而是将项目风险的结果连同应对的权力转移给第三方。

减轻项目技术、成本和进度风险的一般策略如表 8.5 所示。

这里对风险管理计划、应急计划和应急储备做一个说明。

风险管理计划记录了管理整个项目过程中所出现风险程序。风险管理计划概括了风险识别和量化过程的结果，并描述了项目管理团队进行风险管理的一般方法。表 8.6 列出了风险管理计划应该明确的问题。很重要的几点是：界定项目中与风险有关的具体可交付成果；派人开发那些可交付成果；评价与风险减轻方法相关的里程碑事件。风险管理计划中包含细节的详细程度，将会随着项目需求的不同而各异。

表 8.5　减轻项目技术、成本和进度风险的一般策略

技 术 风 险	成 本 风 险	进 度 风 险
强调团队支持，避免独立的项目结构	经常进行项目监督	经常进行项目监督
提高项目经理的权限	使用 WBS 和 PERT/CPM	使用 WBS 和 PERT/CPM
改善问题处理和沟通	改善沟通、对项目目标的理解和团队支持	选择最具经验的项目经理
经常进行项目监督，使用 WBS 和 PERT/CPM	提高项目经理的权限	

表 8.6 风险管理计划应明确的问题

为什么承担或不承担这一风险对于项目目标很重要？
什么是具体风险，什么是风险减轻的可交付成果？
风险如何被减轻？（风险减轻的方法是什么？）
谁是负责实施风险管理计划的个人？
与风险减轻方法相关的里程碑事件何时会发生？
为减轻风险，需要多少资源？

应急计划是指一项已识别的风险事件发生时，项目团队将采取的预先确定的措施。例如，如果项目团队知道，新的软件包不能及时分布，他们将不能将其用于项目上，那么他们可能会有一个应急计划，即采用已有的旧版本软件。

应急储备是项目发起人为了应付项目范围或质量上可能发生是变更而持有的预备资金。它可用来转移成本风险或/和进度风险。例如，如果项目因为员工不熟悉一些新技术而导致其偏离既定的轨道，那么项目发起人会从应急储备中提出额外资金，来聘请公司外的咨询师，培训和指导项目人员采用新技术。

继续前面“某市人事信息管理平台”的例子，对识别的风险进行风险的量化与处理，得到结果如表 8.7 所示。

表 8.7 风险的量化与处理结果举例

代号	风险内容	影响结果	危险识别	解决措施	处置方法
XQ01	对软件缺少清晰的认识	软件不符合要求	A	深入分析系统	减轻
XQ02	对产品需求缺少认同	工作不协调	B	内部统一认识	接受
XQ03	做需求分析时客户参与不够	软件与管理实际脱钩	A	加强与客户的沟通	减轻
XQ04	客户没有优先需求	工作无重点	C	延长调研时间	接受
XQ05	缺少有效的需求变化管理过程	拉长开发周期、增加成本	B	树立软件工程等先进理念	接受
XQ06	对需求的变化缺少相关分析	软件不符要求	C	改善调研方法、深入分析系统	减轻
GL01	计划和任务定义不够充分	项目可能失败	A	加强项目计划工作，用 WES 分解工作任务	规避
GL02	实际项目状态不够明确	进度不明确	C	建立合适工作里程碑	接受
GL03	项目所有者和决策者分不清	激化矛盾、项目可能失败	B	定义角色，分清责、权、利	规避
GL04	对用户不切实际的承诺	影响用户的信任	A	认清工作量	减轻
GL05	员工之间的冲突	工作效率低	B	明晰项目角色和责任、加强内部沟通	减轻
JS01	缺乏相关技术培训	影响开发进度和质量	C	加强技术培训与交流	接受
JS02	对方法、工具理解得不够	影响开发进度和质量	A	配备强的技术人员	减轻
JS03	应用领域的经验不够	项目可能失败	A	配备专业人员、加强业务学习	减轻
JS04	出现新的技术和开发方法	软件技术落后	C	跟踪和学习新技术	接受
WB01	与内部或外部转包商的关系	供货推迟、影响开发进度	B	建立多个渠道	减轻
WB02	交互成员或交互团体的依赖性	工作效率低、职责不分	B	选择合适伙伴	减轻
WB03	相关政策、法规的稳定性不够	增大维护量，影响软件产品化	A	收集外部信息，建立应急措施	规避

说明：危险级别：A>B>C

8.7　信息系统中常用的风险对策

经过大量的软件项目实践，可以总结出一般信息系统中常用的风险对策，下面用表格列出一些常见的项目风险以及应对策略：

（1）项目外部风险

风 险 内 容	减轻风险的因素
系统整体建设目标改变	制定阶段性的项目整体规划并得到管理层的认可 阶段性的项目整体规划当中清晰定义项目各阶段的目标和定位(达到×××目标，解决×××问题，具备×××功能) 制定项目的阶段性总结制度，并要求在下一阶段工程开始前，能得到管理层对上一阶段总结的批准和认可
具体业务需求改变 (业务发展、市场变化和组织结构调整)	制定并管理一个已被清楚定义的项目范围 在制定项目范围时，尽早获得业务部门高级管理人员的承诺 项目成员控制项目范围的变更，并坚持执行已定义且已获得批准的项目变更程序 当遇到不可避免的改变时，需要确定项目范围改变的程度。对整个项目实施和成本的影响应尽可能快地得到管理层的批准

（2）技术风险

风 险 内 容	减轻风险的因素
系统整体架构	选择有能力的企业级系统集成商 邀请专家对系统架构进行论证
系统平台选型以及与业务系统的集成	根据业界标准选择开放性、兼容性较强的系统平台 选择业界通用的、开放的技术实现应用 邀请专家论证技术可行性 选择能力较强的企业级系统集成商 系统规划时，考虑业务系统的发展趋势

（3）项目实施风险

风 险 内 容	减轻风险的因素
项目管理制度	选择业界标准的项目管理指导方法论 清楚制定项目的组织架构和责任 制定完整全面的项目计划 建立和沟通对整个组织最有效的工作方式 在项目开始时，与最终用户沟通项目的实施方法和里程碑
资源冲突或约束	尽早指明项目资源需求(项目小组和关键用户) 在项目小组内，制定任务和责任 得到项目参与部门负责人的所有承诺 获得管理层的承诺和支持 监控和管理关键项目资源(包括用户)的可用性
项目范围变更	从项目启动开始，建立和管理清楚定义的项目范围 所有项目成员了解和交流防止项目范围改变的策略 项目成员控制项目范围的变更 坚持执行已定义且已获得批准的项目变更程序 沟通工程计划，管理项目组与最终用户的期望 紧密而持续监控范围改变引起的结果和冲击

续表

风 险 内 容	减轻风险的因素
项目参与人员的期望、情绪和流动	建立和明确项目成员的任务、责任以及上下级关系 工作重点在于阶段性实施的整体完成工作任务 建立相关的奖励和奖金制度 提前做出其他新合作机会的人员安排 引导团队的建立 鼓励培训和个人成长 在项目实施期间对项目成员提供帮助，管理项目成员的变更 与最终用户紧密沟通，理解用户对于项目的期望
项目成员的专业知识和能力	项目参与各方确保为此项目提供适当的资源 强调团队工作和知识共享 监控项目成员的专业知识和能力及培训需求，并根据需要对人员的任务和责任做出调整
工程实施进度	制定标准工程实施流程及详细整体进度表，定义清楚相关条件、责任交接、责任人及风险对策 合理安排工作顺序，工作时间，如有可能安排关键任务的预演 估算进度时预留一定的余量
系统集成商协作	选择项目管理制度较为成熟的系统集成商 制定清晰明确的项目计划，定义和明确各厂商在此项目中的任务和责任 对进度和工程质量进行定期检查

（4）系统推广风险

风 险 内 容	减轻风险的因素
用户接受度	系统可用性高 个性化设计，界面友好，方便易用 企业管理层的支持与贯彻执行 加强用户培训 建立 IT 系统技术支持与维护队伍
系统可扩展，适应企业的长期发展情况	根据业界标准选择开放性、兼容性较强的系统平台 选择业界通用的、开放的技术实现应用 选择能力较强的企业级系统集成商，建立长期合作关系 系统规划时，考虑业务系统的发展趋势

8.8 风险驾驭和监控

风险的驾驭与监控主要靠管理者的经验来实施，它是利用项目管理方法及其他某些技术，如原型法、软件心理学、可靠性等来设法避免或转移风险。风险的驾驭和监控活动可用图 8.9 表示。

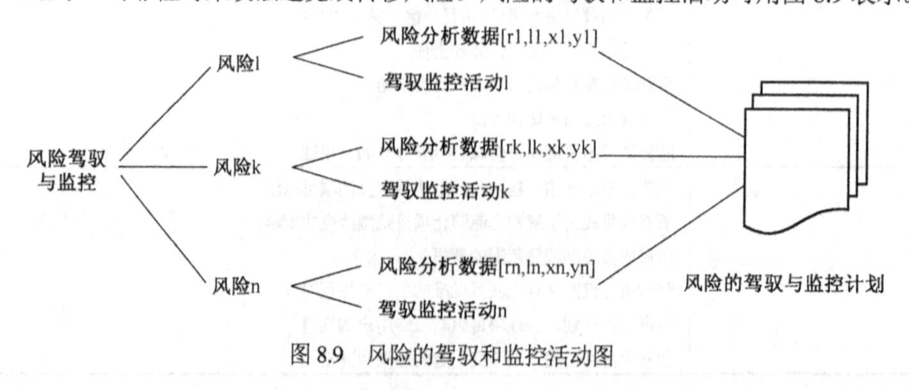

图 8.9 风险的驾驭和监控活动图

从图中可以看出，风险的驾驭与监控活动要写入风险驾驭与监控计划(Risk Monitoring and Management Plan，RMMP)。RMMP 记录和阐述了风险分析的全部工作，并且作为整个项目计划的一部分为项目管理人员所使用。

风险管理策略可以包含在软件项目计划中，也可以组织成一个独立的风险缓解、监控和管理计划。它将所有风险分析工作文档化，并由项目管理者作为整个项目计划中的一部分来使用。一旦建立了 RMMP 计划，且项目开始启动，则风险缓解、驾驭及监控步骤也开始了。正如前面讨论的，风险缓解是一种问题避免活动。

以“某市人事信息管理平台”为例，说明在人员流动方面的风险驾驭及监控的策略：

(1) 与相关人员协商，确定人员流动原因(待遇或个人发展问题)。

(2) 在项目开始前，把缓解这些流动原因的工作列入风险驾驭计划。

(3) 项目开始时，要做好人员流动的思想准备，并采取一些措施确保人员一旦离开时，项目仍能继续。

(4) 制定文档标准，并建立一种机制，保证文档及时产生。

(5) 对所有工作进行细微详审，使更多人能够按计划进度完成自己的工作。

(6) 对每个关键性技术人员培养后备人员。

(7) 在考虑风险成本之后，决定是否采用上述策略。

项目组前面对项目风险所做的一切研究，目的就在于实现良好的风险控制。在结合实际项目管理经验的基础上，建议使用以下风险控制步骤：

(1) 与现在在职的项目成员协商，确定人员流动的原因(如工作条件差，收入低，人才市场竞争等)。

(2) 在项目开始前，把缓解这些原因(避开风险)的工作列入已拟定的控制计划中。

(3) 当项目启动时，做好人员流动会出现的准备，采取一些办法以确保人员一旦离开时项目仍能继续(削弱风险)。

(4) 建立项目组，以使所有项目成员能及时了解有关项目活动的信息。

(5) 制定文档标准，并建立一种机制以保证文档能及时产生。

(6) 对所有工作组织细致的评审，以使更多的人能够按计划进度完成自己的工作。

(7) 对每一个关键性的技术人员，要培养后备人员。

(8) 在项目里程碑处进行事件跟踪和主要风险因素跟踪，以进行风险的再评估。

(9) 在项目开发过程中保持对风险因素相关信息的收集工作。

当然，这些步骤会给项目管理带来额外的花费并占用许多有效的项目计划工作量，但实践经验证明，所有这些付出都是值得的。

“十大风险事项跟踪”是一种可行的风险监控方法，按风险的严重度，它将每个月(或每周)项目的前十个风险事件进行排序，重点防范和跟踪这些风险事件，如表 8.8 所示。

表 8.8　十大风险事项跟踪示例

风险事件	月排序			风险解决进展
	本月	上月	出现的月份数	
计划不充分	1	2	4	修订整个项目计划
拙劣的范围界定	2	3	3	与项目客户和发起人共同开会来澄清范围
领导乏力	3	1	2	先前的项目经理停职，重新指派新的项目经理领导该项目
拙劣的成本估算	4	4	3	修订成本估算
拙劣的时间	5	5	3	修订进度估算

8.9 风险管理案例

下面介绍“厦兴化工 ERP 系统”(详细背景内容见第 3 章)对项目的初步风险分析和策略。该项目是基于 SAP 的 ERP 风险管理。在 2008 年年底，金融危机和经济萧条唤醒 IT 业的风险意识、成本意识，为提升企业的竞争力，企业 IT 主管的工作重点转向：

- 如何降低企业应用系统的实施和运行风险。
- 如何通过企业应用系统的建设，为企业创造效益。

因此，本案例主要介绍该项目的风险管理过程和方法。ERP 项目实施的风险点不仅仅来自技术，风险管理是一项系统工程。不同的企业、不同的经营状况、不同的企业文化，关键的风险点差异大。要依据企业的状况和实施的不同阶段把握关键的风险点。经验表明，整个项目风险的 80%(即可能导致项目失败的 80%潜在的因素)能够由仅仅 20%的已知风险来说明。因此，一个项目的初期就开始风险分析工作，有利于帮助项目经理确定哪些风险在所说的 20%中，并及早提出应对措施，避免这些风险的发生。

众所周知，企业核心应用系统是 ERP，ERP 系统与供应链管理 SCM、客户关系管理 CRM 是横向的上下游关系，与决策支持系统 DSS、信息管理系统 MIS 和分布式控制系统 DCS 之间是纵向的关系，如图 8.10 所示。

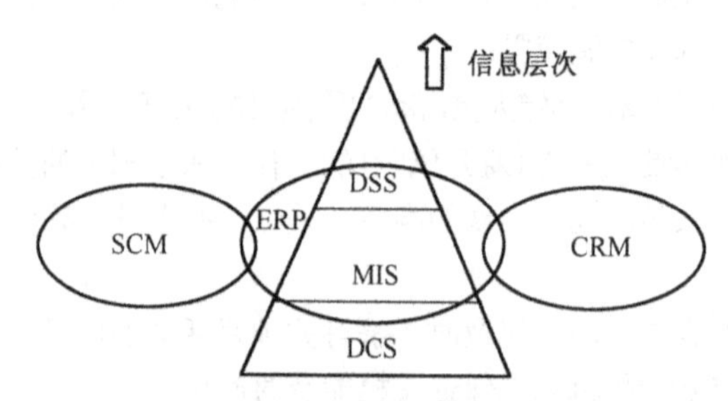

图 8.10 ERP 系统和其他系统之间的关系

8.9.1 项目实施风险

ERP 项目建设是“三分技术，七分管理，十二分数据”，其项目的风险管理重点同样也要“三分技术，七分管理，十二分数据”。其中，技术风险包括技术成熟、责任部门单一、IT 的投入(人员和资金)，管理风险包括流程变革、组织变革、项目管理风险等。这些是阵痛性风险，而数据风险包括管理的集中与集成、数据标准化体系和维护体系的建立，企业规模越大，数据风险越大，它是隐蔽和长期性风险。

“厦兴化工 ERP 系统”项目将涉及厦兴化工和各个下属机构的用户，如此的企业级项目规模，其不确定性将贯穿于整个项目实施周期的每一个阶段，引起：

- 用户需求的多样性和倾向性冲突可能会造成详细需求分析过程的多次反复，延缓项目进度；
- 对新的系统模式在观念和认识上的不一致性，可能增加项目沟通过程的复杂性，延缓项目进度；
- 贯穿项目整个过程中，常常需要用户的密切配合，容易与厦兴化工员工日常工作时间发生冲突，从而加大项目的协调阻力；
- 新系统实施关系到大量用户，这增加了实施阶段之间存在的依赖关系的复杂性；
- 在系统试运行和推广阶段，必将面临众多的反馈意见，要协调好新的 ERP 系统与员工之间的互相适应过程，任务艰巨；

- 项目人员流动引起项目进度的不连贯性，甚至可能危害整个项目。

针对厦兴化工的特有情况，在 ERP 项目的实施过程中，必须重点加强项目管理，建立全责的项目小组，由厦兴化工管理层牵头，特别要做好如下几点，以缓解和避免上述各种项目实施风险：

- 清晰界定好 ERP 系统的功能和定位，并尽早在厦兴化工内部对此达成一致的共识；
- 建立一套适合厦兴化工人和厦兴化工文化的沟通管理计划，提高项目沟通过程的效率；
- 提升 ERP 项目在厦兴化工的战略地位，提高其在员工日常工作中的优先级；
- 尽早确定多个项目间的依存关系，加强项目进程的全局观；
- 制定全面合理的时间、成本、质量、人力资源、采购等管理计划，并确保 ERP 项目的执行力度；
- 建立完整的文档管理计划，记录和跟踪项目的整个进程。

系统切换是一项十分复杂的工作，也是对实施过程的检验，存在相当大的风险。客观地讲，实施过程中的任何一个问题和工作质量不够，都将影响系统成功上线。必须要检查和抓好以下五方面：

- 技术环境是否到位；
- 用户和用户的培训是否到位；
- 数据准备是否到位；
- 流程和制度是否到位；
- 系统切换方案和应急预案是否到位。

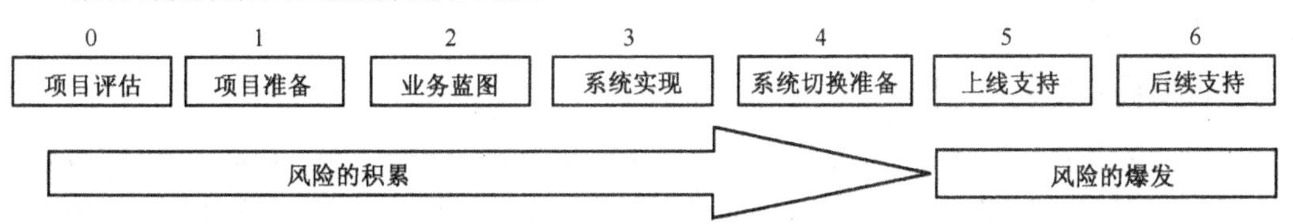

8.9.2　问题管理和质量管理

为了充分保障 ERP 项目能按照预定计划实施，并达到预定效果，项目管理中必须特别注意风险及问题的管理与控制，尽早发现，分析并控制可能影响项目进展的风险和问题。

在项目各阶段对项目进行风险分析评估并提出对应对策，力争使风险提前得到控制和规避。

在项目各阶段对项目中发生的问题(Issue)和重大问题(Problem)进行管理，并安排专人设定时限进行处理。

在项目过程中质量管理流程，专人对项目进行质量检查和管理，降低项目风险。

问题管理和质量管理是防范风险的有效措施，风险与问题间的关系如图 8.11 所示。

风险对项目的影响如图 8.12 所示。

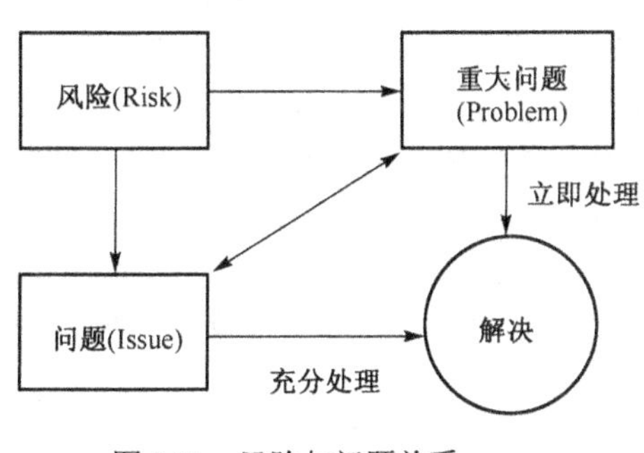

图 8.11　风险与问题关系

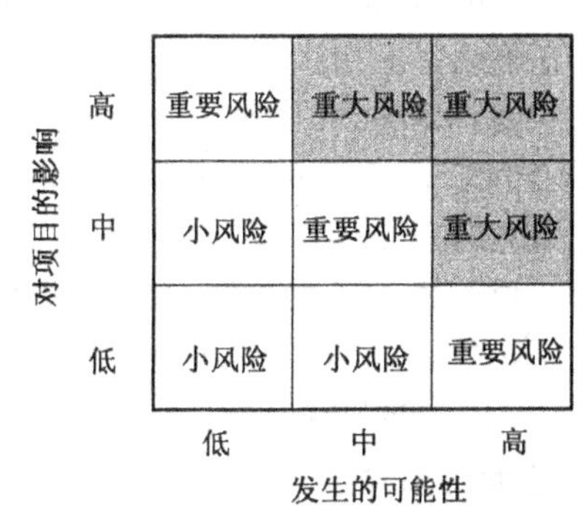

图 8.12　风险对项目的影响

8.9.3 应用系统的集成风险

厦兴化工和下属机构现有的应用系统比较多。这些系统基本上都有不同的来源，不同的技术架构，这些复杂性势必给系统集成带来一定的风险，体现在：

- 集成的复杂性可能引起项目成本的增加和项目进度的后延；
- 潜在的设计、实现、接口、验证和维护等方面的问题，可能会使开发工作变得很困难甚至不可能；
- 集成成果可能导致其应用和管理维护的复杂性增大，从而不被用户所接受。

显然，从整个ERP系统长期规划的角度看，上述风险一旦发生都可能导致整个项目的失败，因此，有经验的项目管理人员应该及早预见集成项目的具体风险并提出有效的预防应对措施，促使“厦兴化工ERP系统”项目的成功实施。可以考虑从下面几个着眼点来计划应对措施：

- 分析并清晰划分这些系统，对于有重复功能的系统，选择放弃。
- 清晰定位集成的方向和目标，制定合理可行的ERP系统集成规划。
- 采用业界久经考验的集成平台和集成技术架构。
- 为未来新的应用系统设计统一的集成规范。

8.9.4 变化带来的风险

下面从时间的维度说明风险的变化。

1. 过渡期风险

厦兴化工发展至今已经形成了相当规模，在企业内也形成了相对稳定的工作模式和工作习惯，这些在一定程度上会阻碍新的IT系统普及推广的惯性阻力因素，轻则延长员工对新的工作方式的过渡期适应过程，重则导致项目的最终失败。

可喜的是厦兴化工很早就开始IT技术引入，尽管历史原因使厦兴化工内存在不少信息孤岛，但是厦兴化工员工已经在一定程度上掌握了IT技术作为日常工作的一种辅助工具和手段；同时，仍然有相当大量的工作通过手工方式完成，过程烦琐且常有重复劳动，使引入先进的IT技术成为迫切需求。这些原因，在一定程度上有助于上述阻力因素引起的风险进入可控的范围内。可以考虑从三个方面来应对上述风险：

- 合理的分阶段实施；
- 配套的培训以推动观念和实践上的变化；
- 企业管理层的全力支持。

合理的分阶段实施，其中一个重要原因是使ERP系统的建设和推广遵循循序渐进的过程。ERP系统项目的首期先着手解决的是一个方便易用的信息平台，并实现常用办公事务的信息化过程，使员工很快认识到ERP系统给企业带来的好处，并有信心继续维护和发展ERP系统的进一步建设。

配套的培训，最重要的是推动员工对新系统及新方式在观念上的变化。长期在一种环境中工作容易造成人的思维惯性或者说思维定势，这是影响新系统适应过程的最重要因素之一。同时，配套的培训也可以加快员工熟悉新系统，缩短新旧模式的过渡期，从而缩短员工的适应过程。

企业管理层的全力支持，贯穿于整个项目周期，将会是项目成功的重要保证。从项目立项，启动，实施，试运行，到最后成功推广普及到企业的每一个用户，企业管理层的思想引导及政策支持必不可少。

2. 回报期风险

ERP系统作为一个具备战略意义的企业应用规划，将致力于提高企业员工的工作效率，降低运作成本，提升企业的核心竞争力，这也是 ERP 系统最具价值的投资回报。可以预见，在 ERP 系统长期服务于厦兴化工员工的同时，必然会发生外部环境的变化、企业经营策略以及运作模式的变化、组织架构的变化等，这些都是对软件系统的重要考验，对软件系统回报价值的冲击。

同时我们也看到，在信息化浪潮的推动下冉冉升起的企业新星不乏其例，由此可见，对于回报期风险是可以避免和克服的，重点从下面几个方面来考虑：

- 选择主流、成熟、开放标准的技术，如 J2EE、XML、LDAP，使技术本身就是可发展的；
- 选择把握主流技术的系统集成商，掌握技术动向，行业动态，从而保持 ERP 系统的发展适应能力；
- 站在行业的高度，明确地全局规划，充分考虑分阶段有步骤实施的衔接过程，把握 IT 技术的发展与企业的发展过程相匹配的模式，保持 IT 系统给企业带来的长远价值。

从此案例，我们总结出以下经验：

- 风险存在于 ERP 项目的整个生命周期；
- 风险防范重点在不同的企业是不同的，它与企业特点背景有关；
- 科学的实施方法、有效的质量管理和问题管理；
- 上线以后支持体系的建立和完善；
- 信息主管对企业的认识和对 ERP 项目的驾驭能力是一个关键因素。

俗话说得好："磨刀不误砍柴工"。在项目开发过程中，一个成功的风险管理可以防止和减少项目中潜在问题的影响，它是处理危机的有效处方。在项目生命周期内，一个优秀的项目管理人员应在风险反应和风险预防之间达到一种平衡：当风险没有出现时，风险管理有助于你通过科学的分析和方法，降低风险发生的概率或转移风险，减小风险损失；当风险出现时，风险管理有助于你采用一种经过深思熟虑的解决方法去快速做出反应，从而减小风险对整个项目所造成的影响。

总之，软件项目风险管理是一种特殊的规划方式，当对软件项目有较高的期望值时，一般都要进行风险分析。最成功的项目就是采取积极的步骤对要发生或即将发生的风险进行管理。对任何一个软件项目，可以有最佳的期望值，但更应该要有最坏的准备，"最坏的准备"在项目管理中就是进行项目的风险分析。

项目风险管理案例分析

克利夫·布朗奇是一个小的信息技术咨询公司的总经理，该公司专门从事因特网应用程序开发和提高全方位的服务支持。员工由程序员、商务分析师、数据库专家、网页设计者、项目经理等组成。公司总共有 50 人，并计划在下一年至少再雇 10 人。公司在过去的几年中绩效非常好，但近来在赢得合同方面遇到了困难。花时间与资源来对潜在客户的各种建议邀请书做出反应，正变得越来越昂贵。许多客户开始要求，在签订合同之前做些展示，甚至开发一些原型。

克里夫知道，在对待风险的事情上，他采取的是一个积极进取的方法，喜欢投标盈利最高的项目。在投标这些项目之前，他没有使用系统化的方法来评价各种项目所涉及的风险。他集中于获利的潜力和项目具有的多大的挑战性。他的战略如今给公司带来了许多问题，因为他们在准备建议书方面投了大量的资金，却没有赢得几个合同。许多咨询室目前并没有承担项目中的工作，但工资单上却还有他们的名字。为了更好地理解项目风险，克里夫和他的公司应该做些什么？克里夫是否应该调整他在决定向哪种项目投标的战略？如何调整？

克里夫·布朗思和他的两位高级经理出席了一个关于风险管理的专题研讨会，如图 8.8 所示，在那里，演讲者讨论了几项技术问题，如估计项目的期望货币值、蒙特卡罗模拟等。克里夫问演讲者，他如何使用这些技术才可以帮助他的公司决定投标什么项目，因为投标项目经常需要前期的投资，并有可能没有回报。演讲者通过一个EMV的例子回答了他的问题，然后进行了一次快速的蒙特卡罗模拟。克里夫的数学基础很薄弱，他很难理解EMV计算。他认为该模拟太令人疑惑了，以至于对他来说没有任何实际用处。比起任何数学计算或计算机的输出，他更相信自己的直觉。

图 8.8 风险管理会议

演讲者感觉到克里夫并没有被打动，于是她说明了赢得项目合同的重要性，而不能仅仅看到潜在的利润。她建议，对于公司有机会赢取合同的项目，以及有利润潜力的项目，应该使用风险中性的投标策略，而不要把精力放在那种赢取机会很小、潜在利润巨大的项目上。克里夫不同意这一建议，他继续投标投标那些高风险项目。另两位出席研讨会的经理现在终于明白了为什么公司存在问题——他们不久后在更具竞争力的公司找到了新的工作，许多其他人跟着跳槽了。

我们一起来思考一个问题：克里夫失败的原因是什么？

本章小结

本章介绍了软件项目的风险、风险管理的含义，说明了风险管理的重要性，重点说明了风险识别的方法、如何对软件项目的风险点进行风险量化，强调了风险的影响度，说明风险发生概率和风险后果间的关系，介绍了风险的应对计划与方式，信息系统中常用的风险对策，最后说明了风险驾驭与监控。

复习思考题

1. 什么是风险和风险管理？风险管理有哪些过程？
2. 什么是风险识别？其常用方法有哪些？
3. 理解企业应用软件项目风险因素图。
4. 什么是风险量化？理解期望货币值(EMV)分析法。
5. 常用的风险应对措施有哪三种方法？
6. 风险应对计划的结果包括哪些内容？
7. 风险监控的含义是什么？
8. 理解“十大风险事项跟踪”方法。

第 9 章　软件项目的人力资源管理

软件产业化、社会化运作是一个不争的事实，作坊式的生产、个人英雄式的软件企业终经不起大浪淘沙。因此，成功的软件企业或机构必须有效地管理项目组织和协调项目组成员。

许多公司的总裁都说过："人是我们最重要的资产。"人的因素决定一个企业或者项目的成败。大多数项目经理认为有效地管理人力资源是他们所面临的最为艰巨的挑战。项目人力资源管理是项目管理中至关重要的组成部分，尤其在信息技术领域，往往很难找到合适的人才。

本章围绕前面的"某市人事信息管理平台"和"厦兴化工 ERP 系统"两个项目，主要介绍如何建立项目的组织，项目组成员的角色、分工和职责，如何进行团队的建设、领导和管理项目组成员。有关项目组的交流和沟通，将在下一章沟通管理中专门进行论述。

9.1　人力资源管理概述与人员管理的关键

首先谈一下什么是项目人力资源管理，项目人力资源管理就是有效地发挥每个人参与项目人员作用的过程。人力资源管理包括主要的项目干系人：资助者、客户、项目组成员、支持人员、项目的供应商等。人力资源管理的主要过程包括：

- 组织计划编制，包括对项目角色、职责以及报告关系进行组织、分配和归档。这个过程的主要成分包括分配的角色和职责，通常都以矩阵表示，还有一张项目的职责结构图。
- 人员获取，包括获得项目所需要的并被指派到项目的工作人员。猎取人员是软件项目最关键的挑战之一。
- 团队建设，包括为提高项目绩效而要建立的每个人和项目组的技能。建立每个人和项目组的技能对于许多软件项目来说也是一个挑战。

人力资源管理的重要性体现在以下几个方面：

- 人的因素决定一个企业或项目的成败。
- 人是公司和组织最重要的资产，公司应尽量满足自身的人才需求和公司员工的需要。
- 如果想在软件项目上获得成功，需要认识到项目人力资源管理的重要性，并采取实际行动来有效使用人才。

一种现象是，在全球经济低迷时，好的软件人员仍然缺乏。许多企业正在为怎样增加软件技术人员而努力，显著的问题包括：

- 许多软件专业人员工作时间长。
- 因软件业日新月异地发展，软件人员必须持久不断地跟上这个领域的最新技术。
- 不受欢迎的刻板和老套，使得某一部分人，比如女性远离此职业。
- 需要提高工资福利，重新定义工作时间和激励，并提供更好的人力资源管理。

心理学家和管理理论家针对工作中如何管理人员方面做了很多研究和思考，与项目人员管理有关的重要因素如下。

1．需求、动机和激励

首先说人的需求，它有四个特点：多样性、层次性、潜在性和可变性。下面分别说明几个经典的需求理论。

(1) 马斯洛层次需求理论

亚伯拉罕·马斯洛建立了一个层次需求理论。该理论表示人们的行为受到一系列需求的引导。马斯洛认为：人类拥有的独一无二的性质使他们做出独立的选择，从而使他们能自己掌握自己的命运。

他把人的需求分成了五个等级，如图 9.1 所示。

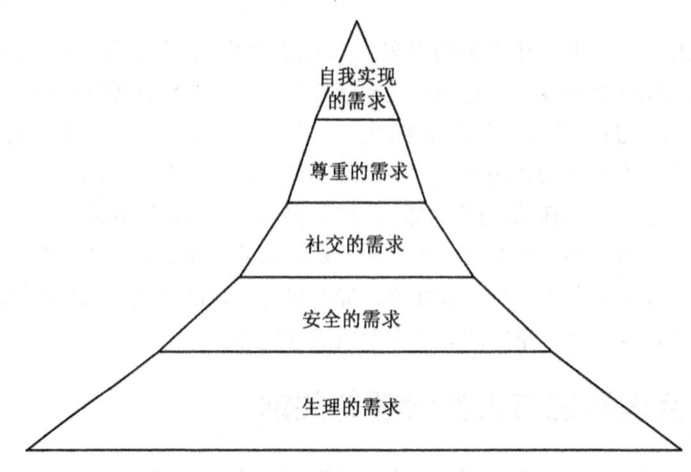

图 9.1 马斯洛层次需求理论

- 生理的需求：维持人类自身生命的基本需求，如食物、水、衣着、住所、睡眠。
- 保障或安全的需求：避免人身危险，不受失去工作、财产、食物和住所等威胁。
- 社会认同或归属的需求：人是社会人，需要有所归属，并为别人所承认。
- 尊重的需求：受到别人尊重，产生诸如权力、威望、地位和自信等方面的满足。
- 自我实现的需求：充分发挥个人的潜在能力并有所成就的愿望。

(2) 赫茨伯格(Herzberg)激励和保健因素

他认为，人的需求因素分成两类：

- 保健因素是指那些与人们的不满情绪有关的因素，如企业政策、工资水平、工作环境、劳动保护、人际关系等。
- 激励因素是指那些与人们的满意情绪有关的因素，如工作表现机会、工作带来的愉快、工作上的成就感、由于好的成绩而得到的奖励、未来发展的期望、职务上的责任。

(3) 佛罗姆的期望理论

该理论认为，人们在工作中的积极性或努力程度(激发)力量 M 是效价 V 和期望值 E 的乘积，即 $M=VE$，员工的动机依赖于三个因素：

- 员工认为他们是否能达到某种结果；
- 这种结果是否能带来预期奖励；
- 员工是否认为此奖励有价值。

若三个因素员工评价都很高，则动机强度就会很高。

(4) 亚当斯的公平理论

该理论认为，要使组织成员保持较高的工作热情，必须使工作报酬公平合理，使组织的成员感到组织的分配是公正的。

2. 影响和能力

项目经理可使用的九条影响力和能力：

- 权力：发命令的正当等级权力。
- 任务：感知到的项目经理影响员工后来工作分配的能力。
- 预算：感知到的项目经理授权他人使用自由支配资金的能力。
- 提升：提拔员工的权力。
- 资金：给员工涨工资和增加福利的权力。
- 处罚：感知到的项目经理实施处罚的能力。
- 工作挑战：根据员工完成一项特定任务的喜好来安排工作的能力。
- 专门技术：感知到的项目经理所具有的重要的一些专业技术知识。
- 友谊：项目经理和其他人之间建立良好的人际关系。

影响力和权力是息息相关的。权力就是让员工做不得不做的事的潜在影响力，权力包括：

- 强制权力——使用惩罚、威胁和其他消极手段强迫员工做他们不想做的事。
- 合法权力——来自组织的正式职位。
- 专家权力——具有专门知识和技能的人或项目经理，让员工服从他们的意志。
- 奖励权力——使用激励诱导员工去工作，如现金、地位、认可度、升职等。
- 感召权力——建立在个人感召力基础上。

当项目经理用下面的影响力时，项目更有可能成功：

- 专家知识
- 工作挑战

当项目经理过于利用下面的影响力时，项目有可能失败：

- 权力
- 金钱
- 惩罚

3. 效力

项目经理可以运用史蒂文·克卫(Stephen Covey)的七种习惯来提高项目工作的有效性。

- 保持积极状态
- 一开始就牢记结果
- 把最重要的事放在最重要的位置上
- 考虑双赢
- 首先去理解别人然后再被别人理解
- 协同
- 磨快锯子

9.2 组织计划与项目组织的建立

组织计划编制包括对项目角色、职责以及报告关系进行识别、分配和归档。从工作划分至工作归类，再形成组织结构。组织设计过程的结果包括：

- 组织图
- 职位说明书
- 组织手册

一个合理的组织，有下面的特点：

- 目标的一致性和管理的统一性
- 有效的管理幅度和合理的管理层次
- 责任和权力要对等
- 合理分工和密切协作
- 集权与分权相结合
- 纪律严明和秩序井然
- 具有团队协作精神

在一个组织中，主管管理着若干成员，管理幅度是指某个主管直接管理的下属人数。影响管理幅度和层次的因素包括工作能力、工作内容和性质、工作条件和工作环境等。一般来说，一个主管管理幅度为6～7是较合适的数量。

而项目管理组织，是由一般组织的特点加上项目及项目管理的特殊性形成的。

组织计划编制的输出和程序包括：

- 项目组织结构图
- 定义和分配工作
- 责任分配矩阵
- 资源直方图

项目组织结构一般采用矩阵式，即从委托方和开发方的各部门中临时抽调人员组成，包括开发方和委托方两方的人员，承担不同的角色。不同规模、不同性质的软件项目，组织结构有所不同。图9.2为一个大型软件项目的组织结构图。

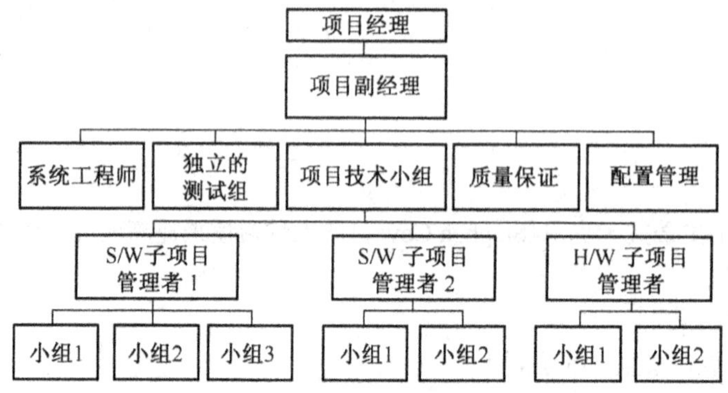

图9.2 某大型软件项目的组织结构

工作定义和分配过程如图9.3所示，有4个步骤，分别是工作要求的最终确定、如何进行工作、分解工作和指派工作。输入为：建议邀请书(RTF)、合同、章程、范围说明书，最终输出为组织分解结构(OBS)、组织分解结构职责。

建立了OBS后，项目经理还要建立一个RAM，即责任分配矩阵，就是将WBS中的每一项工作指派给OBS中的执行人而形成的一个矩阵。责任分配矩阵(RAM)示例如表9.1和表9.2所示。

人员计划编制的人员配置管理计划描述了项目组何时以及如何增加和减少人员。其详细的程度取决于项目的类型。

人员配置管理计划通常包括资源直方图，表示随着时间分配给项目的资源数量的柱状图。一个大型软件项目的直方图如图9.4所示。

为此一个软件开发组织必须打破传统金字塔式的职能管理模式，建立一个软件开发的项目组织。下面以“厦兴化工ERP系统”为例，有以下几项主要工作要实施。

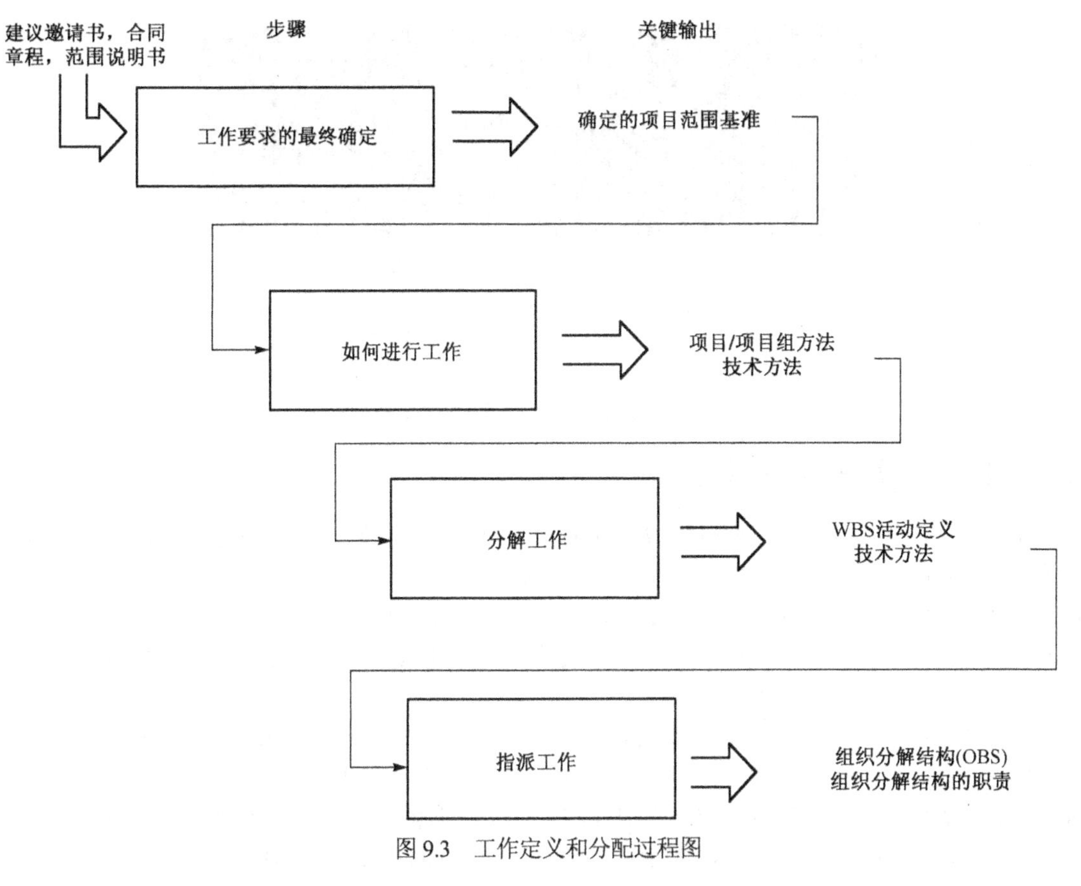

图 9.3　工作定义和分配过程图

表 9.1　某软件项目的责任分配矩阵

OBS 单位 ↓　WBS 活动→

	1.1.1	1.1.2	1.1.3	1.1.4	1.1.5	1.1.6	1.1.7	1.1.8
系统工程	R	R、P					R	
软件开发			R、P					
硬件开发				R、P				
测试工程	P							
质量保证					R、P			
配置管理						R、P		
综合后勤支持							P	
培训								R、P

R——责任组织单元

P——行动组织单元

表 9.2　另一种方式表示的软件项目的责任分配矩阵

承担者 项目阶段	张　三	李　四	王　五	钱　六	杨　七	马　八	牛　九
明确用户要求	批准	审查	负责	参加	参加	参加	参加
明确产品功能	批准	负责	参加	参加	参加	参加	参加
产品设计	批准	审查	负责	提供资料	参加	参加	参加
产品研制	审查	批准	负责	参加	参加	参加	参加
产品试验	批准	参加	提供资料	负责	参加	参加	参加

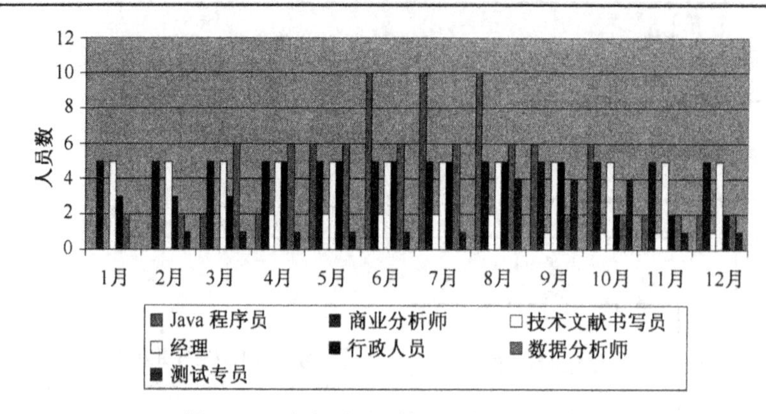

图 9.4　一个大型项目的资源直方图的样例

9.2.1　建立项目管理和组织制度

对于从事软件开发的软件公司来说，要建立项目管理和组织制度，首先要了解公司的组织架构，了解公司的商业运作情况，了解公司的开发流程，了解公司的权利和义务分配情况。根据以上信息的分析，先制定公司的项目管理流程，然后建立项目管理和组织制度。

从项目的立项到项目的最终结束都必须有一套管理制度和方法来保障，它们主要包括以下方面：

(1) 工作的总体流程和审批制度

对项目的立项、可行性分析、项目的规划、项目计划、项目的调研、需求分析、概要设计、详细设计、代码编写、项目测试、系统初始化、投入试用、安装、培训和维护等工作进行定义和描述，确定各个环节的执行者、审批者、责任人，描述了在项目开发的整个工作中，如何通过信息流的传递和反馈制度实现软件质量、时间和成本的控制。当然，对于不同的项目来说，项目实施的过程不一，以“厦兴化工 ERP 系统”为例，其项目实施过程包括系统实施过程经过项目准备、业务蓝图设计、系统实现、测试与上线准备、投产与技术支持五个阶段，需要对这些工作进行定义和描述。

(2) 项目组成成员的考核和奖惩制度

包括工作考核标准、内容、方法，建立工作跟踪制度，对于项目组成员，主要考核以下几个方面：

- 软件编程能力
- 系统分析和体系结构设计能力
- 相关领域知识
- 管理和协调能力
- 沟通和展示能力
- 创新和创造能力
- 客户服务和评价

对考核的结果，要制定一套相应奖惩方法来实施。

当然，项目组中不同的角色，考核的重点不一。例如，项目经理，主要考核其管理类的能力；对于软件开发人员，主要考核其编程能力；对于 ERP 项目中配合业务实施的关键用户来说，主要考核其业务能力(本章最后提供一份考核关键用户的量化评估表)。

(3) 项目的计划审批和项目计划变更管理制度

包括项目工作计划的制订方法、计划文档的讨论评审及计划变更审批制度。

(4) 成本和预算管理制度

定义几种项目成本的核算方法、项目费用开支(包括工资、津贴、各种补贴)和带薪假期的规定及其审批制度，成本控制方法、实际成本的核算方法等。对于一个项目，如果超出预算，项目就不能算是成功的，所以对于预算，它将有一个管理办法(如怎样编制预算、超出后如何处理等)，它与成本管理一起，将项目的费用控制在合理的范围内。

(5) 进度管理

规定项目进度安排的常用方法(里程碑表示法、关键路径法等)、进度的监督和控制、进度的变动管理制度。

(6) 任务的管理制度

定义项目任务的分解办法、分配原则、任务协调方法和对软件生产能力的测定方法。

(7) 质量管理制度

定义软件质量的确定、评价和控制方法，软件的检测和质量的保证管理制度。

(8) 文档管理制度

文档的编制和审核制度是项目管理的信息纽带，文档管理制度主要包括：

- 定义文档的类型
- 文档资料的起草、收集、审批与归档制度
- 文档资料的安全与保密制度
- 文档资料的分发与共享制度

(9) 软件的售后管理制度或系统维护管理办法

定义软件的售后维护、项目推广、客户关系管理和服务资料存档等规定，它是项目保值增值的关键因素。对于一个服务于本公司 ERP 建设的项目组来说，是项目上线后维护其正常运行的管理办法或制度，而不是售后管理制度。

9.2.2　确定项目组的目标

根据项目的实际情况，首先企业决策层要对项目的目标进行明确的定义，主要包括功能指标、时间指标、质量指标、成本范围等，目标必须是明确并且可度量的。以“厦兴化工 ERP 系统”的项目目标为例，项目组的目标是“在本年度(2008 年)和预算控制的费用范围内，确保 SAP 各模块正常上线，SAP 上线后的正常运行率>98%”。

9.2.3　确定项目的组织结构

前面说过，项目组织结构一般采用矩阵式，即从委托方和开发方的各部门中临时抽调人员组成，它包括开发方和委托方两方的人员，承担不同的角色。下面先以 “某市人事信息管理平台”为例，说明一般软件开发的项目的组织结构。

该项目的人员由项目委托方(某市政府主管人事的机构)、开发方(某网络公司)共同组成，其组织结构图和各小组的责任分别如图 9.5 所示。

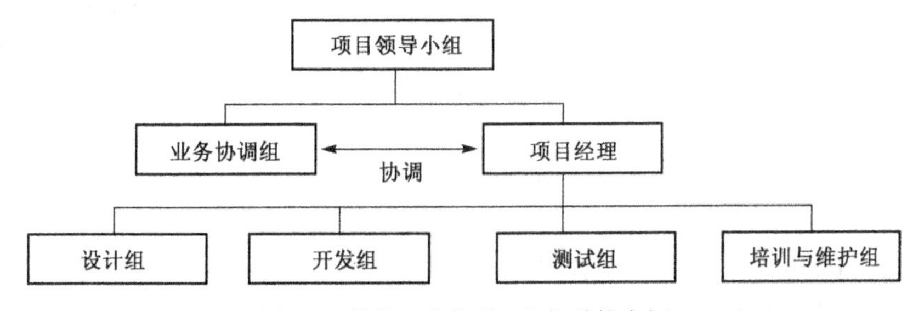

图 9.5　软件开发的项目组织结构实例

(1) 项目领导小组

由双方领导担任，负责制定项目的目标、监督项目的总体进度和协调双方的关系，决定项目的人事、财务和工作计划。

(2) 项目经理

由开发方指定人员担任，他的工作责任是：从系统的总体方面把握各个功能的实现，控制时间进度，协调项目组各种角色的工作，负责参与和提出每一阶段中重大问题的决策。其工作还可以包括业务调研、需求分析、系统设计(这部分工作可以视项目和人员情况灵活掌握)的组织，其工作对项目的领导小组负责。

(3) 业务协调组

由委托方工作人员担任，参加业务需求调查和需求规范的编辑，负责监督系统开发各阶段的成果是否符合业务需求，控制业务需求的变化，参加用户测试，负责提供系统操作意见，在系统测试时提供现场测试设计和协助组织。他们通常是以兼职的方式工作。

(4) 设计组

负责软件系统的需求分析与概要设计、详细设计。

(5) 开发组

按需求分析和设计要求负责代码编写和程序调试。

(6) 测试组

由双方提供的测试人员，进行单元测试、集成测试、系统测试、用户测试等，保证系统的质量。

(7) 培训和维护组

由双方的技术人员担任，提供系统的培训计划，编写用户培训手册和系统使用手册，负责系统的使用培训等工作。此外，他们还负责系统的安装、初始化、技术咨询和现场维护工作。

这里特别要提的是，合格项目经理的基本要求主要有：

- 健康的身体素质
- 良好的职业道德
- 丰富的业务知识和工作经验
- 较强的系统的思维能力
- 综合的管理及决策能力(计划组织指挥协调与控制等)
- 良好的创新能力

下面对“厦兴化工 ERP 系统”为例，说明 ERP 项目开发的组织结构。

该项目的人员由项目委托方(厦兴化工有限公司)、顾问方(上海某知名 IT 公司)共同组成，其组织结构图和各小组的责任分别如图 9.6 所示。

其中，各项目组织结构图中各角色的主要描述如下：

(1) 项目指导（决策）委员会

由双方高层领导担任，负责公司远景规划，设定优先级，批准实施范围，解决相关公司层资源问题。

(2) 业务决策组

由委托方各部门经理担任，负责讨论并确认 ERP 蓝图，对业务情景做决策和支持。

(3) 项目经理

由双方各派一名资深的专职人员，负责项目的日常管理。

(4) 各模块业务小组

由顾问方提供的模块顾问(如 FI 财务管理模块)、各业务部门选择的关键用户、委托方软件工程师组成，负责各模块的具体实施。

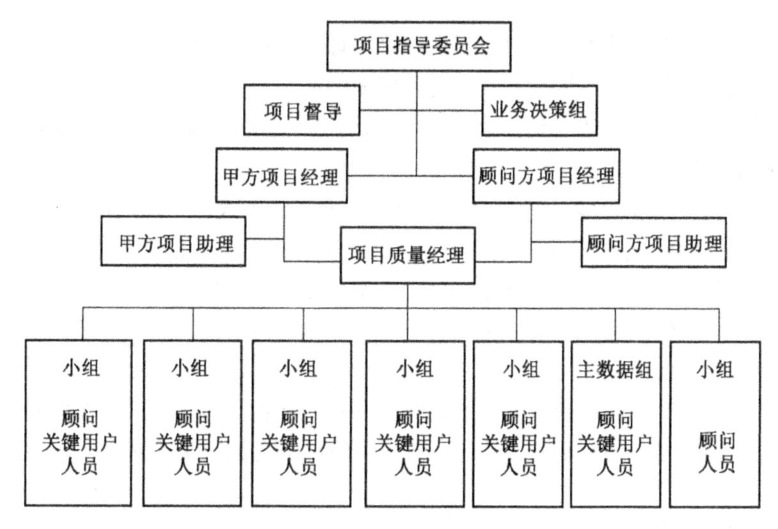

图 9.6　厦兴化工 ERP 项目组织结构

9.2.4　确定项目组成员，明确各成员的职责和任务

确定项目组中人员的角色，包括人员的分工和岗位职责，选拔项目经理、开发人员和其他人员，与项目经理和项目组成员签订《项目承包合同书》等。《项目承包合同书》主要内容包括签约双方的权利和义务，合同的时间、开发功能、奖励方法、验收的方法、违约责任等，合同样本见附件 5。有关项目组成员的角色、技能及其职责将在后续章节描述。

9.3　人员获取

软件项目是智力密集、劳动密集型项目，受人力资源影响最大，项目成员的结构、责任心、能力和稳定性对项目的质量以及是否成功有决定性作用。软件开发属于 IT 行业，现实中，IT 行业的人员工作岗位变动频繁。研究表明，软件工程师跳槽主要是因为：

- 工作中不受到重视
- 工作成绩得不到适当的承认或认可
- 工作过程上，学不到新的东西
- 不喜欢他的合作者，包括主管或同事
- 薪水与自己预期偏低，没享受到更好的福利
- 没有好的职业生涯发展前景

成立项目组织后，一个常见的问题是，某些关键岗位上缺少合适的人，其实在项目组还未成立前，就该考虑到人员的获取问题。

项目经理要与企业人事部门一起商量如何给项目分配特定的人员，或者从外部获取项目所需的人力资源。很有影响力并富有谈判技巧的项目经理往往能很顺利地让内部员工参与到他的项目中来。当然，组织必须确保分配到项目工作的员工是最适合组织需要、同时也是最能发挥他技术特长的。

能做好人员获取的组织一般都有完善的人力资源计划。人力资源计划的编制包括人力使用计划的编制和人力的招聘、调整、培训及解聘计划的编制。人力资源使用计划是人力资源计划的主要部分，它不仅决定人力其他计划，而且影响其他资源计划。

这些人力资源计划要描述目前组织中员工的数量和类型，同时还要描述项目现在和将来的活动所需的人员的类型和数量。人力资源计划中很重要的一步就是列出一个完整和准确的员工技能清单。如

果出现员工的技术和组织的需要不相符合，那么项目经理就要和高级管理层、人力资源部经理以及组织中其他的人员共同进行商讨如何解决人员分配和培训的需要。

制定了人力资源计划后，好的人员供给计划(人力资源计划)和招聘过程在人员获取中非常重要，就像激励对招人和留人非常重要一样。

招聘是保证一个组织正常运作、补充新鲜血液的主要方法，人才信息通常从各种媒体(如报纸、杂志和人才网站)或内部员工推荐等渠道获得。招聘将按人事部门相关的程序来组织。

通常，招聘先参照人事部门的招聘规划，分内部招聘和外部招聘，内部招聘的渠道通常有：查阅组织档案、主管推荐、工作张榜。外部招聘的渠道通常有：雇员举荐、毛遂自荐、招聘广告、校园招聘、就业代理机构、猎头公司等。

建立一套完善的制度来获取分包合同的承包商和外聘人员也是很重要的。人力资源部经理通常负责招聘人员，项目经理应当与人力资源部经理合作来解决猎取合适人员的问题。留住人才是首要的，尤其是信息技术专业人员。

有一种聘用和留住信息技术人员的创新方法就是，给那些帮助聘用新人和留住人才的在职人员提供激励。例如，有些咨询公司给那些能招来新人的员工每小时 10 元的奖励。这种方法一方面激励现有的员工招来新的人员，另一方面公司留住了他们，同时也留住了他们招来的新员工。另一些咨询公司用来吸引和留住人才的方法是，根据他们各自的需要给现有的信息技术人员提供补贴。举个例子，有些人想一个星期工作 4 天，还有的想一个星期有 2 天能在家工作。由于信息技术人员的获取变得越来越难，不得不在这些问题上采取更有新意更实用的方法。

下列介绍在人力资源安排上的有关资源负荷与资源超负荷。资源负荷是指在特定时段现有进度计划所需的个体资源数量，它用资源直方图表描述资源负荷。而资源超负荷是指在特定的时间分配给某项工作的资源超过它可用的资源。

资源平衡就是通过延迟项目任务来解决资源冲突问题的方法，资源平衡的主要目的是更合理分配有用资源，减少资源超负荷。

如下例所示(见图 9.7)，任务的网络图中，假设每个人力资源都有能力完成任务。从节点 1 到节点 2、节点 3 和节点 4 分别对应任务 A、B、C。时间分别为 2 天、5 天和 3 天。如果各项工作同时展开，原计划各天的资源数分别为 8、6、4。如果把 C 推迟 2 天，那么，从图中可以看出，需要的资源从 8 个降低到 6 个。

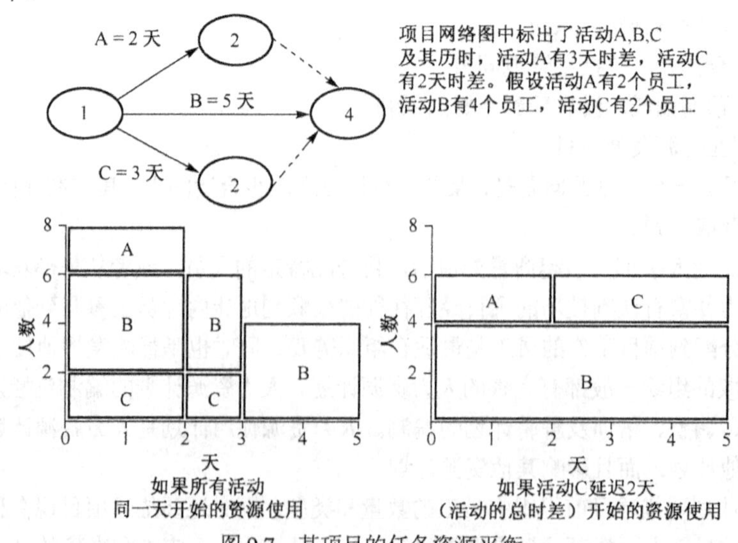

图 9.7 某项目的任务资源平衡

9.4　项目组成员的角色与职责

通常，软件项目开发方的项目组成员有以下角色：项目经理、系统分析员、系统设计师、程序员、档案控制员、系统测试人员。对项目组成员有以下一般的要求：

(1) 掌握计算机的基础知识

(2) 必要的沟通能力

一名合格的项目组成员必须能够同工作中涉及的所有人进行沟通，具有与技术(开发者)和非技术人员(客户、管理人员)的交流能力。

(3) 相关的技术能力和概念

一名合格的项目组成员必须掌握其充当的角色所用到技术、技能和工具，树立软件系统的概念。

(4) 熟悉业务的能力

(5) 能学习和熟悉软件中所涉及的行业与业务领域知识

(6) 有集体观念和强的责任心

(7) 一定的文档编制能力

对于项目经理来说，其作用类似于电影中的首领和英雄人物，是项目的灵魂，他的一举一动影响着项目的成败。在危难时刻，优秀的项目经理甚至可以力挽狂澜。众所周知，衡量项目经理一般是以其资质、素质、能力和经验等作为主要的依据，即统筹能力、领导能力、交往能力、处理压力、解决问题的能力和技术能力，还必须有全局观念，较强的系统分析和设计能力，较高的技术水平、组织和协调能力、计划能力等。

它们的职责分别描述如下：

(1) 项目经理

全面对该项目的质量、成本和进度负责，整个项目的组织者和直接领导者，其工作任务如下：

- 制定项目计划，并根据各种变化修改项目计划
- 实施项目的管理、开发、质量保证过程，确保项目的成本、进度、绩效和质量目标
- 制定有效的项目决策过程
- 确保在项目生命周期中遵循公司的管理和质量政策
- 风险管理(可选)
- 招聘和培训必须的项目成员
- 确定项目的组织结构与人员
- 定期举行项目评估会议
- 为项目所有成员提供足够的设备、有效的工具和项目开发过程
- 有效管理项目资源

(2) 系统分析员

该角色也可以由项目经理担任，他是用户需求调查的主要负责人，与用户沟通的主要协调人。他与系统设计师组成系统设计小组，执笔起草用户需求报告(按道理这份报告应该由用户撰写，但通常情况下都由软件开发商编制)、系统可行性分析报告、系统需求说明和设计任务书等，制定系统测试方案，制定系统试运行计划等。

(3) 系统设计师(或称高级程序员)

参加设计小组，参加用户需求调查，分别着重于服务器端、客户端或中间层协助系统分析员进行可行性分析，协助系统分析员完成各项系统分析报告。在用户需求报告和需求说明获得用户评审通过

后，分别着重于服务器端、客户端或中间层制定详细的设计任务书，制定程序设计风格，制定软件界面风格，指定参考资料，确定可引用的软件资源，指导程序员的工作。

（4）程序员

在项目经理或系统设计师的直接指导下开展工作，严格按照设计任务书的要求进行设计，不应过分追求个人风格，强调沟通与协作，培养务实求精的工作作风。

（5）档案控制员

可以每个项目配置一人，同时兼做部分测试员的工作，也可以几个项目配置一个专职的档案控制员。档案控制员负责保管好项目每一个阶段的文档，负责编号，建索引，又要保证档案的完整、安全和保密。另一个职责是做好软件的版本控制工作，每次正式发布的软件或阶段性的软件，程序员必须将源代码和相关的说明书交给档案控制员统一打包、编译、建档。保留好软件的每一个版本，每一个版本升级的不同都要有详细记载。重点文档要重点保护，如用户需求报告和需求变化的阶段记载，项目进展过程中的每次会议纪要，阶段性的测试报告，每次评审的问题清单，开发过程中遇到的主要技术障碍和解决途径等。

（6）系统测试员

直接接受项目经理的指导，严格执行项目经理制定的测试方案，有条件时系统测试员可以深入用户实际工作环境，了解用户的实际工作情况，收集来源于实际的测试用例，做好测试记录，做好测试报告，做好与程序员和系统设计师的沟通，跟踪问题的解决。测试报告和测试卡要交档案控制员归档。

以“厦兴化工 ERP 系统”各角色及其职责为例，主要包括：指导委员会成员、项目总监、业务决策组成员、质量经理、客户(委托)方项目经理、客户方项目助理、顾问方项目经理、顾问方项目助理、关键用户、客户方 ERP 系统管理员、项目后勤支持等。比如，客户方项目经理的职责和技能如表 9.3 所示。

表 9.3 客户(委托)方项目经理的职责与技能

职责	● 检查签署项目交付文档 ● 项目日常管理 ● 项目成员与项目指导委员会及项目总监之间的主要联络沟通者 ● 准备并管理项目预算 ● 管理和定义实施范围 ● 向业务组领导和客户组成员提供及时的反馈 ● 获得、分配、实时管理项目客户端资源 ● 向指导委员会、项目总监、项目组成员沟通协调项目状态 ● 监控和推进问题解决流程，一旦发现项目偏离原有目标，立即采取行动调整或报项目总监审批 ● 获得整体 ERP 业务流程和公司环境综合的理解 ● 参加分解公司业务流程 ● 安排最终用户培训进程 ● 定义正式启用后的支持策略 ● 监控和管理项目最终数据准备
技能	● 拥有业务流程方面的知识。这个人选应该对公司组织结构有全面的了解及较长的石化工作经验 ● 有效的和所有层次的管理层一起工作，对所有项目组成员提供具体指导 ● 负责项目目标推进过程的整体把握和具体分析，拥有时间管理能力和多重任务领导能力 ● 拥有出众的表达能力、口头的和书面的沟通技能 ● 有很强的领导才能和商业谈判技巧 ● 是一个有效率的决策者 ● 拥有很强的组织才能

9.5　团队建设

现代软件项目的开发，已是团队的作业，需要多人协同工作，项目才能成功地完成。团队建设活动包括安排挑战性工作、奖励与表扬体系的建立、集中办公等。

项目组成员形成团队不仅是项目成功的保证，而且也能满足成员的需求，软件开发项目团队的特征是：

- 共同认可的明确的目标
- 合理的分工与协作
- 成员积极的参与，互相信任
- 良好的信息沟通
- 高度的凝聚力与民主气氛
- 学习是一种经常化的活动

新“团队”建立的过程是：

- 利用 WBS 等工具决定需要做什么
- 确定需要什么样的团队成员
- 招聘团队所需的成员
- 制定项目计划

团队成员的基本要求如下：

- 具备项目工作所需要的技能
- 候选人的需要可以通过参与项目而实现
- 具有与原有员工相融的个性
- 不反对项目工作的各种约束，如加班、纪律和制度等

团队从诞生到解散的各个阶段如图 9.8 所示。

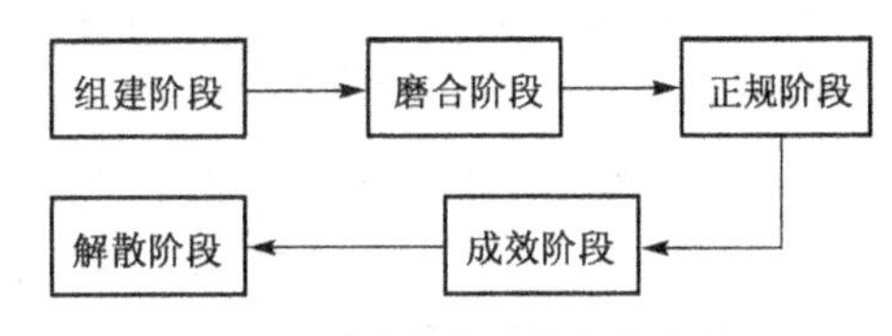

图 9.8　团队发展的各个阶段

建设团队常用的工具与方法有：

- 团队建设活动
- 一般管理技术
- 绩效考评与奖励系统
- 人员配置
- 培训

为了让团队成员全身心投入于项目团队中，成员交流经常化，使他们感觉团队的存在，确保参与团队可以实现成员需要，使每个成员知道项目的重要性，因为每个成员不希望成为“失败者”，所有成员共享团队目标，防止“一只老鼠坏一锅汤”。另外，应使团队中的竞争减低到最小，团队成员只与其他团队的成员竞争，加强学习和培训。

有效的项目经理必须是一个出色的团队建设者。为保证团队有效，提出以下建议：

- 对团队成员要有耐心、友好。
- 解决问题而不是责备别人。把注意力放在行为上，从而帮助他们解决问题。
- 召开经常性的、有效的会议。注重项目目标的实现以及产生有效的结果。
- 把每个工作组的人数限制在 3～7 人。
- 组织活动帮助项目组成员和其他的项目干系人更好地相互了解，社会活动有趣而不是强制性的。
- 强调团队的同一性，创建团队成员喜欢的传统。

- 教育培养项目组组员，鼓励他们相互帮助。认识并提供培训以帮助个人和项目组成为一个更有效的整体。
- 认可个人和团队的成绩。

人力资源管理和团队建设，对于绝大多数软件项目来说都是非常重要的。软件项目经理要积极听取他人的意见，解决他们关心的问题，创造个人和项目组共同发展和进步的良好环境。

9.6 人力资源的建设

前面介绍了团队建设，而团队是靠人来运作的。人是软件项目中最为宝贵的财富。在软件项目的开发过程中，必须选拔合格的成员，在开发过程中培养和锻炼每个人，给每人以充分的发展空间，项目开发的过程也是个人自身价值升值的过程。这需要建立一个祥和、友善、互助、向上的工作氛围。另外，项目经理的工作安排要合适，任务要明确，多协作，少冲突，避免在同一领域展开员工间不必要的竞争。本节从项目组人员的培训、考核以及团队建设等方面对人力资源的建设进行说明。

9.6.1 人员的培训

员工的培训可以确保获得项目组织所需要的人才，增加组织的吸引力以留住人才，减少员工的挫折感。

在软件开发的项目组中，理想的人员结构是新老结合、高低结合。以老带新、水平高的带动水平弱的人员，将形成一个好的学习氛围。组织专门的技术讲座，派人参加技术培训，每周安排一个固定的时间举办技术沙龙，互相交流学习等方式，都能起到很好的培训效果。

在实施“厦兴化工 ERP 系统”时，有下列培训管理方法：

- 制定严谨的培训计划。
- 培训签到制度，参与培训的情况记入人事个人档案，作为评鉴员工技能的参考。
- 培训意见反馈，填写培训反馈表，通过项目周例会，反馈意见，作为后续培训的改进意见。
- 培训测试，分模块进行测试，结果传送人事管理部门。
- 软件人员作全程的协调工作。

在项目启动时，有关 ERP 的初始初培训课程表如表 9.4 所示。

表 9.4 “厦兴化工 ERP 系统”初级培训表

课程	课程目的	天数	培训时间	参加对象		
				主任级成员	IT人员	关键用户
工厂现有状况培训	介绍企业状况与作业基本流程	0.5	2008-5-19 下午		●	
项目总揽介绍	介绍项目目标，实施策略，阶段和计划	0.25	2008-5-20 上午	●	●	●
ERP 管理思想概念介绍	ERP 概念和管理思想，对企业带来的变革和效益	0.25	2008-5-20 上午	●	●	●
SAP 功能概念介绍	介绍 SAP 总体功能框架，关键业务流程和专业术语	0.5	2008-5-20 下午	●	●	●
物料管理培训（MM）	介绍采购管理，库存管理，供应商评估，批号管理等业务	3	2008-5-21～2008-5-23		●	●
销售与分销培训（SD）	介绍销售管理，信用管理等	3	2008-5-26～2008-5-28		●	●
财务会计培训（FI）	介绍应收、应付、总账等业务	3	2008-5-29 2008-6-02～2008-6-03		●	●
生产管理（PP）	介绍 BOM/工艺管理、生产计划管理、生产订单管理、生产计算	2	2008-6-04～2008-6-05		●	●

续表

课程	课程目的	天数	培训时间	参加对象		
				主任级成员	IT 人员	关键用户
管理会计(CO)	成本中心，利润中心，内部订单，产品成本核算等业务	3	2008-6-06 2008-6-09～ 2008-6-10		●	●
人力资源管(HR)	介绍人事管理、薪资管理	2	2008-6-11～ 2008-6-12		●	●
资金管理培训(TR)	预算管理、现金管理、贷款管理等业务	2	2008-6-23～ 2008-6-24		●	●
天数小计		19.5				

9.6.2　考核与激励

项目人力资源绩效考核，是人力资源管理的一个重要组成部分，考核的步骤为：

(1) 成立专门的评估小组

(2) 进行全方位的绩效评价

(3) 评估结果公开

(4) 评估结果和人事决策直接相连

在一个开发组中，人员的考评主要根据其工作业绩来体现，有专门量化的考核指标作为考评的标准，通常使用的考评资料包括工作报告单、工作检验和评审表、编制的文档，主管和客户的评议也可作为考核的一个重要参考。

对于软件开发的项目组来说，项目组成员大多数都是接受过高等教育的专业人才，但每个人有不一样的主导需求。作为项目的管理者，除检查他们的工作进度外，要采取适当的措施来激励项目组成员的积极性。比如，充分肯定他们的成绩，对他们的进步加以赞扬、增加项目补贴、张榜或项目组会议上表扬等。同时，还要关心和解决成员日常生活中的一些问题，增强他们对集体的认同感。

考核时应考虑公正公平和公开的原则，考核尽可能量化，附件 6 是实施“厦兴化工 ERP 系统”时，对关键用户的量化评估表。

项目人力资源管理案例分析

这是第三次从信息技术部派人与 F-44 飞机项目的负责人本(Ben)一起工作。本在这个公司工作了大约有 30 年，他在公司以对偏差要求严格和苛刻著称。公司在 F-44 升级项目上由于系统升级所需的部件未按时送达而遭受损失。加拿大政府在合同书中写的有关项目延迟的罚金条款非常严厉，其他的客户也威胁说要另寻合作伙伴。F-44 飞机项目经理把责任都归咎于信息技术部，责怪该部没有让人员直接参与项目信息系统的升级，不然他们就可以与客户和供应商更有效率地沟通和工作。该信息系统建立在老的技术基础之上，以至于公司只有少数人知道如何使用。此外，项目组要花几天甚至好几个星期才能获得所需信息。

高级程序员埃德·戴维森和内部信息技术业务顾问萨拉·艾丽斯共同出席了一个会议。萨拉 30 岁出头，在公司晋升得特别快，主要是由于她与不同类型的人协作的热情和能力。萨拉的工作就是揭示 F-44 飞机项目信息技术支持中出现的真正问题，以及如何与本和他的项目组解决这些问题。如果她发现有必要对信息技术的硬件、软件或者人员进行进一步的投资，就要写一份商业文件来说明投资的理由，并和埃德、本以及项目组一起尽快实施所建议的解决方案。本和他的三个下属一同走进会议室。本把书扔在桌子上，开始对埃德和萨拉大喊。当萨拉和本面对面站着开始大吵时，埃德简直难以相信自己的眼睛和耳朵。

萨拉对着本也大声指责之后，本说“你是第一个敢对我吐露直言的人。”做了一个简短的介绍之后，萨拉、本和其他参加会议的人一起对 F–44 项目真正出现了问题进行深入讨论。本的部门需要一个特殊的软件并从旧系统下载关键信息，这样他们就可以更好地管理项目，萨拉可以就此写一份凭证。当萨拉和本面对面并对着他大声指责时，她使用了称为“映照”的方法来建立人际关系。虽然萨拉绝不是一个大嗓门和令人讨厌的人，但是她看到了本正是这种人，于是决定映照他的行为和态度。她从本的角度出发想问题，这么做有助于打破僵局，萨拉、本和其他参加会议的人能真正开始沟通，作为一个团队共同合作来解决问题。

本章小结

本章说明了人力资源管理对软件开发项目的重要性，定义人力资源管理的主要过程，说明人力资源管理的关键理论，讨论了组织计划编制，并说明如何建立责任分配矩阵，介绍了项目人员获取和资源负载、资源平衡，解释有助于团队建设和人力资源建设的工具和技术。

复习思考题

1. 理解软件项目人力资源管理的定义和过程。
2. 理解马斯洛的层次需求理论和赫兹伯格双因素理论。
3. 理解项目经理的九条影响力，使用哪些影响力，项目更容易成功(导致失败)？
4. 理解有效的管理幅度和合理的管理层次。
5. 组织计划编制的输出结果有哪些？
6. 如何你是项目经理，如何减少项目组人员异动？
7. 分析人员获取中的内部招聘和外部招聘的优、缺点。

第 10 章　软件项目的文档管理和配置管理

软件开发过程中，文档管理是重要的工作，软件开发的每个过程都必须编制开发文档。而实际开发过程中，文档在编制、整理、保存和使用存在着许多问题。因为软件项目工程进度紧，或者编制工作比较烦琐，文档工作往往被项目组成员所忽视，软件开发人员中较普遍地存在着对编制文档厌烦和不感兴趣的现象。

从用户方面看，他们常常会抱怨文档不够完整，或者文档编写得不好，文档已经陈旧或是文档太多，难于理解和真正起作用等。本章将介绍对文档的要求，写哪些文档，文档说明什么问题。

为了更好地管理好软件项目的文档、程序，必须做好配置管理，即在多用户、多产品的软件版本环境下，如何进行版本和文档管理。本章也将介绍软件开发的配置管理部分的内容。

10.1　软件文档概述

软件文档(Document)也称文件，是指某种数据媒体和其中所记录的数据，它具有固定不变的形式，可被人和计算机阅读。在软件工程中，文档用来表示对需求、工程或结果进行描述、定义、规定、报告或认证的任何书面或图示的信息，描述和规定了软件设计和实现的细节，说明使用软件的操作命令。文档也是软件产品的一部分，没有文档的软件就不成为软件。软件文档的编制在软件开发过程中占有突出的地位和相当大的工作量。高质量的文档对于转让、变更、修改、扩充和使用文档，对于发挥软件项目的效益有着重要的意义。一般地说，文档的作用有：

- 用户与系统分析人员进行沟通
- 系统开发人员与项目管理人员在项目开发期的沟通
- 前期开发人员与后期开发人员的沟通
- 测试人员与开发人员的沟通
- 开发人员与系统维护人员的沟通
- 用户与维护人员在系统运行维护期间的沟通

软件文档的作用是提高软件开发过程的能见度，提高开发效率，作为开发人员阶段工作成果和结束标志，记录开发过程的有关信息以便使用与维护。提高软件运行、维护和培训的有关资料，便于用户了解软件功能、性能等。在某些程度上，文档比程序脚本更重要。它是重要的沟通桥梁。

10.2　文档的种类与编制进度

10.2.1　文档的分类

按照文档产生和使用的范围，软件文档大致分为开发文档、管理文档和用户文档三类。

(1) 开发文档

这类文档是在软件开发过程中，作为软件开发人员前一阶段工作成果的体现和后一阶段的工作依据的文档。包括可行性分析报告、软件需求说明书、数据要求说明书、概要设计说明书、详细设计说明书、项目开发计划。

(2) 管理文档

这类文档是在软件开发的过程中，由软件开发人员制定的需提交给相关人员的一些工作计划或工作报告。使管理人员能够通过这些文档了解软件开发项目安排、进度、资源使用和成果等，包括项目开发计划、测试报告、开发进度月报及项目开发总结。

(3) 用户文档

这类文档是软件开发人员为用户准备的有关该软件使用、操作、维护的资料，包括用户手册、操作手册、维护修改建议、软件需求说明书。

10.2.2 软件文档种类

针对一般的软件工程项目，文档的种类有：

- 可行性分析报告：说明该软件开发项目的实现在技术上、经济上和社会因素上的可行性，评述为了合理地达到开发目标可供选择的各种可能实施方案，说明并论证所选定实施方案的理由。
- 项目开发计划：为软件项目实施方案制订出具体计划，应该包括各部分工作的负责人员、开发的进度、开发经费的预算、所需的硬件及软件资源等。
- 软件需求说明书(软件规格说明书)：对所开发软件的功能、性能、用户界面及运行环境等做出详细的说明。它是在用户与开发人员双方对软件需求取得共同理解并达成协议的条件下编写的，也是实施开发工作的基础。该说明书应给出数据逻辑和数据采集的各项要求，为生成和维护系统数据文件做好准备。
- 概要设计说明书：该说明书是概要实际阶段的工作成果，它应说明功能分配、模块划分、程序的总体结构、输入输出以及接口设计、运行设计、数据结构设计和出错处理设计等，为详细设计提供基础。
- 详细设计说明书：着重描述每一模块是怎样实现的，包括实现算法、逻辑流程等。
- 用户操作手册：详细描述软件的功能、性能和用户界面，使用户对如何使用该软件得到具体的了解，为操作人员提供该软件各种运行情况的有关知识，特别是操作方法的具体细节。
- 测试计划：为做好集成测试和验收测试，需为如何组织测试制订实施计划。计划应包括测试的内容、进度、条件、人员、测试用例的选取原则、测试结果允许的偏差范围等。
- 测试分析报告：测试工作完成以后，应提交测试计划执行情况的说明，对测试结果加以分析，并提出测试的结论意见。
- 开发进度月报：软件人员按月向管理部门提交的项目进展情况报告，报告应包括进度计划与实际执行情况的比较、阶段成果、遇到的问题和解决的办法以及下个月的打算等。
- 项目开发总结报告：软件项目开发完成以后，应与项目实施计划对照，总结实际执行的情况，如进度、成果、资源利用、成本和投入的人力，此外还需对开发工作做出评价，总结出经验和教训。
- 软件维护手册：主要包括软件系统说明、程序模块说明、操作环境支持软件的说明、维护过程的说明，便于软件的维护。
- 软件问题报告：指出软件问题的登记情况，如日期、发现人、状态、问题所属模块等，为软件修改提供准备文档。
- 软件修改报告：软件产品投入运行以后，发现了需对其进行修正、更改等问题，应将存在的问题、修改的考虑以及修改的影响做出详细的描述，提交审批。

“厦兴化工 ERP 系统”项目中，设立专门的服务器存放文档，下设项目管理、项目准备、蓝图设计、系统实现、上线准备、上线支持六个子目录，分别存放每一阶段的电子文档，各子目录存放的文件如下：

- 项目管理：存放管理制度、会议纪要、问题记录、项目周例会、项目阶段汇报等有关的文档或目录。
- 蓝图设计：存放组织结构定义、各模块 AS-IS 和 TO-BE 流程图设计文档、主数据流程文档等。
- 系统实现：存放配置文档、单元测试文档、权限需求文档等。
- 上线准备：存放培训计划、操作手册、数据准备类文档。
- 上线支持：存放维护清单、上线方案等文档。
- 文档采用标准模板编制，并用统一的命名规则，会议纪要的模板如图 10.1 所示。

会议纪要

会议议题：管理部废料业务讨论会议	
参加人员：×××，×××，×经理，MM 项目组 IT，管理部，财务×××	
主持人员：×××	记录人员：×××
会议地点：IT 办公室	会议时间：2008/07/02

会议目的：

管理部废料处理业务流程的确定(AS-IS, TO-BE)

会议记录：

确认内容：

图 10.1　会议纪要模板

10.2.3　文档的编制时间表

软件文档是在软件开发周期中，随着各个阶段工作的开展适时编制的。有的文档仅反映某一阶段的工作，有的则需跨越多个阶段，表 10.1 说明了在通常情况下，各种文档应在软件生存期中哪个阶段编写，表 10.2 说明了项目组人员与文档的编制任务的关系。

表 10.1　文档的编制时间表

文档 \ 阶段	可行性研究与计划	需求分析	软件设计	编码与单元测试	集成与系统测试	运行维护
可行性分析报告	→					
项目开发计划	→	→				
软件需求说明书		→				
数据要求说明书		→				
测试计划						
概要设计说明书			→			
详细设计说明书			→			
用户手册		→	→	→	→	
操作手册			→	→		
测试分析报告					→	
开发进度月报	→	→	→	→	→	→
项目开发总结					→	
程序维护手册（维护修改建议）						→

表 10.2　项目组人员与文档的编制表

文档＼用户	管理人员	开发人员	维护人员	用　户
可行性分析报告	√	√		
项目开发计划	√	√		
软件需求说明书		√		
数据要求说明书		√		
测试计划		√		
概要设计说明书		√	√	
详细设计说明书		√	√	
用户手册		√		√
操作手册		√		√
测试分析报告		√	√	
开发进度月报	√			
项目开发总结	√			
程序维护手册(维护修改建议)	√		√	

10.3　文档的质量要求及其规范

10.3.1　高质量的文档特征

为了使软件文档能起到前面所提到的多种桥梁作用，使它有助于程序员编制程序，有助于管理人员监督和管理软件开发，有助于用户了解软件的工作和应做的操作，有助于维护人员进行有效的修改和扩充，文档的编制必须保证一定的质量。质量差的软件文档不仅使读者难于理解，给使用者造成许多不便，而且会削弱对软件的管理(管理人员难以确认和评价开发工作的进展)，增高软件的成本(一些工作可能被迫返工)，甚至造成更加有害的后果(如误操作等)。

造成软件文档质量不高的原因可能是：缺乏实践经验，缺乏评价文档质量的标准，不重视文档编写工作或是对文档编写工作的安排不恰当。

最常见到的情况是，软件开发过程中不能按进度表给出，不能分阶段及时完成文档的编制工作，而是在开发工作接近完成时集中人力和时间专门编写文档。另外，和程序工作相比，许多人对编制文档不感兴趣。于是在程序工作完成以后，不得不应付一下，把要求提供的文档赶写出来。这样的做法不可能得到高质量的文档。实际上，要得到真正高质量的文档并不容易，除去应在认识上对文档工作给予足够的重视外，常常需要经过编写初稿，听取意见进行修改，甚至要经过重新改写的过程。

高质量的文档应当体现在以下一些方面：

- 针对性：文档编制以前应分清读者对象，按不同类型、不同层次的读者，决定怎样适应他们的需要。例如，管理文档主要是面向管理人员的，用户文档主要是面向用户的，这两类文档不应像开发文档(面向软件开发人员)那样过多地使用软件的专业术语。
- 精确性：文档的行文应当十分确切，不能出现多义性的描述。同一课题若干文档内容应该协调一致，应是没有矛盾的。
- 清晰性：文档编写应力求简明，如有可能，配以适当的图表，以增强其清晰性。

- 完整性：任何一个文档都应当是完整的、独立的，它应自成体系。例如，前言部分应做一般性介绍，正文给出中心内容，必要时还有附录，列出参考资料等。同一课题的几个文档之间可能有些部分相同，这些重复是必要的。例如，同一项目的用户手册和操作手册中关于本项目功能、性能、实现环境等方面的描述是没有差别的。特别要避免在文档中出现转引其他文档内容的情况。比如，一些段落并未具体描述，而用“见××文档××节”的方式，这将给读者带来许多不便。
- 灵活性：各个不同的软件项目，其规模和复杂程度有着许多实际差别，不能一律看待。对于较小的或比较简单的项目，可做适当调整或合并。比如，可将用户手册和操作手册合并成用户操作手册；软件需求说明书可包括对数据的要求，从而去掉数据要求说明书；概要设计说明书与详细设计说明书合并成软件设计说明书等。
- 可追溯性：由于各开发阶段编制的文档与各阶段完成的工作有着紧密的关系，前后两个阶段生成的文档，随着开发工作的逐步扩展，具有一定的继承关系。在一个项目各开发阶段之间提供的文档必定存在着可追溯的关系。例如，某一项软件需求，必定在设计说明书、测试计划以至于用户手册中有所体现，必要时应能做到跟踪追查。

10.3.2　文档的格式

在编制文档时，格式必须统一，风格必须一致。

10.4　文档的管理和维护

在软件生存期中，各种文档作为半成品或是最终成品，会不断生成、修改或补充。因此，必须对文档进行管理和维护。一般地说，文档的管理包括：

- 文档管理制度化
- 文档标准化、规范化
- 维护文档的一致性
- 维护文档的可追踪性

对于一个具体的应用软件项目，项目经理应先确定一个文档的编制方案，主要包括：

- 应该编制哪几种文档，详细程度如何；
- 各个文档的编制负责人和进度要求；
- 审查、批准的负责人和时间进度安排；
- 在开发期间内各文档的维护、修改和管理的负责人，审核的手续；
- 在规范化的项目组织中，应设一位文档管理员（可兼职），负责集中保管本项目已有的文档，通常保存两套，其中的一套可办理借阅手续。

在新文档取代旧文档时，管理人员应及时注销旧文档。在文档内容有变更时，管理人员应随时修订主文本，使其及时反映更新了的内容。在规模较大的软件项目中，主文本的修改还需要经过审批的流程。

项目开发结束时，文档管理人员应收回开发人员的个人文档。发现个人文档与主文本有差别时，应立即着手解决。

在软件开发过程中，各种文档的变更是不可避免的，因此要进行软件配置管理。要对各种软件版本和文档版本进行管理和控制，这样才能保证文档、软件的一致性和完整性。

文档采用自动备份的方式(项目组开发了备份的小软件)，每天备份一次，备份资料保留7天。部分文档采用纸质的文件进行保存。

基于软件工程的项目，其需求分析、概要和详细设计等文档的提纲如附件7所示。

10.5 软件项目的配置管理概述

在进行软件项目开发时，随着项目的进展，逐渐形成许多代码和文档，下面的问题开始出现：

- 源代码和文档数量的急剧增加；
- 经常需要与错综复杂的多用户、多产品的软件版本打交道；
- 开发小组成员间源代码的更新和保存记录变得越来越复杂；
- 产品的多版本导致磁盘空间占有量大。

实际上，上述问题可以归结为一个问题，即配置或版本控制问题，开发人员追踪、记录整个开发过程而产生许多不同版本的程序源代码。另外，在软件开发时，变更是不可避免的，而变更时由于没有进行变更控制，可能加剧了项目管理中的混乱，为协调软件开发使得混乱减少到最小，使用配置管理技术，使变更所产生的错误达到最小并有效地提高生产率。在实施“厦兴化工ERP系统”时，虽使用成熟的SAP产品，但还是有许多报表需要开发，许多文档要进行编制，所以与“某市人事信息管理平台”项目一样，存在源代码配置管理问题。

从CMM的实施情况来看，配置管理实际上是项目管理的基础工作之一。原因如下：

- 软件配置管理是一个相对独立的管理活动，也就是说，配置管理活动不一定依赖其他的管理活动的开展。在很多企业中，配置管理完全可以在其他的管理活动没有开展或者还不成熟时独立进行。
- 其他许多的管理活动，多数都要以完善的配置管理作为基础。比如说需求管理，对需求管理而言，无论需求的变更影响分析，还是需求的变更执行都是依赖在变更控制和配置管理基础上的。其他的比如项目计划管理、质量管理、项目跟踪管理、子合同管理等都是类似的情况。
- 从实际经验的总结来看，配置管理是诸多管理活动中最易操作、最容易实现并且能在项目最先体现出效果的管理手段。配置管理相对其他的管理，技术性较强，变化不大，对开发人员来说收效明显，接受的程度高。

因此，项目组要将配置管理比做项目的“先行军”，首先要抓好的是建立一套完整的配置管理制度，有条件的还要建立配置管理工具环境，并在项目中推广实施。只有在此基础上，才能为今后更加深入的项目管理提供基础。

软件配置管理(Software Configuration Management，SCM)用于整个软件开发项目管理的整个过程。软件生存期各阶段的交付项，包括各种文档和所有可执行代码(代码清单或磁盘)组成整个软件配置，配置管理就是讨论这些交付项的管理问题。SCM是一组管理整个软件生存期各阶段中变更的活动。配置管理主要是进行技术上的管理，对产品的功能和设计特征以及辅助文档进行确认和控制。软件的配置项通常包括计算机程序、数据和文档。软件项目配置管理的主要工作是：

- 确定、记录项目产品的功能和结构特征
- 对产品的变更进行控制、记录和报告
- 对产品进行审查以考察其与要求的一致性

在软件开发过程中，系统设计规格说明可能是一些独立的文档或层次图；系统代码将由成百上千个模块的源代码，加上与之相应的目标文件组成；在验收后的阶段，由于系统的提高和改进，将引起系统成分及其文档的不同版本分别发行给用户。不难看出，一个开发组可以生产出几百或上千种独立的交付项，所有这些交付项形成一个相互依赖的层次网。而在开发和维护的各个步骤中，需要不断地再加工、修改和提高，因此任何交付项都可能有很多不同的版本，某一项的任何版本都与其他项的特定版本有关。防止相关项上下左右不一致引起的错误，是配置管理要解决的问题。当然解决这个问题的机制非常多，以至于需要一个独立的配置管理计划，作为质量管理计划的补充，而且应该让全体人员都知道，应怎样完成和控制他们的工作质量。

10.6　软件开发的基线

基线是软件生存期中各开发阶段的一个特定点，其作用是把开发阶段工作的划分更加明确化，使本来连续的工作在这些点上断开，以便于检查与肯定阶段成果。软件开发各阶段基线示例如图 10.2 所示。在开发的整个过程中和交付以后，因为发现错误和修正错误、或推翻原设计，以及改变系统需求等，系统将受到某种变化的影响，这些“干扰”自然会引起所有交付项存在多种版本。所以必须从所有交付项中确定一个一致的子集作为软件配置基线(Baseline)，如图 10.3 所示。基线不应看做是“决照”，不是在特定瞬间存在的时向脉冲，只是在各交付项版本中选定的一个。这些版本一般产生在不同的时期，但具有在开发的某一特定步骤上相互一致的性质，这是系统的统一，状态的一致。

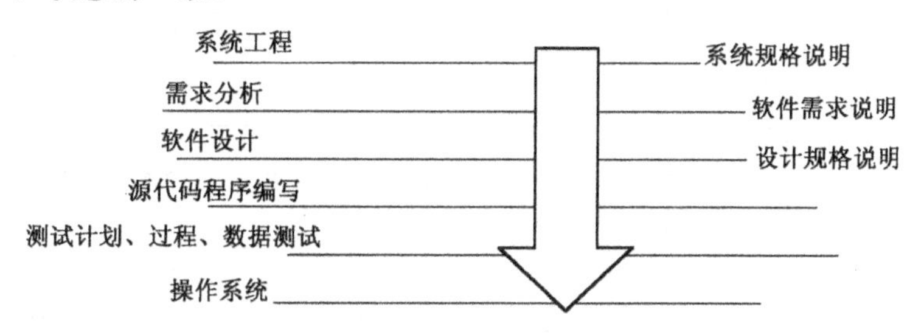

图 10.2　软件开发各阶段基线示例

(1) 基线可以作为一个检查点，特别是在开发过程中，当采用的基线发生错误时，可以返回到最近和最恰当的基线上，至少可以知道处于什么位置。

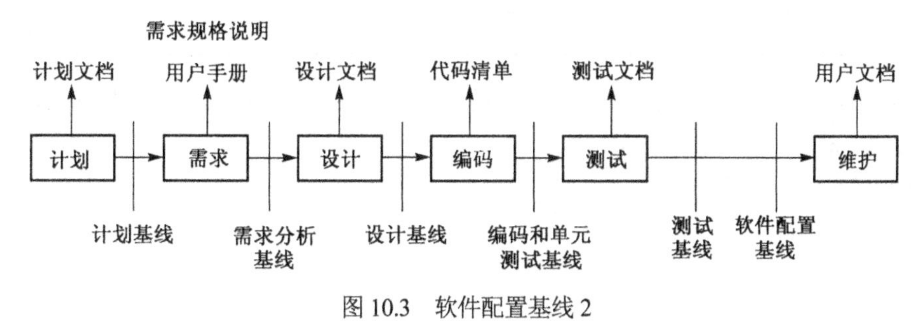

图 10.3　软件配置基线 2

(2) 基线可以作为区分两个或多个分叉的开发路径的起始点，这就比从各支路最初的交汇点开始为好。

(3) 对于开发组和用户，内部一致的基线是理想的正式评审目标。

(4) 包含测试系统的基线可以正式发行，用于评价或培训，或用于其他相关系统的辅助测试，或帮助用户充分发挥其作用。

“取得基线”是一项简单的抄写工作，必须做两件事：

- 把形成基线和各个版本要求的所有支付项制成表格；
- 保证交付项的每一种基线版本的副本放入项目档案，以保证不会损坏。

当然关键是确定全部支付项中，需要哪些版本，保证基线成分的一致性，并使全部项目都需要编入正式的控制之中。

当打算采用基线中的某些内容时，应当在早期确定基线，即在软件项目计划中，或是在软件项目管理计划中就确定。如果已经确定，那肯定是在配置管理计划中。尽管环境可能改变这张表，但还是有很多基线适应的标准位置。表 10.3 用矩阵形式说明交付项可能出现的基线类别。

表 10.3　基线的类别

交付项	基线							
	1	2	3	4	5	6	7	8
1. 功能规格说明	Y	Y	Y	Y	Y	Y	Y	Y
2. 系统模型	Y		Y	Y				Y
3. 项目计划	Y							
4. 质量管理计划		Y	Y					
5. 验收规格说明		Y						
6. 系统设计规格说明			Y	Y	Y	Y	Y	Y
7. 验收测试描述			Y	Y	Y	Y		
8. 模块规格说明				Y	Y	Y	Y	Y
9. 模块代码					Y	Y	Y	Y
10. 单元测试描述					Y	Y		Y
11. 用户文档						Y		Y
12. 培训计划						Y		Y
13. 系统变换计划表						Y		
14. 运行系统							Y	Y
15. 错误报告								Y
16. 提高要求								Y
17. 环境改变								Y

因为基线只是开发组自己保持对其输出控制的问题，需要向组外同行或组内特殊目的发行交付项。特别是对组外的人，一般发行的交付项包括：

- 硬件/软件接口规格说明
- 软件接口规格说明
- 早期原型
- 系统性能度量的早期版本
- 适于检查与硬件正确配合用的系统的早期版本

总之，了解交付项的哪个版本已经到了其他人那里是重要的，甚至组内的发行也同样重要。因为对所有的交付项都需要有详细的记录，其中包括版本号、建立日期，以及版本在交付项开发历史过程中所处的地位。面临的问题是交付项的版本号经常增大，但作为一般原则，可以说进入基线或发行以后，交付项只要改变，版本号就需要更新。记录基线就是要求列表，包括每一个项，以及它的版本号。有时也可以通过复制所有的交付项直接建立基线，使它们集中在一个活页夹内，或是一个磁盘组内，或一个磁盘目录内，目的是在更高的层次上再建基线。

10.7 配置控制

10.7.1 配置控制机制

配置控制的完善性取决于项的规模和与外部世界接口规模。随着项中开发活动数量增多，开发过程中产品处于不一致状态的可能性也增加了。在产品开发中，配置管理将经常要求处于这样一种状态，即必须像质量管理或项目管理那样对待资源和管理。1981 年 Bersoft 强调，在产品开发中需要对配置控制进行投资、组织、计划和管理。需要使用数据库或商务包支持这些工作，任务必须定义，人员，特别是管理员对任务必须认真负责。

在所处环境中，如果版本控制意义不大，那么简单的机制就足够了，也许只需某些形式和简单过程的微小组合。在这种情况下，有关机制的描述可包括在质量管理计划中，而无须单独的配置管理计划。重要的是把配置管理分为两个方面：一是应将交付项和它的后期修改置于配置控制之下(组织方面)；另一方面是如何记录配置管理活动，特别是交付项本身(物理方面)。

在选定基线和发行项之前，应当经过某种形式的评审，其目的是确定并记录项或项集的准确状态。这只是一项局部管理问题，但是大家希望发行的级别更高，取的基线更重要，这就需要发行和取基线的官方组织级别也更高。

根据定义，基线是不会改变的，然而如果在取得第一个基线以后，要进行一些重要改变，可以采用具有相同成分的新基线。此时要保留早先的评审和详细记录。将这种思想推广到交付项的发行中，就是不能再次发行原来发行过的版本。这里还有一个要求，即决定哪些项受到发行项改变的影响，而且所有包含这种改变的发行系统都将以新的版本级别重新发行。有一种情况限制着已发行交付项的正式过程的改变，即这些改变将直接影响项目的成本或时间。在进行改变以前(如功能规格说明)，可能不得不申请新的资金或延长时间。这个过程一般可采取下述几个基本步骤：

(1) 更改要求应指出可疑问题或要求功能上的改变；

(2) 阐述并评审这种改变的意义；

(3) 评价并提出成本与时间的关系，以得到有关单位的批准；

(4) 在理想改变和可承担费用之间逐步接近，找到一个折中的方案；

(5) 权威单位批准改变；

(6) 项目管理人安排所要求的改变；

(7) 给出配置控制过程，以收集改变及其引起的效果。

确定改变的波及效应的范围是本过程的重要部分，哪些项需要二次修改、再估价、重建和重新编译等，这就要求用手工或制表，或通过数据库设备记录交付项交付项之间的联系。不论采用哪种记录方法，都必须建立全部影响交付项的简表。除了保证记录内部关系外，还应保证记录每个交付项包含或携带它的版本和改变历史。新版本建立时，应详细叙述改变日期及先前版本之间的差别。

10.7.2 版本控制

软件配置实际上是一个动态的概念，它一方面随着软件生存期向前推进；另一方面随时会有新的变更出现，形成新的变种，如图 10.4 所示。

表达系统不同版本的一种表示方式是演变图，在图 10.4 中各个节点是一个完全的软件版本，软件的每一个版本都是源代码、文档及数据的一个收集，且各个版本都可能由不同的变种组成。图的右边具体说明了一个简单的程序版本：它由版本 1、2、3、4 和 5 组成，其中版本 4 在软件使用彩色显示器时使用，版本 5 在使用单色显示器时使用。因此，可以定义版本的两个变种。

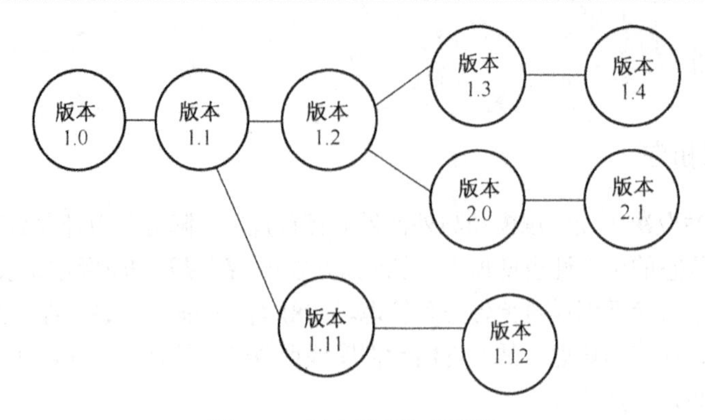

图 10.4　版本演变与变种图

项目组需要对每次需求、设计、编码、测试等的变更文档化、维护不同的需求版本，并维护详细的变更记录。

版本控制的混乱，将导致项目管理的混乱，比如，需求变更只通知了需求分析人员和设计人员，开发组仍然在根据变更前的版本编码，测试组根据变更前的版本测试。因此，必须将最新的需求版本及时通知项目组所有相关人员。

为了尽量减少困惑、冲突、误传，应该指定专人维护需求版本(一般是配置组)。版本控制包括用版本控制工具来存储需求文档，例如用登录(Check-in)和检出(Check-out)程序来管理源代码。

10.7.3　变更控制

软件开发项目中某一阶段的变更，均要引起软件配置的变更，对于这种变更必须严格地进行控制，图 10.5 是一个变更的控制过程图。

软件控制包括建立控制点和建立报告与审查制度。对于一个大型软件来说，不加控制的变更很快就会引起混乱。因此变更控制是一项最重要的软件配置任务。在图 10.5 的变更的控制过程中，“检出”和“登录”处理实现了两个最重要的变更控制要素，即存取控制和同步控制。存取控制管理用户存取和修改一个特定软件配置对象的权限。同步控制可用来确保不同用户所执行的开发变更。

10.8　配置管理计划

软件配置管理计划对于配置管理实施的重要性毋庸多言。配置计划可以按模块来组织，看别人做的配置管理计划或者模板，可避免自己走一些弯路。应该学习的是计划软件配置管理实施的思路，毕竟各个开发团队不同的地方太多了。下面给出项目使用配置计划的一些经验。

1. 考虑投入产出比

作为一个配置管理实施的执行人员，怎么样才能够保证这项活动的成功呢？说起来很简单，但是也是最重要的第一步，就是定义“成功”。

很多负责配置管理实施的人员都是技术人员出身，出于对技术的热情，希望能把所有在技术上很“诱人”的东西都实践起来。但是，要提防远离了通向成功的方向。为什么要实施软件配置管理？因为有效的配置管理可以帮助提高软件产品质量，提高开发团队工作效率。

什么是“成功”的配置管理实施？很简单，只要比较配置管理实施活动前后，软件产品的质量是不是得到了提高、开发团队是不是能够工作在一个有助于提高整体工作效率的配置管理平台上。

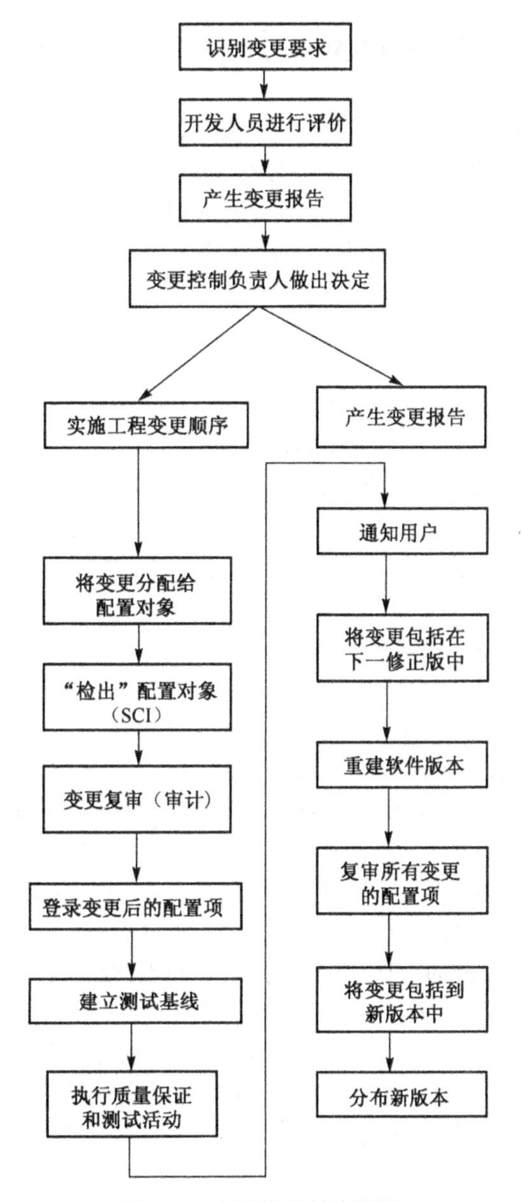

图 10.5　变更的控制过程图

软件配置管理活动在整个开发活动中是一项支持性、保障性的工作，它本身并不直接为企业产出可以直接赢利的工作成果；而配置管理每一项活动都需要消耗人力，有些还需要购置专门的工具来支持活动的进行，这些都会增加项目的成本。

所以，在计划实施配置管理时要做哪些事情的时候，要认真界定每一项活动，取舍的标准是从事这项活动是不是真正有助于项目组实施活动的成功，它对于提高我们产品的质量有多大的帮助，能否帮助开发团队更高效率地工作。

大多数情况下，软件项目组织会投入做配置管理，用投资回报率(ROI)来衡量是否成功。

2．评估开发团队当前配置管理现状

开发团队当前配置管理的现状，是计划配置管理实施的基础，对于配置管理现状的评估，可以自己进行，也可以引入外部专业咨询人员来完成评估活动。

自己进行评估的话，可以参照 SW-CMM 中关于软件配置管理这个关键过程域的资料来完成自我评估的工作。

引入外部专业咨询人员进行评估有两个好处，一是通常这样的咨询人员有比较丰富的配置管理实施经验，评估工作可以进行得更加细致，而且通常咨询人员会在评估结果的基础上提出实施的建议；二是引入外部人员，通常评估结果会比内部自我评估更客观，缺点是需投入一定的费用。

不管以何种方式进行，评估这个步骤的工作是要仔细进行的。有了评估的结果，才谈得上改进。做好这个工作，比到处去找一份配置管理计划的模板更有意义。配置计划的纲要模板见附件 8。

3. 定义实施的范围

对于没有正式实施过软件配置管理的开发团队来说，在配置管理方面存在的问题可能会比较多；经过评估，会找出来很多需要改进的点，那么怎么样来计划改进的工作步骤呢？

如果软件配置管理计划，从基本的版本控制、基线管理、变更管理，到软件构建的管理（Build Management）、配置审核（Auditing）、配置状态的报告，什么都做在计划里了，如果项目团队以前没有太多配置管理的概念，计划的落实就会成为问题。不应为技术而技术、为流程而流程，流程改进应该是以结果为导向的（Result Oriented）。配置管理的实施也是如此，应当在当前评估的基础上，抓住团队最头疼的几个问题，努力想办法解决这些问题。

流程改进是一个持续的历程，一个阶段会有一个阶段改进的重点，抓住重点、做出成绩，才是有效的改进之道，这也是实施“厦兴化工 ERP 系统”的经验和体会。

俗话说，兵马未动，粮草先行。配置管理的实施需要消耗一定的资源，在这个方面一定要预先规划。

具体地说，配置管理实施主要需要两方面的资源要素：一是人力资源，二是工具。人力方面，因为配置管理是一个贯穿整个软件生命周期的基础支持性活动，所以配置管理会涉及团队中比较多的人员角色。比如，项目经理、配置管理员、开发人员、测试人员、集成人员、维护人员等。

软件项目组如果在一个良好的配置管理平台上，并不需要开发人员、测试人员等角色了解太多的配置管理知识，所以配置管理实施的主要人力资源会集中在配置管理员上。配置管理员是一个比较奇妙的角色，对于一个实施了配置管理、建立了配置管理工作平台的团队来说，他是非常重要的，整个开发团队的工作成果都在他的掌管之下。他负责管理和维护的配置管理系统如果出现问题的话，轻则影响团队其他成员的工作效率，重则可能出现丢失工作成果、发布错误版本等严重的后果。

然而，由于传统不了解配置管理重要性的原因，在国内的开发团队中，通常大家都不愿意去做配置管理员。比如，国内项目组织，可能会选出来一个不喜欢做开发工作的女孩来担任配置管理员。在国外一些比较成熟的开发组织中，配置管理员被称为 CMO（Configuration Management Officer），或者是配置经理；他们被称为项目经理的左手。从这两个称谓可以看出他们对于配置管理员的重视。国外在选拔配置管理员的时候，也有相当高的要求，比如，有一定的开发经验，对于系统（操作系统、网络、数据库等方面）比较熟悉，掌握一定的解决问题（Trouble Shooting）的技巧，在个人性格上，要求比较稳重、细心。在配置管理员这个资源配置方面，要注意后备资源（Backup）的培养。

10.9 软件配置工具

根据大量的实践经验，配置管理需要有一套配置管理自动化的平台，也就是一个配置管理工具作为实施的基础。一套功能强大、实施容易、管理方便的配置管理工具，可以极大地提高配置管理的实施效果，尤其是可以得到项目组开发人员的大力支持。在配置管理工具的选型上，可以综合考虑下面的一些因素。

首先是经费。市场上现有的商业配置管理工具，Visual SourceSafe、Rational ClearCase、Borland StarTeam 等，大多价格不菲。到底是选用开放源代码的自由软件，还是采购商业软件；如果采购商业软件的话，选择哪个档次的软件，这些问题的答案取决于公司的投入。

一般来说，如果经费充裕的话，采购商业的配置管理工具会让实施过程更顺利一些，商业工具的操作界面通常更方便一些，与流行的集成开发环境(IDE)通常也会有比较好的集成，实施过程中出现与工具相关的问题也可以找厂商解决。

如果经费有限的话呢，就不妨采用共享软件，如 CVS 之类的工具。其实无论在稳定性还是在功能方面，CVS 的口碑都非常好，很多组织成功地在 CVS 上完成配置管理的工作。如果你(或者你的配置管理员)不是一个依赖性很强的人，喜欢自己钻研、自己去寻找资料解决问题，CVS 会是一个不错的选择。另外就是 SVN 或 RapidSVN 软件，在软件项目不是很大的情况下，也可以选用。RapidSVN 的界面，如图 10.6 所示。

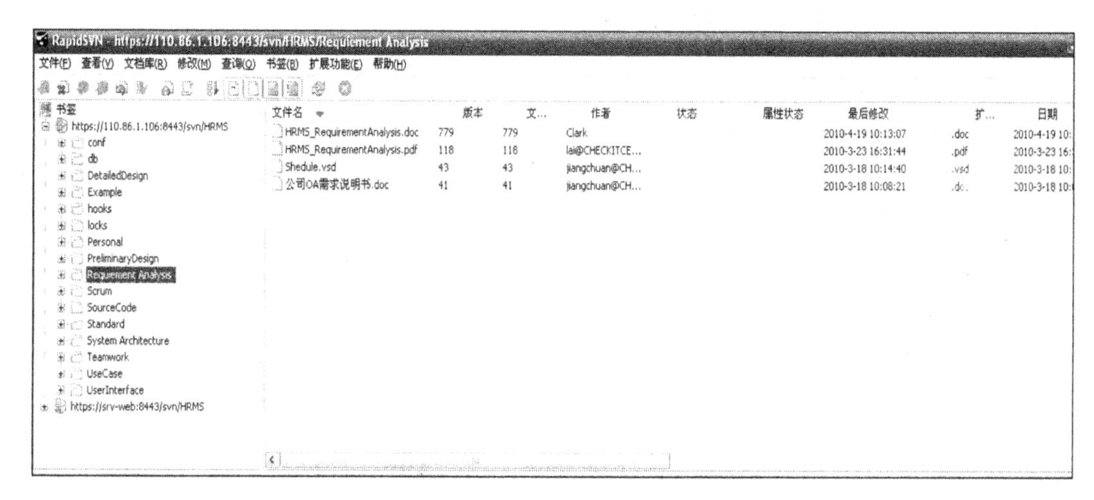

图 10.6　Rapid SVN 配置管理工具的界面

在开发“某市人事信息管理平台”项目中，采用了 VSS 作为配置工具。Microsoft Visual SourceSafe (VSS) 6.0 作为 Microsoft Visual Studio 6.0 开发产品家族的一员，是微软公司提供的一种软件的配置与版本控制工具，项目组在编写代码过程中，可以用它来实现源程序和文档的并发控制、历史记录回溯、版本控制等。

Microsoft VSS 6.0 解决了软件开发小组长期所面临的版本管理问题，有效地帮助项目开发组的负责人对项目程序进行管理，将所有的项目源文件(包括各种文件类型)以特有的方式存入数据库。开发组的成员通过版本管理器将项目的源程序或子项目的源程序复制到各个成员自己的工作目录下进行调试和修改。VSS 也支持多个项目之间文件的快速高效的共享。每个成员对所有的项目文件所做的修改都将被记录到数据库中，从而使得恢复和撤销在任何时刻、任何位置都成为可能。

配置管理案例分析

某化学品跟踪信息系统项目组正在紧锣密鼓地进行，“我终于实现了库存报告中重排序的功能。”莎丽在项目的每周例会上说。“噢，用户在两周前就取消这个功能了，”项目管理者说，“你没看改过的软件需求规格说明吗？”

如果以前曾听过这样的谈话，一定知道浪费时间为已废弃的需求工作会使员工很沮丧。

本章小结

本章说明了软件文档的概念，软件开发文档的种类，举例说明文档编制进度和时间安排，提出了文档的质量要求及其规范，说明如何进行文档的管理和维护，还介绍了软件项目的配置管理及作用，论述了软件开发的基线，配置控制包括配置控制机制、版本控制、变更控制，介绍了项目使用配置计划的一些经验，最后简要介绍日常软件项目管理过程中的软件配置工具。

复习思考题

1. 什么是软件文档？软件开发的文档有哪些种类？
2. 软件开发文档的质量有哪些要求和规范？
3. 理解文档的管理和维护。
4. 理解软件项目的配置管理。
5. 理解软件开发的基线及种类。
6. 配置控制包括哪些内容？
7. 列举几种软件配置工具，分析项目组如何选择配置工具。

第 11 章　软件项目的沟通管理

软件项目的实施和管理，既要有统一的制定计划，还要有一套适时的监控执行方法，发挥整个项目开发中的创造性和自主性，这样就必须有一个灵活而且容易使用的沟通方法的过程，从而使项目中重要的项目信息及时最新，做到实时同步。

沟通管理的目标是及时并适当地创建、收集、发送、储存和处理项目的信息，标准的项目沟通包含沟通计划、信息传递、实施情况报告、管理收尾四个过程。

一个高效的软件项目团队需要具有高效的沟通能力，团队拥有全方位的、各种各样的、正式的和非正式的信息沟通渠道，如项目组织应擅长于运用会议、座谈等直接的沟通形式，保证团队沟通直接、高效、层次少、基本无滞延。沟通不仅是信息的沟通，更重要的是情感的沟通。一个高效的项目团队具有开放、坦诚的沟通气氛，项目成员在团队会议中能充分发表意见，倾听、接纳其他成员和客户的意见，并经常能得到有效的沟通。

11.1　沟通的含义、重要性和模式

许多专家都认为：对于成功，威胁最大的就是沟通的失败。软件开发项目成功的三个主要因素分别为：用户的积极参与，明确的需求表达，管理层的大力支持。这三要素全部依赖于良好的沟通技巧。

11.1.1　沟通的含义

软件项目的沟通管理就是要保证项目信息及时且正确地提取、收集、传储、存储以及最终进行处置，保证项目组织内部和外部的信息畅通。项目沟通管理包括为了确保项目信息及时适当地产生(Generation)、收集(Collection)、传播(Dissemination)、保存(Storage)和最终配置(Ultimate Disposition)所必需的过程。项目沟通管理把成功所必需的因素，即人、想法和信息之间提供了一个关键连接。涉及项目的成员都应准备以项目语言(Project Language)发送和接收信息，并且必须理解他们以个人身份参与的沟通，沟通会影响项目。在 PMBOK 中，定义了沟通管理的四个过程：

- 沟通计划，指决定项目涉及人(Stakeholders)的信息和沟通需求：谁需要什么信息，什么时候需要，怎样获得。
- 信息传播，指使需要的信息及时发送给项目涉及人。
- 执行报告，指收集和传播执行信息，包括状况报告、进步衡量和预测。
- 行政总结，指产生、收集和传播信息以形成一个阶段或项目完成。

我们将其说明得更通俗，将项目沟通分成沟通计划、信息传递、实施情况报告、管理收尾四个过程。

11.1.2　沟通的重要性

沟通是日常管理的基本工作，更是项目管理的基本工作，它是项目的有效管理者最经常的活动，大约有 70%的工作时间用于信息的接收和传递，即沟通。它是项目执行过程中决策和计划的基础，是项目经理成功的重要手段，重要性主要体现在以下几个方面：

- 组织外部的良好沟通是组织与外部合作、和谐共处，并取得外部支持与帮助的润滑剂，也是获得外部环境信息和进行决策的依据。
- 组织内部的良好沟通，可以改进管理，改善项目组织内部人际关系，使内部职能有效地衔接，从而形成组织合力，较好地发挥整体力量。
- 良好的沟通，可以激励人，鼓舞人的士气。
- 良好的沟通，可以增强员工的认同感和忠诚度，从而发挥员工的积极性和自主意识。
- 有效的沟通，可以消除误会，增进了解，化解矛盾，增强团队凝聚力。
- 通过沟通，与项目干系人进行有效的交互，调整项目的资源和进度。

11.1.3 项目经理的沟通模式

项目经理是软件开发项目中核心人物，沟通模式如图 11.1 所示。

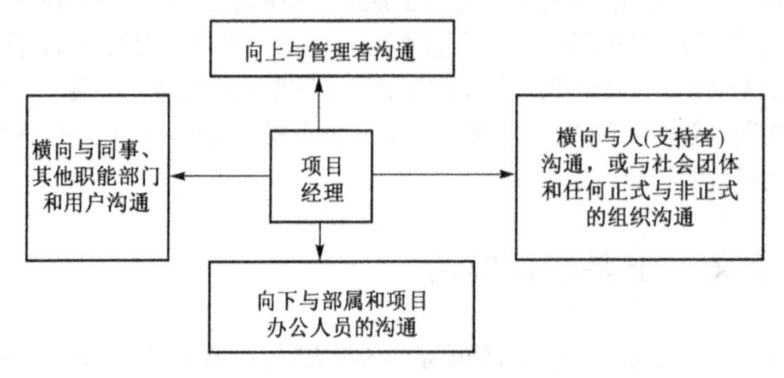

图 11.1 沟通模式图

11.2 沟通计划

在项目立项后，在制定计划时，沟通计划的输入输出如图 11.2 所示。

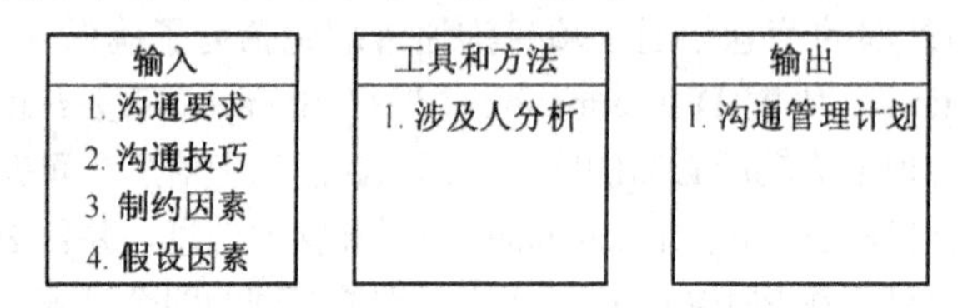

图 11.2 沟通计划的输入输出

其中，输入的沟通要求是项目涉及人信息需求的总和。

输出结果是制定沟通计划，沟通计划应包括以下内容：

(1) 文件保存方式和读取方式

在沟通计划中首先明确信息保存方式、信息读写的权限，明确用户信件、会议记录、工作报告、项目文档(需求、设计、编码、发布程序等)、辅助文档等的存放位置，设置相应的读写权力。用于收集和保存不同类型的信息，有必要制定和遵循一个规定好了的统一规章制度，将与项目有关的重要工作建档。

(2) 联系方式

有一个专用于项目管理中所有相关的人员的联系方式的小册子或通讯录，人员涉及项目组成员、项目组上级领导、行政部人员、技术支持人员、后勤保障相关人员等，信息内容包括电话、手机、职位、部门等。

(3) 工作汇报方式

明确表达项目组成员对项目经理或项目经理对上级和相干人员的工作汇报方式，即明确在什么时间，用什么形式汇报。比如项目组成员每周通过 Email 向项目经理发送周报；项目经理每月通过邮件，向直接客户和上级发送工作月报；紧急汇报通过手机及时沟通；每两周项目组召开一次项目例会，检查项目的进展和内容；每周向客户和上级口头汇报项目主要工作等。

(4) 统一项目文件格式

项目使用统一的文件模板，是规范化项目管理的一部分，必须统一各种文件模板，并提供编写指南。文档管理章节，将讲述这方面的问题。

(5) 沟通计划维护人

明确本计划在发生变化时，由谁进行修订，并对相关人员发送。

沟通计划与很多成员相关，必须保证计划由相关干系人参与制订。计划必须遵照执行，而不是为计划而计划。

(6) 与项目干系人进行沟通分析

知道什么信息发送给哪一个项目干系人是很重要的，通过分析项目干系人的沟通，能避免浪费时间和资金去建立和发送一些不必要的信息。项目组织结构图是识别内在的项目干系人的出发点，还必须考虑项目组织外的关键项目干系人，如客户、客户的高级管理层、分包商等。项目沟通干系人分析举例如表 11.1 所示。

表 11.1 项目沟通干系人分析举例

项目干系人	文件名称	文件格式	联系人	交付期限
客户管理人员	月度状态报告	硬拷贝	盖尔·费德曼、托尼·西尔	每月月初
客户业务人员	月度状态报告	硬拷贝	朱莉·格兰特、杰夫·马丁	每月月初
客户技术人员	月度状态报告	电子邮件	埃文·道奇、安·迈克尔	每月月初
内部管理人员	月度状态报告	硬拷贝	鲍勃·汤姆森	每月月初
内部和技术人员	月度状态报告	企业内部互联网	安杰·刘	每月月初
培训转包商	培训计划	硬拷贝	乔纳森·克劳斯	1999-11-1
软件转包商	软件执行计划	电子邮件	芭芭拉·盖茨	2000-6-1

11.3 沟通的方式、方法和渠道

11.3.1 沟通的层次

在软件开发的项目组中，根据其沟通的效果，分三种层次：

(1) 低层次沟通：即自我防卫型。项目组成员之间信任度低，交谈时着重防卫自己(或互相设防)，力求无懈可击。这不是有效的沟通。双方收获很小，或基本上没有收获。用算术表示成：1+1≪2。

(2) 中层次沟通：即彼此尊重型。为了避免冲突，双方保持礼貌，不能完全开诚布公。通常以妥协折中收尾。双方互有得失，用算术表示成：1+1< 2。

(3) 高层次沟通：即集思广益型。尊重差异，取长补短，敞开胸怀。彼此收获很大。用算术表示成：1+1>2。

11.3.2 沟通的方式

在软件开发项目组织，与日常的管理工作一样，通常有以下几种沟通方式：

- 正式沟通与非正式沟通

- 上行沟通、下行沟通与平行沟通
- 单向沟通与双向沟通
- 书面沟通与口头沟通
- 言语沟通与体语沟通

11.3.3 沟通的渠道

在项目开发的信息传递中，发信者并非直接把信息传给接收者，中间要经过某些人的转承，这就出现了一个网络渠道和沟通网络的问题，通常有如图 11.3 所示的几种沟通渠道。

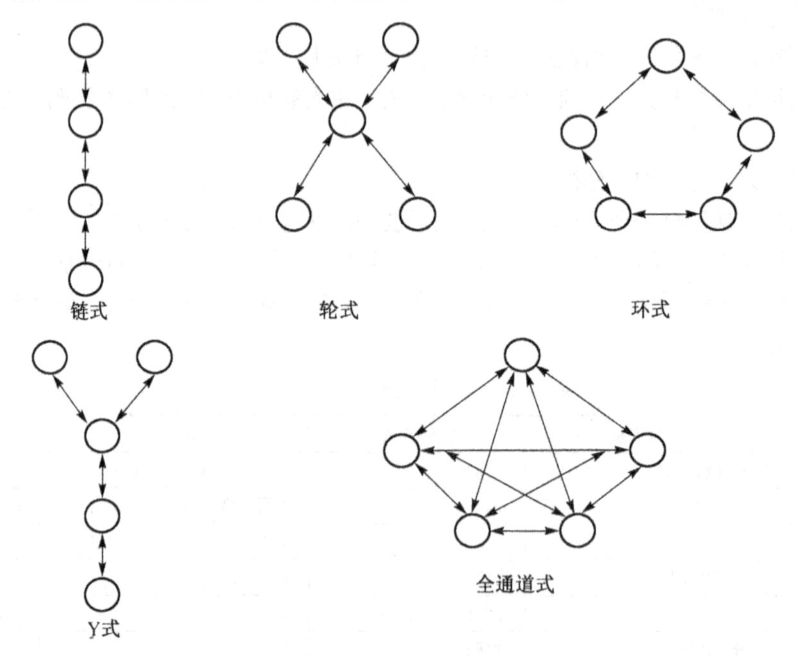

图 11.3 沟通渠道

链式的沟通渠道是逐级汇报的，沟通效率比较低，从底层到高层的传递时间长。轮式的沟通是以某人为中心，其他成员都向他汇报。环式渠道类似小游戏击鼓传花，一环一环进行传送。Y 式渠道是由链式和轮式组合而成的，以一个成员为核心，有逐级报告的，也有直接报告的两种传送路径。全通道式是自由型的，每两个节点间都可以进行信息传送。在以上的沟通渠道中，项目组采用最多是通常是“全通道式”的。

随着现代科技的应用，软件开发的项目组中有以下几种沟通手段：

- 正式非个人方式交流，如正式会议等。
- 正式个人之间交流，如成员之间的正式讨论等(一般不形成决议)。
- 非正式个人之间交流，如个人之间的自由交流等。
- 通过信息管理平台交流，如内部办公自动化系统。使用 E-mail、BBS 等。
- 成员与外部网络的交流，如成员与小组之外或公司之外有经验的相关人员进行交流。

11.3.4 软件开发小组人数与软件生产率

对于小型软件开发项目，少数几人就可以完成需求分析、设计、编码和测试工作。随着软件开发项目规模的增大，就需要更多的人共同参与同一软件项目的工作，因此要求由多人组成软件开发组。

但是，软件产品是逻辑产品而不是物理产品，当几个人共同承担软件开发项目中的某一任务时，人与人之间必须通过交流来解决各自承担任务之间的接口问题，即所谓通信问题。通信需花费时间和代价，会增加软件错误几率，降低软件生产率。

具体地说，若两个人之间需要通信，则在这两人之间存在一条通信路径。如果一个软件开发组有 n 个人，每两人之间都需要通信，则总的通信路径有 $n\times(n-1)/2$ 条。假设一个人单独开发软件，生产率是 500 行/人月。若 4 个人组成一个小组共同开发这个软件，则需要 6 条通信路径(如图 11.4 所示)。若在每条通信路径上耗费的工作量是 25 行/人月，则组中每人的生产率降低为 462.5 行/人月。计算公式为：$500 - 6 \times 25/4 = 500 - 37.5 = 462.5$。

从上述简单分析可知，一个软件任务由一个人单独开发，生产率最高；而对于一个稍大型的软件项目，一个人单独开发，时间太长。因此软件开发组是必要的。有人提出，软件开发组的规模不能太大，人数不能太多，一般在 2～8 人为宜。所以，对于一个软件开发项目，在考虑其生产率时，不能简单按个人的生产率来安排任务的时间，须充分考虑到项目组成员之间交互产生的时间。

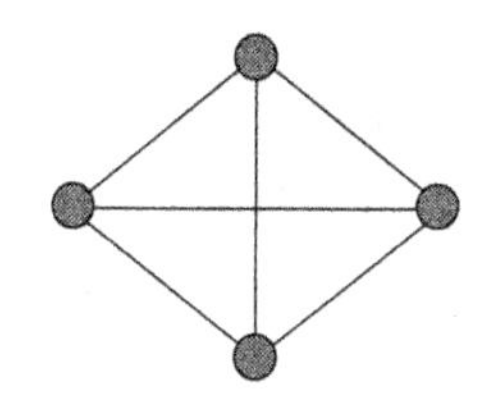

(a) 四人之间所有通信路径

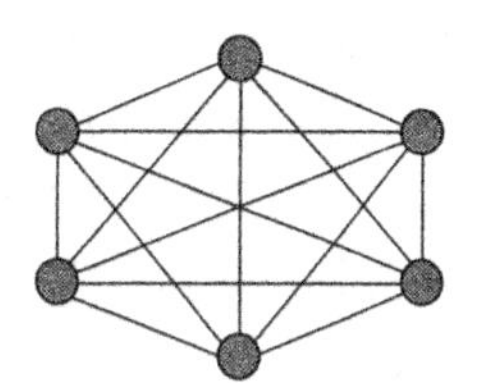

(b) 六人之间所有通信路径

图 11.4　通信路径与人数的关系

11.4　信息发送

前面介绍了沟通的方式和渠道，对于项目管理的信息正确传达到相应的人员，是相当重要并有一定的困难的。经常发生的是，信息发送人感到自己把信息正确传达了，但实际的结果却是信息没有传达到或是被错误地理解了。太多的人还是不太习惯成堆的文件或者用 Email 传送的文件，如果能利用非正式的方式或者是双方会谈的方式来听取重要的信息，就来得又快又准确，更能让人接受，就像传统里的一纸书信在某些特定的场合，还是比任一现代化的联系方式来得好一样，价值取向不同，沟通的方式也就在使用效果上全然不一样了。

在沟通中应遵循彼得·德鲁克提出的四个基本法则：

- 沟通是一种感知
- 沟通是一种期望
- 沟通产生要求
- 信息不是沟通

11.4.1　沟通是一种感知

沟通一定是双向，必须保证信息被接收者接到了。所有的沟通方式，必须有回馈机制，保证接收者接收到。比如，电子邮件进行沟通，无论是接收者简单回复“已收到”、“OK”等，还是电话回答收到，但必须保证接收者收到信息，并回应信息已经接收到。比较好的方式是，发送完邮件，对方未回复，可以用短信或电话再次通知他。

信息收到必须保证理解是正确的，很多事情信息收到了，但被错误地理解了。比如，发生过这样一件事：A 项目经理对 B 项目经理说“今天我要去投标，不过我这边现在人手少，你那边可否抽些人过来帮我壮壮声势”。B 项目经理手中有一些程序员和系统分析员，而当前程序员有些空闲人手，系统分析员今天正好有些紧急工作，但 B 项目经理错误理解为 A 项目经理需要的人是系统分析员，到时协助答辩，所以回答“不行，今天正好有紧急工作，没有办法帮忙”。A 项目经理只好另想办法。

以上就是典型的理解错误，发送方的正确表达、接收者的正确理解是非常重要的。比较简单的方式是发送者进行信息发送，接收者理解后进行细化并二次表达，但这种表达是在确认自己理解了的同时去转叙或者执行的结果，而不是复述。

11.4.2 沟通是一种期望

在项目管理中，项目不同干系人有不同的沟通需要。项目组成员在具体的工作安排中想明白那个职位是否符合他的意愿等，上级要了解接收者的期望，向下属传达工作安排的同时还要了解他的意愿取向的问题，再采取相应的方法，调动其在工作上的热情，从而促使其在工作的高效付出。在项目管理中如让下属有反抗情绪的产生或者低效的工作，则是一个项目经理在沟通上不得法的一个失败实例。因此制定一个协调的沟通计划就更为重要了。而项目经理的上级和客户更加关心是进度的问题：时间是否会延期、是否要增加成本、质量是否有保障等。这对于项目经理来说，就应即时地反馈这些，特别是将有延期、将增加项目成本、质量将有问题的苗头等，更必须提早汇报，使项目经理的上级和客户能及时并适时调整工作计划。

11.4.3 沟通产生要求

沟通是双向的，沟通必须能够符合接收者的利益，那样才有说服力。这就要求双方都要有良好的沟通方式，特别是良好的沟通又能达到双赢的目的，一致的沟通有助于组织促进项目更新。

口头的沟通能力同时似乎又是职位提升的关键因素。于是，沟通有必然的产生要求，比如，职位上成功，项目的早日完成，对问题做出恰当的回应，甚至假期薪金等都要沟通来达到目的。

11.4.4 信息不是沟通

当前是信息时代，必须分清哪些是沟通哪些是信息，对于用于沟通的信息必须明确简练、醒目，避免沉没于信息之海中。

信息也可用于沟通，但信息过于生搬硬套，一个文字性的文件是不能起到沟通的作用的，在项目中，项目经理并不是想集中于信息中，而是想了解项目里工作的人员，并与之建立起相互信任的关系。而有效的发送信息，只能依赖于项目经理和项目组成员的良好的沟通技能。

通过上面的四个法则来进行有效的沟通，达到保证管理中信息有效传达的目的。

11.5 实施报告

实施报告包括绩效报告、状态报告、进度报告等，是项目沟通的重要方式。

绩效报告使项目干系人知晓为了取得项目的目标，如何使用资源。项目计划和工作成果是绩效报告输入的重要内容，绩效报告的主要输出包括状态报告、进度报告、预测和变更请求。

状态报告介绍项目在某一特定时间点上所处的位置。回忆一下前面提到的三项约束的重要性。状态报告要说明的是从达到范围、时间和成本目标上讲项目所处的状态。已经花费多少资金，完成某项任务要多久，工作是否如期完成。状态报告根据干系人的需要有不同的格式。在“项目成本管理”中提供了挣值分析的详细资料，挣值分析是一种分析范围、时间和成本数据的项目执行绩效测量技术。

进度报告介绍项目组织在某一特定期间内所完成的工作。许多项目的做法是，要每个项目组成员准备一份月度进度报告，有时是每周进度报告，项目组负责人以各个成员哪里收集到的信息为基础完成统一的进度报告。

项目预测是在过去资料和发展趋势的基础上，预测项目未来的状态和进度。根据当前事情的进展情况，预计完成项目要多长时间，完成项目需要多少资金。挣值分析也能用于回答这些问题，方法是根据项目目前进展情况，进行完工预算的估算。

从时间的角度来看，报告一般有三种形式：定期报告，阶段审查，紧急报告。

- 定期报告：就是在某一特定的时间内将所完成的工作量向上级汇报。在实际的项目管理中项目人员对项目经理按周报告，对于客户和项目经理的直接上级是按阶段或月进行统一的进展报告。从项目管理上讲，项目定期报告的主要内容包括：当前是什么状态，在什么阶段，进度完成情况，当前有什么问题请上级(用户)协助解决，下周(下阶段或下月)的计划是什么等。
- 阶段评审：在项目进行到重要的阶段或里程碑似的项目发展阶段，就要进行阶段评审。阶段评审的意义在于评审当前的项目情况，迫使人们对其工作负责。阶段评审可以提前发现问题，提前将问题解决在初期阶段。不过阶段评审也是最容易产生争执的地方，这主要是针对于问题严重性的定级，项目经理或项目管理委员会必须在全面了解项目发展进展的情况下及时找到问题的重点，从而就事论事地解决问题的真正症结所在，并进行后面的项目。
- 紧急报告：在出现意外情况下，进行紧急报告。紧急报告包括以下内容：当前发现的问题，相关影响，需如何解决(动用什么资源)，问题紧迫性(必须什么时间内进行反馈)。

在实际的项目管理过程中，质量管理的质量保证部门也将进行质量审计，按阶段提交质量审计报告。

项目干系人接到实施情况报告后也应即时地进行反馈，明确报告已经成功接收到，并让项目干系人一道解决执行中的问题。

在实施“厦兴化工 ERP 系统”项目中，项目汇报分为项目阶段性汇报和项目周例会(定在每周五下午 2 点开始，讨论本周工作问题和双周滚动计划，报告文档参见附件 9)，项目阶段性汇报是两方项目经理向项目指导委员会汇报，介绍本阶段的工作进展、存在的比较重大的问题、需要上层确认和做出决策的工作。如已进行的项目准备阶段工作汇报和现有流程/组织结构的汇报就是项目阶段性汇报。

周例会面向对象为项目组成员，一般由顾问项目经理主持，所有项目组成员参与，各顾问总结本周工作内容、遇到的问题、风险分析、下两周的工作计划。

11.6　如何进行有效的沟通

要进行有效的沟通，要有正确沟通方法，在长期的软件项目管理实践中，我们进行了总结。

11.6.1　沟通的方式方法

- 以“诚”相待。要有与人为善、与人为友的胸怀和心态。
- 民主作风。主观能虚心倾听项目组成员和客户的意见，特别是能听与自己不同的意见，而且还能创造一个让大家发表不同意见的气氛。能否积极创造畅所欲言的气氛，是一个项目组成功的重要标志之一。
- 保持平等地位。避免居高临下，不要以教训人的口气，设身处地为对方着想。

下面讲述一个反面的小案例。马先生是××信息系统集成公司的项目经理，负责一电子政务项目的管理。刘先生是甲方负责该项目的项目经理。一次，马先生邀请刘先生出去吃饭，同行的还有双方的部分团队成员。几杯酒过后，马先生团队有两名成员由项目的技术架构开始争论，进而抱怨项目的激励政策，最后开始攻击××公司，指出其人力资源管理方面的诸多问题。马先生感到非常没面子，认为在外人面前贬低团队和公司是一种非常恶劣的行为。事后，这两名队员打电话给刘先生，声称他们负责的模块含有“逻辑炸弹”代码。这件事给马先生负责的项目造成了很大的被动。

- 做好听众。要耐心地听对方讲话，不要“随便”插话和打断对方讲话。
- 以讨论和商量的方式进行双向沟通。这种方式可以增加沟通的亲和力，并提高沟通的效率。
- 要信任项目组成员。即使你对项目组成员有不太好的印象和意见，也不能戴着有色眼镜去与下属进行沟通。
- 要了解项目组成员。沟通前要尽可能地了解项目组成员的情况，如性格(内向、外向)、心理状态、态度、需求的价值取向(如金钱可以激励某些人更努力地工作，但对于另外一些人，金钱可能没那么大的作用)，对安排工作风险的取向(中性，风险偏好，风险厌恶)等信息。

对专题沟通或比较重要内容的沟通，最好事先应有个分析和认识，要做到有准备地进行沟通，临时发挥有时效果不好。

11.6.2 沟通的几个重点工作

在软件开发的项目管理工作中，有几个重点的沟通工作：

(1) 项目和任务安排时的沟通

通过沟通，使员工了解项目和任务的目的和意义、任务的工作量、难度和技术途径、进度安排、完成任务的条件、可能会遇到的困难以及解决的办法等。

通过沟通，要将员工安排在“合适的岗位”上做“合适的工作”。在任务的进程中，各级主管还要做好部门内、部门之间的协调沟通工作。

(2) 做好项目绩效考核前后的沟通工作

绩效考核最容易引发员工的思想问题，是不稳定因素的主要发源地之一。考评前，项目管理者要与相关人员进行充分地交流，以掌握项目组成员的真实绩效情况，特别是对跨部门工作的项目组成员，沟通更应该做细。

考评后，也要做好沟通工作，帮助他们改进绩效，指出努力方向，同时尽量减少考评的负面影响，要做好思想工作。

(3) 做好绩效改进的沟通

沟通可与项目、任务安排，计划检查、绩效考评的沟通结合起来。项目管理人员应将项目组成员的绩效改进作为沟通的一个重点内容来抓。

(4) 项目组成员的情绪不好，或与他人发生矛盾时，项目管理人员应及时地与员工进行交谈，找出原因，及时采取措施。

(5) 当项目组成员违反纪律或流程时，项目管理人员应及时指出错误事实，重在教育。

项目沟通管理案例分析

彼得·戈培德兢兢业业地工作，是一家大型电信公司的领导。他是一个非常有才华、有能力的人。但是海底光纤通信系统这个项目比他以前参与过的任何一个项目都要大得多，复杂得多，更不要说管理这样的项目工作了。这个海底系统分为好几个截然不同的项目，彼得是主管监督所有这些项目的经理。由于海底通信系统的市场不断变化，包括的项目又很多，因此，沟通和灵活性对于彼得来说关系重大。如果缺乏里程碑和完成日期，他的公司将遭受巨大的资金损失，小项目每天损失会数千万乃至上万美元，大项目每天损失会超过 25 万美元。许多项目都依赖其他项目的成功，因此，彼得不得不去积极了解和管理这些重要的关系。

彼得与这些向他汇报的项目经理们经过几次正式的和非正式的讨论，他与他们以及他的项目执行助理克里斯廷 · 布朗一道为该项目制定了一个沟通计划。然而，他还是不能确定发送信息和管理所有不可避免的变更的最佳方法。他还想给这些项目经理规定统一的制定计划和监控执行的方法，但同时又不扼杀他们的创新性和自主性。克里斯廷建议他们考虑一些新的沟通技术，使一些重要的项目信息实时更新，做到实时同步。尽管彼得对通信和光纤铺设知道很多，但他不是使用信息技术来改善沟通方法的专家。事实上，这也是为什么他让克里斯廷做他的助手的部分原因。他们真的能够找到一个灵活而且容易使用的沟通过程吗？每周都有更多的项目将被纳入海底通信这个大型项目中，因此，时间是最关键的。

克里斯廷利用她很强的技术和沟通技能建立了一个网站，里面有重要项目文件、讲稿和模板的范例，其他人可以下载这些范例应用于他们的项目。在确定了需要更远距离的沟通之后，克里斯廷和其他人员调查了用于更新项目信息的最新软、硬件产品。彼得批准资金用于这个新项目，克里斯廷做了一些评价，然后购买了几款手提式设备和软件，能与他们公司在互联网上的项目信息相链接。任何项目干系人都能使用这些手提式设备中的任一种获得如何使用的相应培训，甚至彼得也学会了如何使用其中的一种，并且在所有的商务旅行中随身携带。

本章小结

本章先分析软件开发过程中沟通的含义、重要性，接着介绍了沟通计划的组成、沟通的方式和渠道、如何进行信息发送等，最后重点介绍了如何进行有效的沟通，特别是对于项目经理，如何与开发人员进行沟通，有效的沟通方法和沟通建议等。沟通管理贯穿于软件项目的各个阶段中。

复习思考题

1. 理解沟通的重要性，项目经理的沟通模式。
2. 沟通计划的主要内容有哪些？
3. 理解沟通的层次、方式和渠道。
4. 理解德鲁克的信息传送四个法则的含义。
5. 了解实施报告的种类。
6. 理解 ERP 项目周例会文档的样式与内容。

第 12 章　软件项目的采购管理

前面章节强调对项目组内部的管理，本章着重强调的是如何管理外部的供应商。本章通过对软件外包项目采购的选择购买、跟踪与控制、评估验收和项目后处理等过程的研究，来提高软件外包采购的项目管理水平，满足甲方(客户方)对产品或服务的质量、进度和成本要求和对外包过程的有效控制，为软件项目外包采购管理人员提供具体的操作过程。

12.1　采购及采购管理的概念

采购的英文为 Outsourcing 或 Purchase，就是从外界获得产品或服务。2010 年，全球信息技术行业采购市场的销售额将突破 1 万亿美元。了解项目采购管理对一个项目经理来说是很重要的，可以把重点放在核心业务上，得到技能和技术。通过从外界获取资源，组织可以在需要的时候获得专门的技能和技术，此外还可以：

(1) 提高经营的灵活性。在企业工作高峰期利用采购来获取外部人员，比起整个项目都配备内部人员要经济得多。

(2) 提高责任性。合同是一份要求卖方承担一定产品或服务的责任、买方承担付款给卖方的责任的相互约束的协议。一个内容全面的合同能分清责任，并把重点放在项目的可交付的成果上。由于合同在法律上具有约束力，所以卖方对按合同规定交付工作更能负起责任。

许多成功的利用外界资源的软件项目，常常归功于好的项目采购管理。项目采购管理包括从执行组织外部购买该项目所需要的产品和服务的全过程。

通常把货物和服务称为产品，把买方称为业主或对应分承制方的总承包商，而卖方称为承包商、厂商或供应商。项目采购管理一般包括以下主要过程：采购计划编制，询价计划编制，询价，承包商选择，合同管理，合同收尾。

- 采购计划编制，包括采购什么和何时采购。这一过程包括：决定购买什么；确定合同的类型；编制工作说明书。
- 询价计划编制，包括拟订所需产品的相关文件和识别潜在的供应商。
- 询价，包括获得报价、标书、出价，或合适的建议书。该过程通常包括采购文件的最后形成、广告、投标会的召开以及获得工作建议书或标书。但偶尔也有不采用正式的询价过程而进行的项目采购。
- 供方选择，包括从潜在的卖方中进行选择。这个过程包括评价潜在的卖方、合同谈判和支付合同费用。
- 合同管理，包括处理与卖方的关系。这个过程包括监督合同的履行、进行支付、合同修改。到合同管理过程结束的时候，项目组期望承包出去的大量工作已经完成。
- 合同收尾，即合同的完成和结算，包括任何未决定事宜的解决。这个过程通常包括产品审核、正式验收和收尾，以及合同审计。各阶段的输出结果如图 12.1 所示。

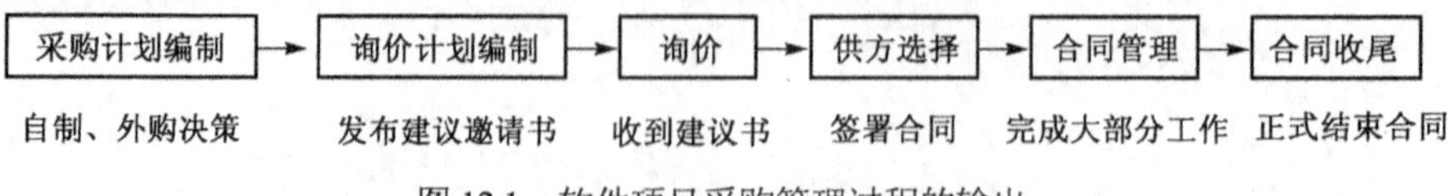

图 12.1　软件项目采购管理过程的输出

对于软件产品，一般采购可以分为两大类。一类是对已经在市场流通的软件产品进行采购，这些是通用的软件产品。例如，某企业想做信息化建设项目，涉及数据库，那么它就可以在目前市面流行通用的几种厂家和种类的数据库中选择。例如，Oracle 公司的 Oracle，Microsoft 公司的 SQL Server，IBM 公司的 DB2 等。然后根据自己的需求，通过询价、签合同、安装培训等过程来购买此类产品。这种采购过程基本已经形成几套通用的解决方案，比较简单，中国企业在处理这类产品的采购时，大部分都处理得较好。但个别的企业由于需求分析不清晰，培训工作不到位等原因，也会产生购买的产品不适用，或不会用的情况。

另一类软件产品采购形式是外包采购。它是指在市场上没有现成的产品或者没有适合自己企业需求的产品的情况下，需要以定制的方式把项目(功能模块)承包给其他企业。比如在“某市人事信息管理平台”项目中，基于用户的业务流程的管理软件必须定制，对于各个原有孤立岛的集成软件，无法购买现成的产品，必须自己开发或外包给别的公司。又如“厦兴化工 ERP 系统”，购买 SAP 产品，必须在购买的软件基础上，根据企业的业务流程定制自身的 ERP 系统。

12.2　软件项目采购管理存在的问题

虽然在传统行业，许多工程项目的采购活动，例如机械工程项目或建筑工程项目等已经形成比较成熟的管理体制和标准。但是软件项目的外包和采购管理工作有它的特殊性。

这里有多方面的原因。软件产品作为一种特殊商品形式，具有高度不可测量性和高度柔性。总体来说，软件企业开发能力还不太成熟，软件开发大多数还处于手工作坊方式，软件研发企业有其自身的运作方式，人为因素比重大，不好量化管理。由于不确定因素太多，许多软件开发企业对于自身的项目都难以精确控制进度、质量、资源和成本，那么对于业主来说，想对外部企业(如承包商)保持良好控制力的难度就更大了。

具有技术优势的软件开发商一般集中在经济发达的大城市，如果与业主的距离远，相互的交流不方便，许多软件采购项目的实际应用效果就会差强人意：不适用，进度超期，性能达不到标准，成本太高等。

软件项目外包和采购的成功与失败，影响到当前软件项目的质量、成本和工作进度。由于软件采购的情况特别复杂，涉及的学科领域不仅是科学技术上的，还有商业上的和观念上的，软件项目外包或采购管理水平的高低，将直接关系到整个项目的进程。因此软件项目采购管理作为项目管理理论中一个新的研究课题，有必要给予足够的重视。

12.3　基于“双赢”策略的软件外包采购思想

“双赢”策略的软件外包采购思想旨在利用双方业务能力互补，通过共同合作完成软件外包项目，达到“双赢”的目的，促进双方业务总体能力的提高。这种“双赢”策略要求双方在以下方面达成共识：双方共同关注过程控制，才能保证有效结果；只能成功，不能指望依靠惩罚手段来收回采购成本，软件外包采购项目的失败对整个项目带来的损失是巨大的；在合作过程中，建立对分承制商关系的管理体系，作为以后合作的基础；重视开发过程的风险评估和采购项目后评估，使得双方业务能力得到持续提高。

传统的外包采购中，采购方只关心分承制商产品的进度和质量，以为只要分承制商按期、按质交货，就可以圆满结束此次采购活动。有些项目尽管前期进度和质量满足合同要求，但是许多是以高投入、高负荷、高消耗等手段来保证的，这给后期带来极高的风险。在阶段评审中，如果采购方对分承制商开发过程中的费用投入、人员负荷、资源消耗、组织结构变化等漠不关心，就不能及早预见风险、控制风险。很难想象，后期在费用透支、人员疲惫或流失严重的情况下，分承制商仍能保证产品质量和进度。这种情况下，采购方只能要么加大投入，要么终止合同，并要求赔偿，要么延期验收等。其副作用可想而知。而分承制商为了减少损失，根据博弈论中子博弈精练纳什均衡原理，必然采取降低质量要求、减少投入的策略，来加快进度。结果最终还是采购方遭受损失。

12.4 软件项目外包采购管理过程

前面谈到，项目采购管理一般包括以下过程：采购计划编制，询价计划编制，询价，承包商选择，合同管理，合同收尾。下面分别对其做出说明。

12.4.1 采购计划编制

采购计划编制是一个项目管理过程，它确定项目的哪些需求可以通过采用组织外部的产品或服务得到最好的满足。它包括决定是否要采购，如何去采购，采购什么，采购多少，以及何时去采购。

对于大多数项目来说，在采购计划编制过程中，考虑周到并具有创造性是很重要的。采购工作通常由公司的采购部门而非信息管理部门主导。

采购计划编制的输入输出如图 12.2 所示。

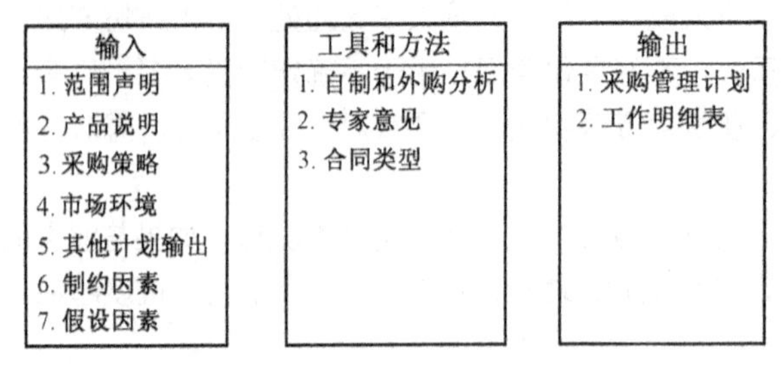

图 12.2 采购计划编制的输入输出

对于软件项目，采购计划编制所需的输入包括：

- 项目范围说明书
- 产品说明书
- 市场条件
- 约束条件和假设

采购计划的工具和方法有：

- 自制和外购分析。此法可用来分析某些软件系统或模块由项目组开发，有些软件或组件、服务向外面的厂商购买或开发。比较两种方式的成本和时间进行决策。这是很普遍的管理工具。
- 专家意见。在采购计划的工具和方法中，往往需要专家意见来评估管理输入，这种专家意见可由具有专门知识，来自于多种渠道的团体和个人提供。

采购计划编制的输出为采购管理计划和工作明细表。它规定剩余的采购过程将怎样被管理。例如：

- 采用什么类型的合同。
- 特殊物品的采购，如果需要采购单证，怎么得到。
- 怎样管理多家供应商。

- 采购如何同项目的其他部分协调，如进度和执行报告。

采购管理计划可以是正式的或非正式的，详细的或框架性的，具体采用什么形式要根据软件项目的需要。采购管理计划在整个项目计划中是一个辅助因素。

工作明细表足够详细地规定了采购项目，以便未来的卖方决定他们是否有能力提供这些项目。"足够详细"会因项目的性质、买方需求、预期的合同的格式的不同而不同。比如，厦兴化工的 ERP 系统，选择 ERP 产品时，对 ERP 产品的特性进行了详细的约定。

很多合同都包括工作说明书。工作说明书(SOW)是对采购要求完成的工作的描述。SOW 足够详细地描述了工作，以便让潜在的供应商决定他们能否提供所需的产品和服务，以及确定一个适当的价格。SOW 应当清楚、简洁且尽量完整，它应描述所要求的全部服务，而且包含绩效报告。SOW 内容举例如下：

- 工作范围：详细地描述所要完成的工作。详细说明所用的硬件和软件以及工作的确切性质。
- 工作地点：描述工作进行的具体地点。详细说明硬件和软件所在的地方，以及员工必须在哪儿工作。
- 执行期限：详细说明工作预计何时开始、何时结束、工作时间、每周收费的工作时间、工作必须在哪儿完成，以及相关进度信息。
- 可交付成果时间表：列出具体的可交付成果，详细地描述它们，并详细说明何时能到位。
- 适用标准：详细说明与执行该项工作有关的任何特定公司或特定行业的标准。
- 验收标准：描述买方组织如何确定工作是否能被接受。
- 特殊要求：详细说明任何特殊的要求，比如硬件软件产品质量保证书、人员最低学历或工作经验、差旅费要求等。

12.4.2　询价计划编制和询价

询价计划编制包括准备询价所需的文件和确定合同签订的评判标准。最常见的两种询价文件是 RFP 和报价邀请书(RFQ)。RFP 是一种用于征求潜在卖方建议书的文件。

撰写一份好的 RFP 是项目采购管理的关键组成部分。为获得一份好的建议书，买方组织应该从卖方着想，确保在 RFP 中包括了所需的足够的信息。你是否能根据 RFP 提供的信息做出一个好的建议书？你是否能根据 RFP 确定具体的定价和进度信息？做一份好的 RFP 同写一份好的建议书一样，都是一项艰难的工作。图 12.3 提供了 RFP 的基本框架。

RFP 的基本框架
Ⅰ.RFP 的目的
Ⅱ.组织背景
Ⅲ.基本要求
Ⅳ.硬件与软件环境
Ⅴ.RFP 过程的具体描述
Ⅵ.工作说明书和工作进度信息
Ⅶ.可能的附录
当前系统概览
系统要求
规模与大小数据
承包商答复 RFP 的要求内容
合同样本

图 12.3　RFP 的基本框架

询价就是从潜在的卖方获得建议书或标书。该过程的主要输出就是收到建议书或标书。

一旦买方收到建议书，他们就要选择一家供应商，或者取消采购。供方选择包括：评估投标者的建议书、选择最佳的一个投标者、进行合同谈判、签订合同。这是一个很费时的过程。采购过程中，项目干系人应该参与项目最佳供应商的选择。买方通常制定一个简短的列表，只列出前 3 名到前 5 名的供应商，以减少供方选择过程的工作量。

在供方选择过程中，推荐买方使用正式的建议书评价表(如表 12.1 所示)，项目组可以用它来产生前 3 名到前 5 名的供应商列表。

表 12.1 供方选择建议书评价样表

		建议 1		建议 2		建议 3	
标准	权重	分级	评分	分级	评分	分级	评分
技术手段	30						
管理方法	30						
历史绩效	20						
价格	20						
总分数	100						

组织在得出可能供应商的短名单后，常常还要进行更细致的建议书评价过程。合同谈判是在供方选择过程中进行的。项目组应要求短名单上的供应商准备一个最佳的最终报价(BAFO)，合同谈判专业人员常常主持涉及巨大金额合同的谈判。

另外，来自买方组织与卖方组织的高级经理常常会在做出最后决策之前再会谈一次。供方选择的最终输出是一份规定卖方负有提供特定产品或服务的义务、买方负有到期付款义务的合同。以“厦兴化工 ERP 系统”为例，其对 ERP 的顾问公司的评估如表 12.2 所示。

12.4.3 合同管理

合同管理就是保证卖方的行为符合合同的要求，在书写和管理合同过程中，有法律和合同专业人士的参与是非常重要的。

在现实中，不少项目经理不懂合同管理，许多技术人员根本就对合同不屑一顾。理想情况下，项目经理及其团队都应当积极参与合同的起草和管理过程，这样每个人都能理解一个好的项目采购管理的重要性。项目团队在处理合同问题时应多征求专家的意见。

项目成员必须留意，如果对合同不理解，可能会引起法律问题。

12.4.4 合同收尾

项目采购管理的最后一个过程就是合同收尾。合同收尾的一个内容就是进行产品审核，以验证所有工作是否被正确地、令人满意地完成。它的另一个内容是更新反映最终成果的记录和归档将来会用到的信息的管理活动。

合同收尾的输出包括合同文件、正式验收和收尾。

表 12.2　“厦兴化工 ERP 系统”建设厂商评估表

顾问公司名称：________________

序号	评估项目名称	分值	评分	评分说明
	一．公司概况	20		
1	顾问公司规模、发展情况	6	5	该公司是国际性的大公司，近年在国内发展很快(从资产和利润的递增分析)
2	历年财务状况、资金状况	3	2.5	资产 34 亿，利润约 10 亿(2001)
3	公司各方信用情况	4	3.2	各方信誉好
4	与大型硬件厂商、软件厂商的合作情况	2	1.9	许多国际性大公司与之都有战略合作关系
5	获 ERP 厂商资质认证状况	3	3	与 SAP 设立资源中心，是 SAP 的全球联盟、平台、技术等各类合作伙伴
6	国际咨询公司背景及支持	2	2	该公司本身是国际性的大公司
	二．ERP 实施水平与经验	25		
7	已实施 ERP 案例情况	10	9	收购原普华永道，有丰富的 ERP 案例和石化行业的经验
8	业务结构、ERP 实施中使用 SAP 的比例	3	2	并非专做 SAP 业务
9	作业流程规范化及方法论	2	1.8	提出 ERP 实施的蓝色方法论
10	项目管理经验及方法、制度	2	1.9	有国外引入的严谨的管理制度和项目实施经验，提出原型法
11	客户服务水平、手段	4	3.8	设立全球服务部
12	客户的满意度	4	3.2	方案中提供量化的比较数据
	三．ERP 实施人力情况	28		
13	本项目顾问投入及分工情况	5	4	PM 估计偏高
14	兼职专家组提供支持情况	3	1	无兼职专家组
15	顾问队伍及成员情况	17	15	顾问和至少有 5 个 SAP 项目经验，但项目经理还未亮相
16	其他因素对人员配备的影响程度	3	2.5	有承诺可充分投入
	四．方案与计划书水平	22		
17	方案建议书	12	8.3	内容结构合理，但方案内容稍偏少，内容与本司需求结合度还不够紧密
18	项目计划书	5	4.2	时间安排比较合理
19	建设资源分配表	7	6	调整后的表比较合理
	五．其他	5		
20	顾问访谈的情况、与我司配合度和工作态度	5	3.5	主动性不够
	总分		83.8	

评估备注：

各评估项总分为 100，总分为每项得分的求和数。

(1) 对于评估小组中的每一评估人员，必须填写本表对每一顾问公司进行评估。

(2) 评估依据为顾问公司提供的各类资料、与顾问公司的访谈情况、对外界的调查和个人对顾问公司的了解等。

评估项目说明：

(1) 评估项目分类

评估项目按大类分，共分顾问公司基础情况、ERP 实施经验、实施人力情况、建议方案、其他等五个方面，其权重分别为各子项目之和。

(2) 各评估项目的说明

- 顾问公司规模、发展情况：指公司的规模（包括注册资金、年营业额、公司人数等）、企业文化、成立的时间和近年发展情况等。
- 历年财务状况、资金状况：指公司的财务报表指标状况、资金运营情况、成本结构等财务类的信息。
- 公司各方信用情况：指公司是否具备银行、税务、工商、商检等相关部门评定的信用证明。
- 与大型硬件厂商、软件厂商之合作情况：与国际大型硬件厂商（如 HP、IBM 等）和知名软件厂商（Microsoft、Oracle）建立了长期合作伙伴关系。
- 获 ERP 厂商资质认证状况：是否有通过国外著名的 ERP 软件厂商（如 SAP 或 Oracle）的资质论证，或被评为友好合作伙伴等。
- 国际咨询公司背景及支持度：是否有国际著名咨询公司的背景，并能提供相应的业务支持，其支持力度如何。
- 已实施 ERP 案例情况：顾问公司有多少已实施成功和失败的案例，有多少正在实施的案例。
- 业务结构、ERP 实施业务中使用 SAP 的比例：公司有几个业务重点，各业务比例如何。客户推行的 ERP 产品中，企业选型的 ERP 软件产品所占的比例大小。
- 作业流程规范及方法论：公司有无规范的作业流程，有无先进的工程实施方法。
- 项目管理经验及方法：公司有无先进的项目管理理念、制度、经验和方法。
- 客户服务水平、手段：有无先进的客户服务工具与方法、现在或将来能否提供本地的技术与业务支持。
- 客户满意度：客户的口碑、用户使用情况或用户使用报告书情况。
- 本项目顾问投入及分工情况：顾问的投入程度与分工（各阶顾问、Basis、各模组顾问分配情况）、职责的合理性。
- 兼职专家组提供支持情况：是否有固定的兼职专家组，并作为实施项目的指导与支持。
- 顾问队伍及顾问成员情况：顾问队伍的稳定性、人员的流动情况和补充情况，顾问的毕业学校、所学专业、掌握的知识和背景等情况，顾问公司的工作年限、工作经历和工作业绩情况。
- 其他因素对人员工作的影响程度：指在我司实施 ERP 过程中，是否能提供足够的人力保证而不与顾问公司的其他项目冲突等其他可能的事件。
- 《方案建议书》：指对方案建议书的书面材料和讲解，提供方案的优缺点、方案的先进性、可靠性、安全性与经济性等。
- 《项目计划书》：项目计划的人力分配的合理性、进度的严谨度、实施的可行性、详细度等。
- 《建设资源分配表》：提供的人天数、各模组人力资源分配的科学性和合理性。
- 顾问访谈的情况：指顾问公司与我司配合的时间长短、访谈过程中表现出的水平、工作态度、对本项目的重视程度等。

项目采购管理过程是按照一个清晰的、有逻辑性的顺序进行的。但是，许多项目经理对采购其他组织提供的产品和服务所涉及的问题不是很熟悉。如果项目能从采购产品或服务中受益，项目经理和项目组成员必须按照好的项目采购管理开展工作。由于软件项目采购日益增多，对于项目经理来说了解这个领域的相关基础知识是很重要的。

作为大型工程项目中的软件子项目或者部分功能模块的采购（外包），由于软件开发的固有特性（风险大，柔性强，人为因素突出，结果不宜测量等），使软件项目的外包采购管理变得复杂。如何控制分承制商的开发进度和质量等关键因素，需要在实践中不断探索，并针对具体公司和项目对采购过程有所裁剪。

项目采购管理案例分析

玛丽·迈克白瑞德简直难以相信，他们公司为了完成一个重要的更换操作系统的项目，不知给外部咨询师支付了多少钱。该咨询公司的建议书写到，他们将提供做过类似项目的富有经验的专业人员，并且这个项目要配备 4 个全职的咨询师，花 6 个月或更少的时间完成项目。9 个月过去了，她的公司仍然承担着高昂的咨询费，而该项目原有的咨询师有一半已被新人所替换。有一个新咨询师刚从学校毕业 2 个月。玛丽的员工抱怨他们是把时间浪费在培训这些所谓“富有经验的专业人士”上，玛丽就一些与他们面临的问题相关的合同、费用和特殊条款，与公司的采购经理谈了谈。

解释一份合同居然这么困难，玛丽对此感到很沮丧。合同条款很长，很显然该合同是具备一定法律背景的人所撰写的。她问到，咨询公司没有按照建议书中的去做，本公司应如何处理这件事情？采购经理说该建议书并不是正式的合同。玛丽公司付出的是时间和物资，而不是具体的可交付成果。条款中并没有写明咨询师所应具备的最低工作年限，也没有规定未按时完成任务时所应采取的处罚措施。事实上，合同中有一则终止条款，表明该公司可以终止该合同。玛丽不禁要问，公司怎么签了一个这么糟糕的合同。难道没有更好的办法处理从其他公司采购服务的问题吗？

玛丽·迈克白瑞德在仔细阅读了与他们所选的咨询师签定的合同之后，发现了合同中的一个条款，可以使她的公司有权利在提前一个星期通知对方的前提下终止该份合同。她会见了她的项目团队，征求他们的意见。他们仍然需要外部的帮助，以完成操作系统更新项目。一个团队成员有一个朋友就职于一家很有竞争力的咨询公司。这家咨询公司拥有富有经验的人员，而且索取的费用比现在这家公司要低。玛丽要求这位团队成员帮她研究一下业内可以做操作系统更换项目的其他咨询公司。然后玛丽从这些公司取得了标书。她亲自会见了来自首选三家供应商的人员，并检查了他们所做的类似项目留下的参考资料。

玛丽和采购部门一起终止了原先的合同，并与一家更有声誉、收费更低的咨询公司签订合同。这次，她确保合同包括了工作说明书、具体可交付成果、所用咨询师最低工作年限的要求。合同还应写明在特定时间内完成该项目的奖励费。玛丽了解了好的项目采购管理的重要性。

本章小结

本章说明了软件项目的采购及采购管理的概念和重要性，介绍了理解采购管理的主要过程及其输出，主要说明了采购计划编制及其内容，询价计划编制和询价，如何选择供应商及进行合同管理等。

复习思考题

1. 软件项目采购管理主要过程有哪些？
2. 什么是 SOW？
3. 什么是询价计划和询价？最常见的两种询价文件是什么？
4. 按照你的理解，如何评估 ERP 供应商？
5. 理解合同的管理和合同收尾。

第 13 章　软件项目的整体管理

项目的整体管理综合了 PMBOK 其他 8 大领域的内容，包括项目计划制定、项目计划执行和项目整体变更管理三个组成部分。整体管理在于协调项目管理的各个领域、组成要素和资源，使项目的整体目标(包括时间、成本和质量三个方面)能顺利达成。

13.1　项目整体管理概述

在谈项目的整体管理之前，要先了解项目生命周期的概念，在软件工程中，软件有生命周期，而从项目管理的层面，也存在一个生命周期的概念，项目生命周期指的就是这样一系列项目阶段的集合。项目阶段根据项目和行业的不同均有所不同，但项目管理过程的几个阶段(即概念、开发、实施和收尾等阶段)是基本相同的。前两个阶段(概念和开发)主要工作是做计划，称做**项目可行性**阶段。后两个阶段(实施和收尾)主要是开展实际工作，称做**项目获取**阶段。

项目整体管理也称综合管理，包括在项目生命周期中协调所有其他项目管理知识领域所涉及的过程。它确保项目的组成要素在正确的时间结合在一起，以成功地完成项目。项目整体管理所包括的几个主要过程有：

(1) 项目计划定制，包括收集其他计划编制过程的结果，并将它们整合为一个协调一致的文件——项目计划，它是整体性质的计划，而不是简单的进度计划。

(2) 项目计划执行与实施，包括通过执行项目计划所包含的有关活动，实施项目计划。

(3) 整体变更控制，包括调整整个项目的变更。

要进行项目整体管理，须涉及项目的范围、质量、时间和成本管理以及人力资源、沟通、风险和采购管理。由于项目整体管理把所有知识领域结合在一起，因此项目整体管理必须依靠来自所有其他 8 个知识领域的活动。在项目生命周期中，它还需要项目发起组织高级管理层(或称项目决策委员会)的支持参与。

许多人都认为整体管理是实现整体项目成功的关键。必须要有人来负责协调为完成一个项目所需的所有人员、计划及工作。必须要有人来统领项目全局，带领项目团体实现项目成功。当各项目目标之间或参与项目的人员之间出现冲突时，必须要有人拍板订钉。还必须要有人向高级管理层汇报重要的项目信息。这个人正是我们所提的项目管理中的关键人物——项目经理。高层支持对项目经理很重要，主要原因有：

- 项目经理需要获取足够的资源
- 项目经理经常需要及时获取对项目特殊要求的审批
- 项目经理必须与来自不同组织的人进行合作
- 项目经理经常需要在领导事务上得到适当的指导和帮助

项目经理必须协调贯穿整个项目生命周期的所有知识领域，而许多新项目经理往往看到整体有困难，或者想关注太多细节。

项目的整体与软件的集成是不一样的概念，它注重的是协调各知识领域。软件项目整体管理框架如图 13.1 所示。

在项目生命周期的各阶段，整体管理将综合管理各个知识领域(即范围、时间、成本、质量、人力资源、沟通、风险和采购)，让项目的目标达成，项目的实施成功。

按时间的角度，整体管理主要过程包括项目启动、项目计划制定、项目计划实施和项目整体变更控制和项目收尾五个过程，项目计划实施和项目整体变更控制都有其核心过程和辅助过程，各过程间有一定的逻辑关系，分别如图 13.2 所示。

项目整体管理除了要协调整合项目内部的各个方面之外，还要整合项目外部的许多方面。要想进行跨知识领域与跨组织的综合，必须有一个好的项目计划。

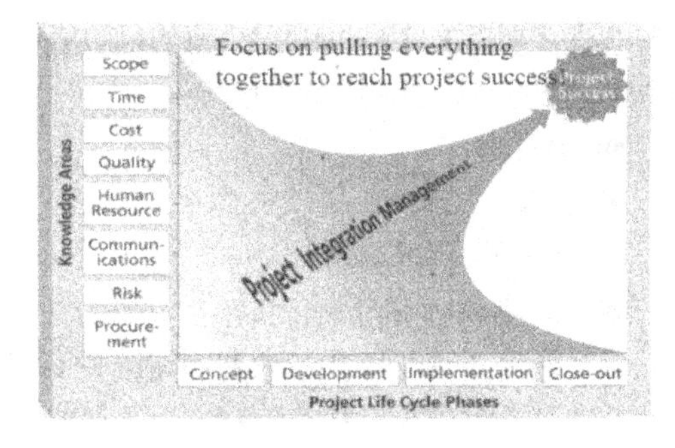

图 13.1　软件项目整体管理框架

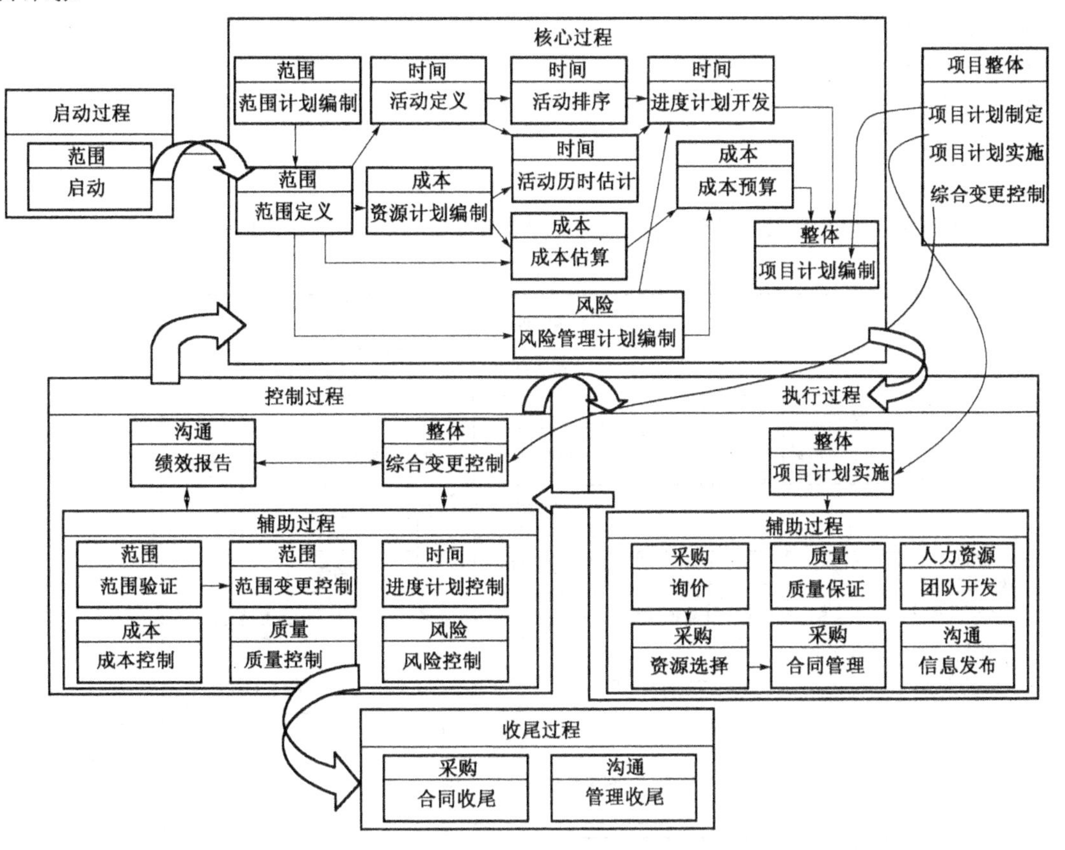

图 13.2　整体管理主要过程

13.2　整体项目计划的制定

整体项目计划是用来协调所有和项目有关的计划的一个文件，它是目的在于：

- 指导项目的执行
- 将项目计划的假设文档化
- 将方案的决策文档化，并包含替代的方案
- 便于项目主要干系人间的沟通
- 为项目的进度评测和控制提供基准

其中，有关计划的假设，特别是指大型项目的实施往往有许多无法准确预测的因素，比如年度的通货膨胀率、气候、无不可抗力的因素等，需要基于若干假设条件，在制定项目计划的时候，需要认

真审视这些假设信息，并制定相应的风险应对计划。有关方案的选择，须包含相应的替代方案。项目计划与项目一样，具有独特的性质：

- 动态性
- 灵活性
- 随着变更不断更新
- 首要任务是指导项目执行

项目经理必须能够亲自表率，制定一个好的项目计划，在执行阶段体现很好地遵循计划的重要性。而动态和灵活性并不意味着随意性，并不能为计划而计划。编制项目整体计划的交付物可以是文件形式也可以是表格形式。项目内容包括：

- 项目介绍
- 管理介绍
- 组织介绍
- 预算介绍
- 技术介绍

计划编制过程的输入是来自启动过程和来自控制过程的信息，输出到计划的执行过程中去。其过程如图 13.3 所示。

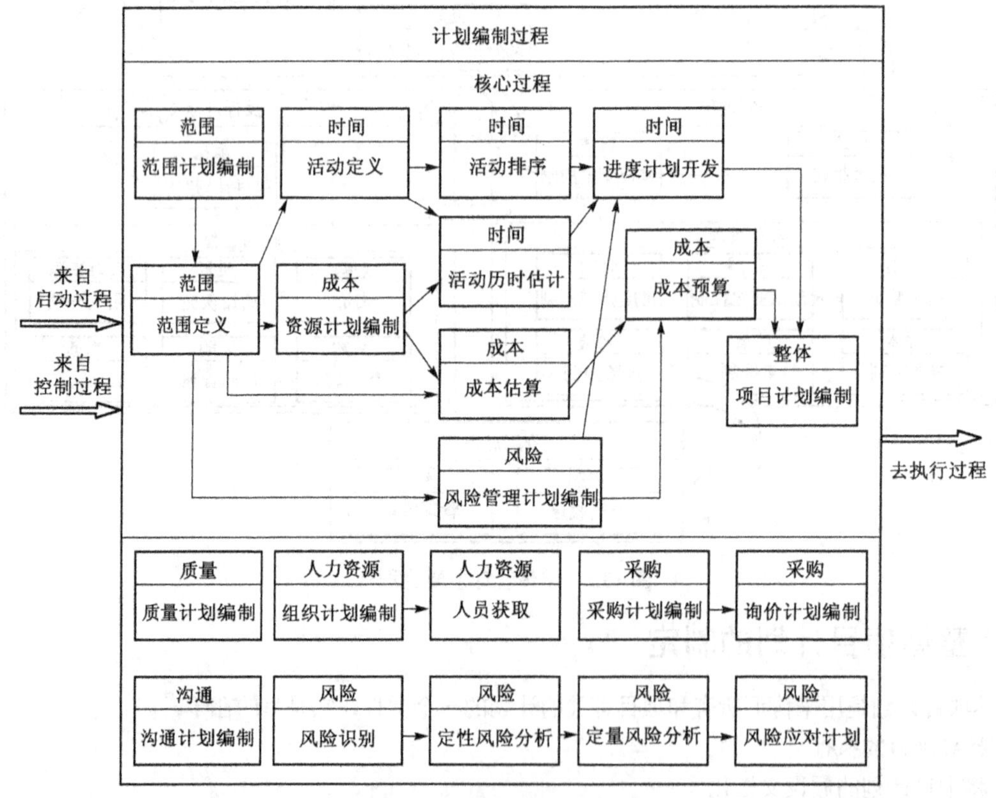

图 13.3 计划编制过程

项目干系人分析是项目计划制定的主要工作之一，它包括项目当事人，项目当事人是指项目的参与各方。简单项目的当事人也简单，如假日旅行只有自己参加，生日家宴只有主人和客人两方参加。

大型复杂的项目往往有多方面的人参与，例如业主、投资方、贷款方、承包人、供货商、设计师、监理工程师、咨询顾问等。他们一般是通过合同和协议联系在一起，共同参与项目。

业主通常要聘用项目经理及其管理班子来代表业主对项目进行管理。

项目干系人(Stakeholders)包括项目当事人和其利益受该项目影响(受益或受损)的个人和组织，也可以把他们称做项目的利害关系者。除了上述的项目当事人外，项目干系人还可能包括政府的有关部门、社区公众、项目用户、新闻媒体、市场中潜在的竞争对手和合作伙伴等，甚至项目班子成员的家属也应规为项目干系人。

对所有项目而言，主要的项目干系人包括：

- 项目经理：负责管理项目的个人。
- 顾客：使用项目产品的个人和组织。
- 执行组织：可能是一个企业，其大多数雇员直接参与项目的各项工作。
- 项目发起者(Sponsor)：执行组织内部与外部的个人和团体，他们以现金和实物的形式为项目提供资金资源。

项目干系人分析要记录有关干系人的一些重要(敏感)的信息，包括：

- 干系人姓名，所处单位及职位
- 在项目中的角色
- 项目干系人的实际情况(兴趣和爱好)
- 利益大小以及对项目的影响程度
- 与干系人进行有效沟通的建议

有关厦兴化工的“ERP 项目干系人分析”请详见附件 1。

13.3　项目计划执行

项目计划执行是指管理和运行项目计划中所规定的工作，如图 13.4 所示，通常情况下，项目的大部分时间和项目预算都花在项目执行阶段。

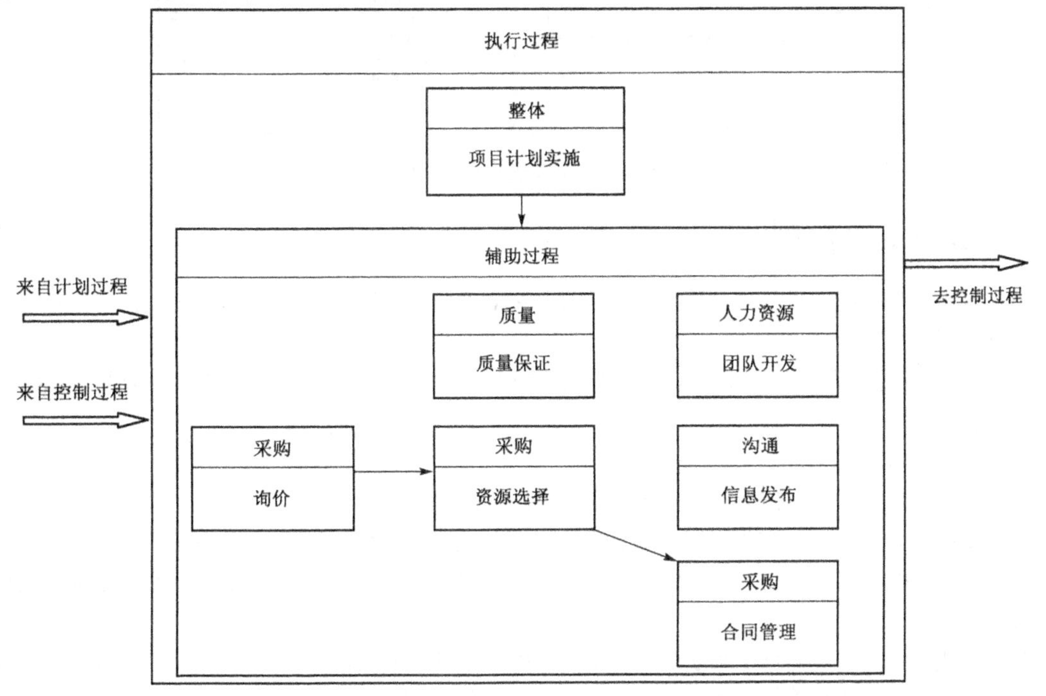

图 13.4　项目计划的执行过程

项目计划的执行需要多种能力，包括：

- 通用的管理能力，如领导、沟通和号召能力。
- 项目的产品是开发或生产出来的，需要生产能力和知识。
- 特别工具和技能的使用。

软件项目经理需要软件技术相关开发知识与设计能力。

项目执行过程需要工具和技术包括：

- 工作授权系统：确保合格的人在正确的时间内，以一定的次序进行授予权限的工作。如在企业的 OA 系统中，设置代理人功能，从电子工作流程来保证工作授权，一个授权的 OA 系统例子，如图 13.5 所示。
- 状态审查会议：状态审查会议是用来交流项目信息的定期会议(周例会、阶段性会议)。
- 项目管理软件：帮助管理项目的专门软件(如 Project 软件等)。

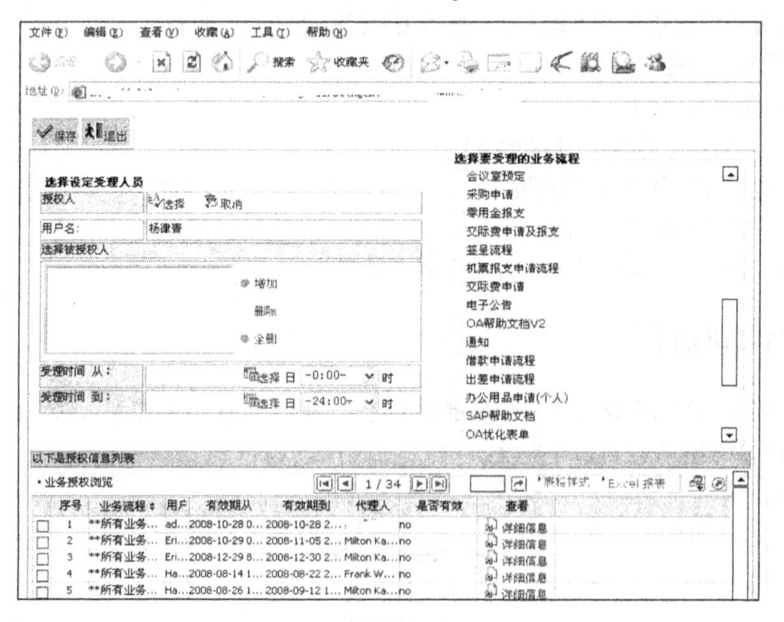

图 13.5 某授权的 OA 系统

13.4 整体变更控制

整体变更控制是指在项目生命周期的整个过程中对变更的识别、评价和管理等工作。整体变更控制的三个主要目标：

- 影响和促使形成变更的因素，变更对项目来说是有利的(如有新技术出现，减少硬件或软件的成本和时间)。
- 确定变更的发生。
- 在实际的变更发生或正在发生的时候对变更加以管理。

整体变更控制过程如图 13.6 所示。其输入有整体计划、绩效报告、变更请求；三个子过程为建立基准计划、评审状态和进度、决定变更是否要发生；其输出有三个结果，即更新的计划、采取的措施、经验教训。

在整体变更控制中，变更控制系统起着重要作用，它是一个正式的、文档化的过程，用来描述项目活动在何时、并且是怎样发生变更的。一个变更控制系统通常包括：

- 变更控制委员会 CCB
- 配置管理
- 变更信息的沟通过程

其中，变更控制委员会是一个负责项目变更审批的团体。变更控制委员会的主要职能是：

- 为准备提交的变更请求提供指导
- 对变更请求做出评价
- 管理经批准的变更

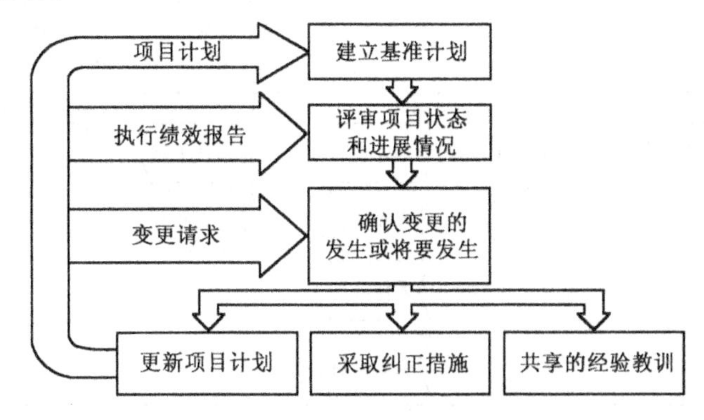

图 13.6　整体变更控制过程

变更控制委员会由组织中的几个主要项目干系人组成。由于变更控制委员会成员只是偶尔碰面，因此对项目出现的变更需要花很长时间来做出决策。一些公司对时间比较敏感的项目变更采取了一定措施：

- 48 小时政策(上级在此时间范围内做出决策和变更)。
- 让每个人都明确知道项目可能出现的变更，把变更尽可能地控制在最低水平。如厦兴化工系统在做出系统提前上线的决策后，通过公告让项目主要干系人知悉，并做相关的上线调整工作。

变更信息的沟通过程包括：

- 绩效报告须及时沟通，它是整体变更的基础。
- 每周(每天)和阶段性的例会。

项目争议管理办法有：

- 项目中任何不能达成一致的观点均为争议，争议应立即向上级机构呈报。
- 争议应由项目领导小组或项目组加以裁决，并对裁决承担责任。
- 争议的最高仲裁机构为项目领导小组(指导委员会)。
- 如项目领导小组还不能达成一致意见，则遵循谁决策，谁承担决策失误给对方和项目带来的损失的原则。
- 争议要及早采用书面报告方式进行报告，并对决策签字备档。

几条变更控制的建议如下：

- 将项目管理当做一个持续不断的沟通和谈判的过程。
- 计划也是为了变更。
- 建立一个规范的变更控制系统，包括 CCB。
- 使用好的配置管理。
- 为小变更上的及时决策，建立流程。

- 为识别和管理变更，使用口头和书面的绩效报告。
- 帮助变更管理和沟通，使用项目管理或其他软件。

13.5 项目的整体说明

软件项目管理体系包括阶段、流程、管理和文档，其组成如图 13.7 所示。

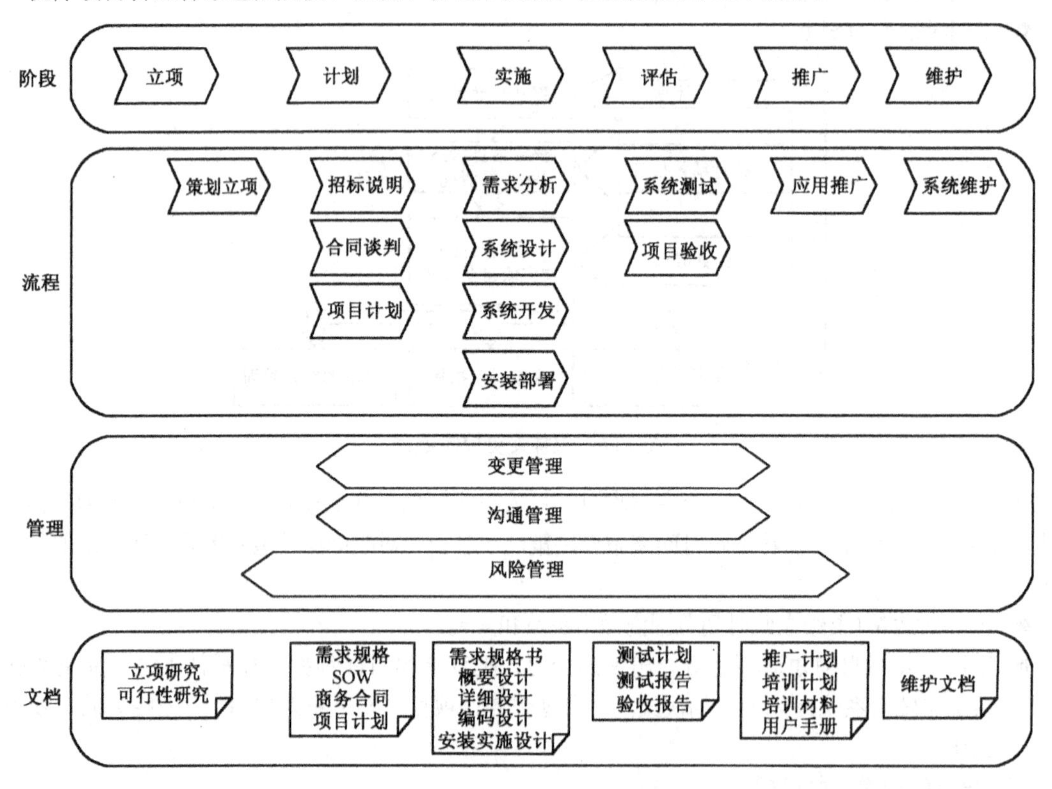

图 13.7 软件项目管理体系图

PMI 的 PMBOK 的 9 大知识领域与项目管理过程五个阶段(启动、计划、实施、控制和收尾)组合而成的关系，如图 13.8 所示。

下面以应用范围最广的企业应用软件项目为例，以企业应用软件项目的实施方法为研究对象，着眼于软件开发过程与软件项目管理结合而形成的实施方法体系。通过收集、阅读和分析应用软件项目实施方法相关的理论、标准和工具基础上，对它们进行分类，从三个维度(过程维、技术实现维、管理维)形成理论或工具集。通过对各维度的理论进行过滤、简化和抽象，得出各维度的核心要素和组成。

第一，提出企业软件项目实施三维理论模型，这三维分别为过程维、管理维和技术实现维。第二，从过程维度，提出目前适合于中大型企业特色的应用软件开发过程理论(如 RUP、CMM、XP 等)， 特别是对软件工程的软件生命周期理论进行分析和研究，对软件开发过程进行简化、抽象，把目前有关软件开发过程的理论进行全面、系统地比较和分析。第三，从管理维度，分析目前各种项目管理理论，特别对 PMBOK 架构下的项目管理(范围管理、时间管理、费用(成本)管理、质量管理、风险管理、综合管理等)。第四，从技术实现维度，包括物理平台(通常包括网络系统、服务器、PC 等物理层面的环境)、软件技术平台(通常包括操作系统、数据库和开发工具等)和项目管理辅助工具，企业应用软件项目实施三维理论模型如图 13.9 所示。

	启动	计划核心过程	计划辅助过程	实施	控制	收尾
1. 项目整体管理		计划规定		执行计划	计划变更管理	收尾管理
2. 项目范围管理	启动	范围规划		范围确定	范围变更管理	
		范围定义				
3. 项目时间管理		活动定义				
		活动排序			进度变更管理	
		周期估算				
		进度安排				
4. 项目成本管理		资源计划			成本变更管理	
		成本估算				
		预算决定				
5. 项目质量管理			质量计划	质量保证	质量控制	
6. 项目人员管理			组织计划	团队开发		
			人员确保			
7. 项目沟通管理			沟通计划	信息提供	成果报告	收尾管理
8. 项目风险管理		风险计划	明确风险			
			定性分析			
			质量分析			
			应对计划			
9. 项目采购管理		采购计划	询价	合同管理		合同收尾
			询价计划	供方选择		

图 13.8　PMI 的 PMBOK 的九大知识领域与项目管理过程五个阶段

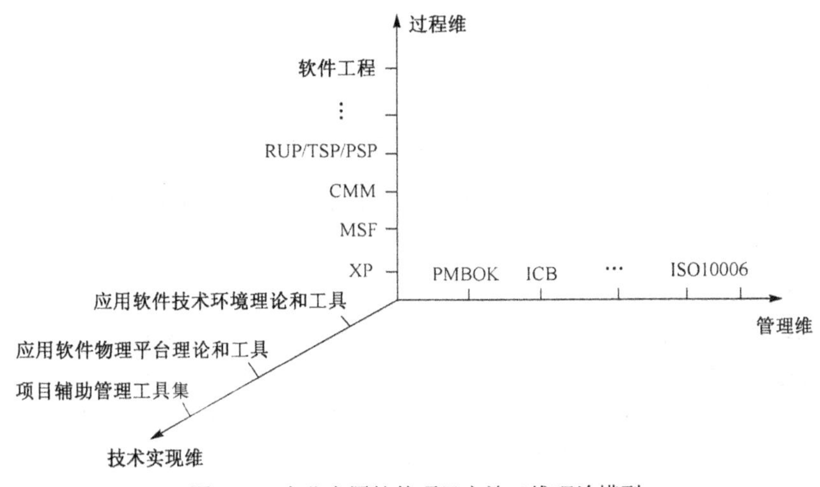

图 13.9　企业应用软件项目实施三维理论模型

将软件项目应用在过程维，可以将过程抽象成阶段 1、阶段 2、阶段 3……软件工程的软件开发过程(软件生存周期模型)研究和发展的时间长，它用一定的流程将各个环节连接起来，并可用规范的方式操作全过程，如同工厂的生产线，其软件开发模型是软件开发的全部过程、活动和任务的结构框架。软件开发模型能清晰、直观地表达软件开发全过程，明确规定了要完成的主要活动和任务，以里程碑进行定义和界定，可用来作为软件项目开发过程的基础。

在过程维的RUP/XP/CMM/MSF等基于过程的理论中，都反映出阶段划分的理念，它们与基于软件生命周期的划分也基本上是一致的。

选择软件工程各阶段作为过程维的阶段划分，即过程维可分成需求分析、系统设计、程序设计、程序编码、单元/集成测试、系统和验收测试、运行和维护(含培训、数据准备、初始化等上线准备工作)等阶段。

在管理维，用目前公认的且最通用的PMI提出的PMBOK(项目管理知识体系)的框架，可将项目管理分成范围管理、时间管理、成本管理、人力资源管理、风险管理、质量管理、采购与合同管理、沟通(交流)管理、整体(集成)管理。这些从不同层面的管理，也作为企业应用软件项目实施方法模型的管理维的组成部分。

在技术实现维，可针对某一项目，对应用软件物理平台、应用软件的技术环境进行定制，形成特定的平台和技术环境，可根据项目情况指定或选定所需的管理工具，形成指定的管理工具集，用于项目的辅助管理。形成的企业应用软件项目实施模型如图13.10所示。

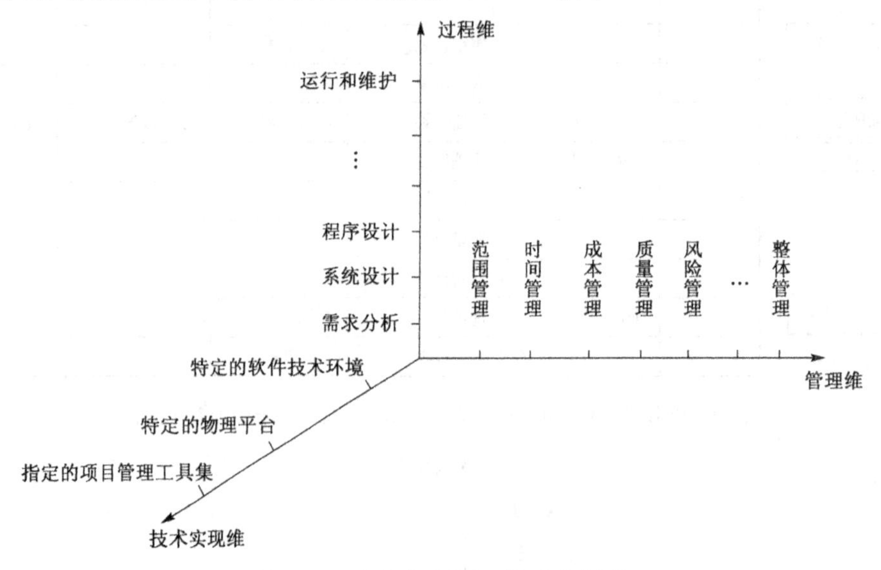

图13.10 企业应用软件项目实施模型

从企业应用软件项目实施模型图分析，管理维是我们在研究的PMBOK体系，而它与过程维、技术实现维结合，就从宏观的视点来分析项目管理与它们间的关系。

项目整体管理的案例分析1

尼克·卡林在一家位于硅谷的公司工作，最近被任命为一个非常重要的生物技术项目的项目经理。这个项目包括为用于组合人类基因组的一个DNA排序仪器开发软件与设计硬件。每台仪器售价约20万美元，一些客户将购买数台。100台这种仪器每天24小时连续工作的话，人类所有的基因组在不到2年的时间内就可以全部解密。这个生物技术项目是该公司最大项目，并且预测将来会有巨大的增长潜力和潜在的收益。不幸的是，这个项目的管理存在许多问题。这个项目已经进行了3年，项目经理也换了3次。在高级管理层任命尼克为项目经理前，他是该项目首席软件开发员。高级管理层指示，无论如何必须要在4个月内推出DNA排序仪软件的第一版，并在9个月内推出应用版。他们急于让项目出成果，主要原因是与一个大公司进行收购谈判的需要。

尼克精力充沛，聪明过人，并且具备项目成功必需的专业背景。他深入分析了技术问题，最后找到了导致DNA排序仪无法投入工作的关键错误。然而，作为项目经理这一新的角色，他正面临困境。

虽然尼克和他的团队实现了产品的准时推出，但由于尼克没有专注于管理工作，高级管理层并不满意。他从来没有为项目要做的事情制定过准确的进度安排和详细的计划。他并没有做一个项目经理该做的事情，而是成了一位软件集成者和问题解决者。然而，尼克还是不能理解高级管理层的问题——他不是推出产品了吗？他们难道就没有认识到他的价值？

尼克所在公司的 CEO 没有和尼克以及他的项目组打招呼就另外雇了一个新的经理吉姆来负责沟通自己和尼克部门的人员。CEO 和其他上级主管对这名新的中间经理吉姆很满意，吉姆能经常与他们见面，沟通想法，并且还很幽默。吉姆开始为公司将来管理项目建立标准。例如，他为项目计划制定和进度报告设计了模板，并将它们放到公司的内部局域网上。但吉姆和尼克相处得不是很好。吉姆意外地给尼克发了一个电子邮件，而这个邮件本来是吉姆想发给 CEO 的。在这封邮件里，吉姆提到了尼克的不好相处，并且在新生儿子身上占用了太多的时间。

尼克看了这封邮件后火冒三丈，冲进 CEO 的办公室。CEO 建议把尼克调到另一个部门，但尼克不喜欢那么做。CEO 没有考虑太多的后果，就与尼克中止了合同，让尼克离开了公司。由于公司的计划预算，CEO 知道不管怎样公司里总归有人要走的。尼克还与 CEO 谈判，要求获得他还没拿到手的 2 个月度假补贴以及很大一笔认股权。尼克与妻子商量后，知道如果他辞职的话就能拿到 7 万多美元，尼克就接受了中止雇佣合同的建议。他经受了项目经理这一职位的失败之后，决心致力于软件开发工作，而且在附近这种工作机会还很多。尼克辞职后，CEO 发现又有其他几个聪明能干的年轻的技术人员开始在他门口等着要那份解雇费了。

项目整体管理案例分析 2

本案例是“厦兴化工 ERP 系统”软件项目整体计划实例分析，软件项目计划是一个用来协调所有的其他计划，以指导项目执行和控制的文件。项目计划要记录计划的假设以及方案选择，要便于各干系人间的沟通，同时还要确定关键的计划审查的内容、范围和时间，并为进度评测和项目控制提供一个基准线。计划应具有一定的动态性和灵活性，并随着环境和项目本身的变更而能够进行适当的调整。比如，2008 年下半年，全球范围内发生了金融危机，那时正是该项目准备启动的阶段，许多已计划好的工作因此而受影响，计划受到拖延，影响到整个工作的进度和计划。

项目整体计划有利于项目经理管理他们的项目团队和评估项目的进展状况。在建设“厦兴化工 ERP 系统”时，项目计划包括下列子计划：

- 项目进度计划
- 业务蓝图编制计划
- 系统配置与测试(包含单元测试和集成测试)计划
- 文档编制计划
- 培训计划(含 IT 人员、关键用户和最终用户的培训)
- 系统上线计划
- 风险管理计划

建设“厦兴化工 ERP 系统”时，项目组花了许多时间讨论项目的计划，软件 Project 在其间发挥出了强大的功能，它是微软公司发布的一个功能强大、适应性强的项目规划管理软件，能帮助用户管理从简单的个人计划到复杂的企业任务，突出了项目管理和信息共享交流的功能。结合具体的软件项目，它采用 WES 技术对工作任务进行分解，定义可用的资源，使用 PERT 技术将任务分配给可用的资源，确定任务之间的关系，最后生成一份项目工作进度表和相应的甘特图、日历图等，找出关键路径。在项目的实施过程中对实际完成任务的情况进行跟踪，通过它还可核算项目发生的成本。

图 13.11 是用 Project 编制的“厦兴化工 ERP 系统”进度计划图。

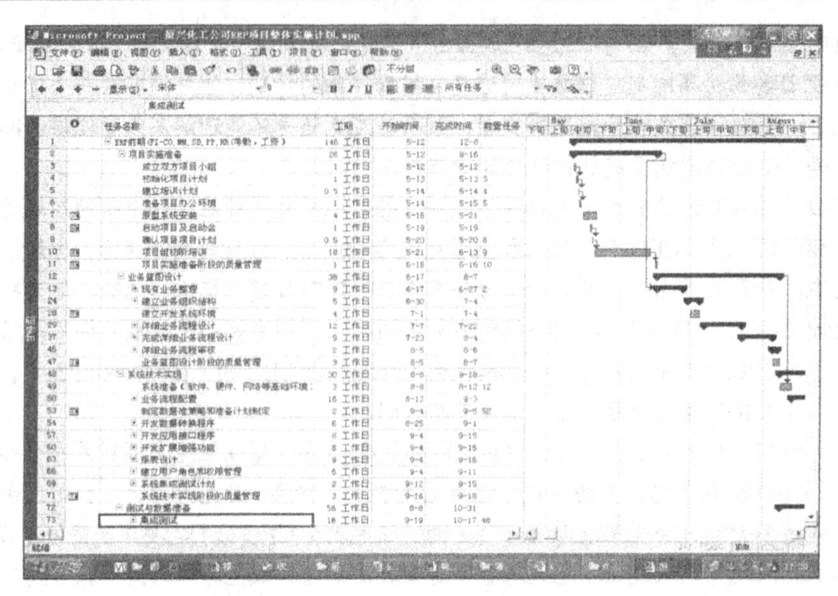

图 13.11 “厦兴化工 ERP 系统”进度计划

在完成项目后，项目组对软件项目的计划进行了总结：计划的制定要恰如其分，如果软件开发的计划是以完成的时间倒推来制定的，这是一份经不起推敲的计划书。软件开发计划要真正以用户的需求为出发点，以可利用资源为基础，结合现有人员的水平和素质，用以往相似的项目为参考，均衡每个人的工作，制定切实可行的计划。要把双方沟通、评审的时间在计划中预留出来。有了计划就要切实执行，要监督检查计划的执行情况。发现问题要正视问题的存在，及时解决，如人员不足或实力不够要及早抽调和补充。

与此同时，项目经理要培养员工工作的计划性和服从大局利益的意识。通常每周为单位制定计划和检查计划的执行情况，每一周或两周再以 8 小时作为一个计划单位做出个人的详细计划。每个员工都必须将他的详细计划上交他的直接主管，每日工作记录，每周对工作情况做一总结，书写《每日的工作记录表》和《项目工作周报》。对于项目组而言，通过开周例会，用“双周滚动计划”的方式来跟踪项目的进度，这些文档内容见附件 9。

本章小结

本章介绍了项目整体管理的基本概念和含义，强调整体管理的重要性及与其他知识领域的关系，说明了项目整体管理的各个过程，重点描述项目计划的制定和项目计划的主要组成部分，解释项目计划的执行过程，执行对应的方法和工具，说明整体变更控制过程、项目计划更新和纠正措施，也从宏观的视角说明了软件项目管理体系、PMI 的 PMBOK 的 9 大知识领域与项目管理过程组合图和企业应用软件项目实施三维模型图。

复习思考题

1．什么是软件项目的整体管理？其过程有哪些？
2．了解 PMBOK 的组成结构图。
3．如何进行项目干系人分析？
4．项目计划执行过程需要工具和技术有哪些？
5．理解整体变更控制过程和变更控制系统的组成。

第 14 章　软件项目管理收尾与总结

软件开发的项目是一项复杂的系统工程，前面已介绍了软件项目管理的各知识领域内容，本章对前面内容做收尾和概括性总结，并结合案例进行说明。

14.1　项目管理的辅助工具

在第 13 章介绍的“企业应用软件项目实施模型图”中，项目管理的辅助工具属于技术实现维的内容。软件项目管理中，有许多软件工具可以辅助进行软件项目的管理，经过多次项目开发的经验积累，将多种工具引入项目开发过程中。本章把“某市人事信息管理平台”项目组(以下简称项目组)和“厦兴化工 ERP 系统”所使用到的工具的功能和作用做一简要的介绍。

14.1.1　项目组内部信息平台建设工具 SharePoint

在“某市人事信息管理平台”成立之初，项目组使用 SharePoint 建立内部信息交互的 Web 平台，它是微软公司提供的工具，该平台的创建是基于 Windows 类的操作系统的软件工具，必须安装 IIS 作为 Web 服务器。栏目和主页可以自定义，栏目类型主要包括文档库、讨论区、事件、通讯录等，系统还提供用户管理功能。系统的各类主要栏目有统一的模板，通过向导自动生成上述的各类网页，它提供一个组织内部建立文档共享区、信息讨论区、工作任务和计划、通知、通讯录、友好链接等信息栏目的功能。它是一个软件项目组建立信息共享平台的理想工具。

在“厦兴化工 ERP 系统”项目中，将 SharePoint 作为文档收集和发布的平台，通过权限设置来控制文档的访问。

14.1.2　项目计划工具 Project

在项目组制定项目计划时，软件 Project 发挥出了强大的功能，它是微软公司发布的一个功能强大、适应性强的项目规划管理软件，能帮助用户管理从简单的个人计划到复杂的企业任务，突出了项目管理和信息共享交流的功能。结合具体的软件项目，它采用 WBS 技术对工作任务进行分解，定义可用的资源，使用 PERT 技术将任务分配给可用的资源，确定任务之间的关系，最后生成一份项目工作进度表和相应的甘特图、日历图等，找出关键路径。在项目的实施过程中对实际完成任务的情况进行跟踪，通过它还可核算项目发生的成本。

建设“某市人事信息管理平台”中“毕业生网上报送”的子项目，其甘特图如图 14.1 所示。

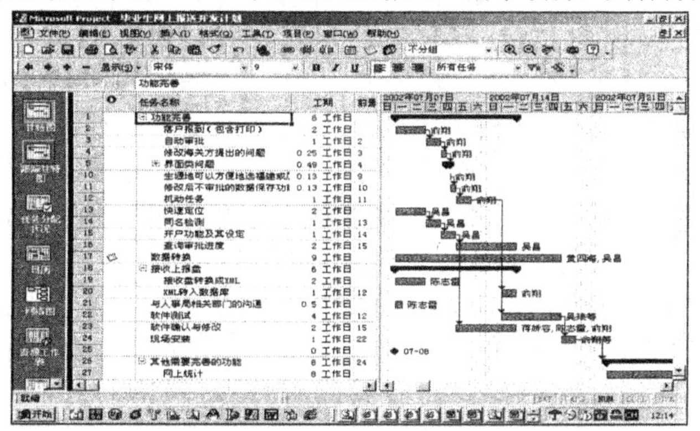

图 14.1　“毕业生网上报送”的子项目的甘特图

在“厦兴化工 ERP 系统”建设时，用 Project 进行各项计划的编制。图 14.2 是项目进度计划的甘特图。

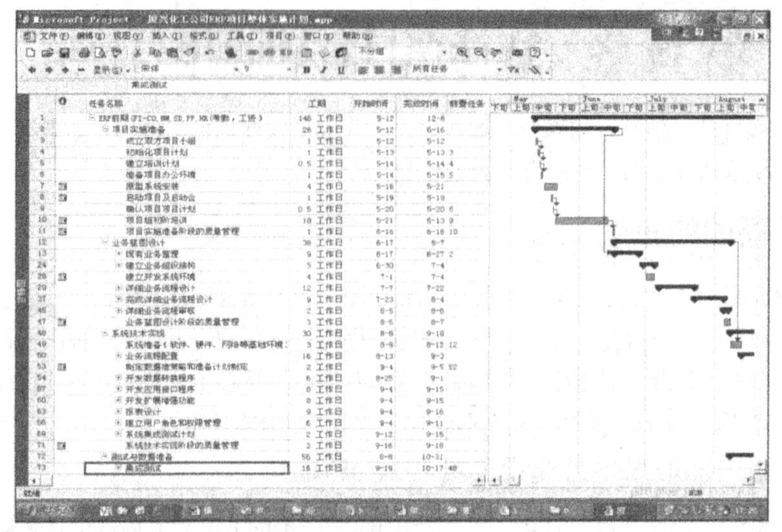

图 14.2 “厦兴化工 ERP 系统”时主计划的甘特图

14.1.3 流程图制作工具 Visio

Visio 是微软公司提供的一个流程图制作工具，它提供了大量的图库，是一种方便绘制流程图的工具，属于 Office 产品的一个组成部分，能与 Word、Excel 等很好地集成在一起。

Visio 2005 具有 Office XP 的外观、省时的任务面板、个人化菜单，以及可定制的工具条。Visio 和 Office XP 的集成可使知识工作者迅速、轻松地可视化每天工作要用到的信息，并在每天的日常业务交流中轻松地共享 Visio 图表。

在“厦兴化工 ERP 系统”项目中，使用 Visio 进行 AS-IS(现有业务流程)和 TO-BE(将来业务流程)的设计，在进行关键的 TO-BE 业务流程图设计时，边讨论边用 Visio 对流程图进行修改，直到最终流程图确定为止。

建设“某市人事信息管理平台”项目时，项目组在编制《需求分析说明书》和《系统设计说明书》时，用 Visio 2005 绘制大量的流程图，如业务流程图、程序流程图、网络结构图等。

14.1.4 数据库建模工具 PowerDesigner

PowerDesigner 是项目组用于数据库建模的工具，它用于定义数据库表、数据结构、数据库的各种对象，生成的对象(如索引、视图、存储过程)可以直接导入后台数据库中，并能生成各种格式的报表。

PowerDesigner 是 Sybase 公司发布的，其系列产品提供了一个完整的建模解决方案，业务或系统分析人员、设计人员、数据库管理员和开发人员可以对其裁剪以满足他们的特定的需要。PowerDesigner 灵活的分析和设计特性允许使用一种结构化的方法有效地创建数据库或数据仓库。PowerDesigner 提供了直观的符号表示使数据库的创建更加容易，并使项目组内的交流和通信标准化，同时能更加简单地向非技术人员展示数据库和应用的设计。

该工具主要用于需编写大量代码的开发中，如进行“某市人事信息管理平台”项目建设时，使用了该工具进行数据结构的设计，但在进行“厦兴化工 ERP 系统”建设中，数据库结构基本确定，所以并未使用该工具。

14.1.5　业务建模工具 Rational Rose

Rational Rose 是目前软件开发中最常用的建模工具。统一建模语言 UML 是以面向对象图的方式来描述任何类型的系统，它是一个通用的、标准的建模语言，对任何有静态结构、动态行为的系统都可用它来建模。Rational Rose 提供了一套可视化环境下的建模工具，用它可以画出系统的用例图、静态图、行为图、交互图和实现图，从用户需求、系统分析、系统设计、系统实现和测试等环节都需要用到相应的业务模型。使用它，可以缩短开发周期和降低维护成本。

Rational Rose 产品为大型软件工程提供了可塑性和柔韧性极强的解决方案：

- 强有力的浏览器，用于查看模型和查找可重用的组件。
- 可定制的目标库或编码指南的代码生成机制。
- 既支持目标语言中的标准类型，又支持用户自定义的数据类型。
- 保证模型与代码之间转化的一致性。
- 通过 OLE 连接，Rational Rose 图表可动态连接到 Microsoft Word 中。
- 能够与 Rational Visual Test、SQA Suite 和 SoDA 文档工具无缝集成，完成软件生命周期中的全部辅助软件工程工作。
- 强有力的正/反向建模工作。

Rational Rose 可视化开发工具与多种开发环境无缝集成，目前所支持的开发语言包括 Visual Basic、Java、PowerBuilder、C++、Ada、Smalltalk、Fort 等。

建设“某市人事信息管理平台”项目时，使用 Rational Rose 工具进行了建模，在进行“厦兴化工ERP 系统”建设中，系统的程序代码也基本确定，所以并未使用该工具。

14.1.6　软件配置工具 VSS

Microsoft Visual SourceSafe 作为 Microsoft Visual Studio 6.0 开发产品家族的一员，是微软公司提供的一种软件配置与版本控制工具，项目组在编写代码过程中，可以用它来实现源程序和文档的并发控制、历史记录回溯、版本控制等。

Microsoft VSS 6.0 解决了软件开发小组长期所面临的版本管理问题，有效地帮助项目开发组的负责人对项目程序进行管理，将所有的项目源文件(包括各种文件类型)以特有的方式存入数据库。开发组的成员通过版本管理器将项目的源程序或是子项目的源程序复制到各个成员自己的工作目录下进行调试和修改。VSS 也支持多个项目之间文件的快速高效的共享。每个成员对所有的项目文件所做的修改都将被记录到数据库中，从而使得恢复和撤销在任何时刻、任何位置都成为可能。

14.2　软件项目的收尾

项目收尾是将项目或项目阶段的可交付成果交付的过程，或者是取消项目的过程。表明该项目已经完成，项目团队以及项目利益相关者可以终止他们对于本项目所承担的义务和责任，并从项目中获取相应的权益。

它包括软件项目管理收尾、软件项目审计、软件项目验收、软件项目后评价。

14.2.1　软件项目管理收尾

收尾过程包括最后结束项目管理过程的所有活动，正式结束项目，移交已完成或取消的项目。对于一个软件开发项目来说，有了良好的开端和中间过程，对其进行合理地收尾，也是一件重要而容易被人忽略的工作，因为项目进行到后期，项目组成员(开发方和用户方)往往在心态上希望早点结束项目，也担心成本费用和时间会超出范围，因此往往急功近利，极可能使收尾工作没做好，影响整个项目的质量。

项目收尾过程还包括核实项目可交付成果的各项活动并形成文件，协调顾客或利益相关人正式验收可交付成果；核查在项目未能完成就终止的理由，并据此形成文件。

也就是说，项目管理收尾阶段工作包括：

(1) 项目资料整理阶段主要工作

- 甄别未完成的工作；
- 核对所有任务和活动的相关记录是否准确、齐备；
- 确认所有与项目收尾相关的资料是否完整；
- 检查项目管理计划中的工作是否实际完成。

完成资料的整理工作，为移交做准备，也保证项目审计和后评评价工作顺利进行。

(2) 项目收尾检查表主要包括：项目范围说明书(工作说明书)、项目计划、财务结算、合同和工作单结算、其他结算等方面的内容。

一个软件项目，结束该项目的类型分为：

(1) 正常完成项目，这是较好的情况。

(2) 未全部完成项目，比如完成了预定项目范围的一部分，其中有一两个模块未完成，一些功能未实现等。

(3) 失败项目，也就是没有上线使用软件系统，或者半途而废的项目。

正常完成项目的结果有完整的项目档案、正式通过的验收、项目总结出来的教训。

14.2.2 软件项目审计

项目移交给业主的时候，项目审计开始进行。项目审计是审计委托方对于接受审计的项目和组织依据相关的法规、财务制度、企业的经营方针、管理标准和规章制度，用科学方法和程序审核项目的活动，判断其是否合法、合理和有效，并且从中发现问题，纠正弊端，最终确认项目目标已经实现的一种活动。

项目评审在软件开发过程的特定阶段进行，是允许你在项目运行中改正错误的方法。成功的项目完成后评审包括的步骤：

- 阐述目的
- 选择参加人员
- 准备小组会议
- 召开小组会议
- 提交结果
- 采纳建议

软件项目审计主要任务有：

- 审计项目实施活动是否符合有关的规章制度。
- 审计项目活动是否符合相关的政策、法律、法规和条例，有无违法乱纪、营私舞弊等现象。
- 审计项目活动的合理性。
- 审计项目的效益。
- 检查和审计各类项目报告、会计记录和财务报表等反映项目实施和管理状况的资料是否真实。
- 在检查审计项目实施和管理状况的基础上，提出改进建议，为企业决策者提供决策依据，促使项目组织改善管理工作。

14.2.3　项目的验收

项目验收是指项目结束或项目阶段结束时，项目团队将其成果交付给使用者之前，项目接收方会同项目团队、项目监理等有关方面对项目的工作成果进行审查，核查项目计划所规定范围内的各项工作或活动是否已经完成，应交付的成果是否令人满意。

若审查合格，项目成果由项目接收方及时接收，实现投资转入使用。同时，总结经验教训，为后续项目做准备，并将验收结果记录在案，形成文件。

项目验收的意义有：

- 项目的验收标志着项目的结束(或阶段性结束)。
- 若项目顺利地通过验收，项目的当事人就可以终止各自的义务和责任，从而获得相应的权益。同时，也意味着项目团队的全部或部分任务的完成，项目团队可以总结经验，接受新的项目任务；项目成员可以回到各自的工作岗位或被安排合适的工作。
- 项目验收是保证合同任务完成，提高质量水平的最后关口。
- 通过项目验收，整理档案资料，可为项目最终交付成果的正常使用提供全面系统的技术文件、资料。

项目验收组织是指对项目成果进行验收的组成人员及其组织，一般由项目接收方、项目团队和项目监理人员构成。

由于项目性质的不同，项目验收的组织构成差异较大，如对一般小型服务性项目，只由项目接收人员验收即可，甚至对内部项目，仅由项目经理验收。

项目验收过程如图 14.3 所示。

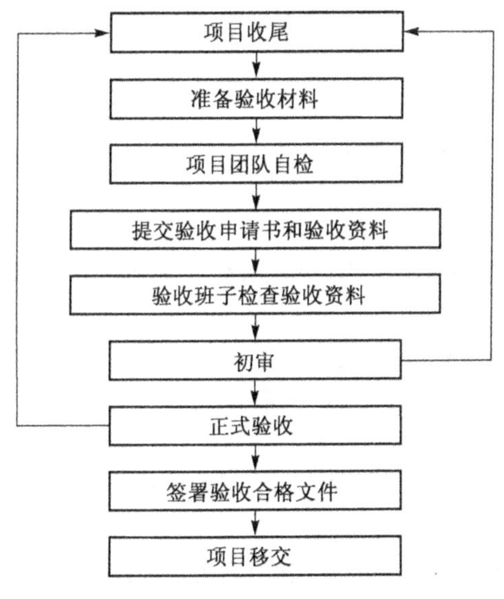

图 14.3　项目验收过程

从项目验收的内容划分，项目验收范围通常包括质量验收和文件资料验收。

- 项目质量验收结果是质量验收评定报告和项目技术资料。
- 项目文件验收结果是项目文件档案和项目文件验收报告。

某公司 ERP 服务器及备份系统建设用户验收报告如附件 10 所示。

项目移交是指全部合同收尾后，项目业主与全部项目参与方之间进行项目所有权移交的过程。

当项目的实体移交、文件资料移交和项目款项结清后，项目移交方和项目接收方将在项目移交报告上签字，形成项目移交报告。项目移交报告即构成项目移交的结果。

项目移交报告包括：通信和会议备忘录、项目移交的会议备忘录、项目时间进度报告、项目费用报告、项目质量报告、项目移交文件。知识转移是一项重要的移交内容。

对于应用型软件项目，项目收尾期间客户将根据合同对项目进行验收，一般是对最终成果《软件系统》，项目文档《操作手册》、《安装手册》、《软件光盘》、《维护计划》或《维护手册》进行验收，双方将产生双方《项目开发总结报告》及《项目总结会议备忘录》，不同的人都有不同的见解，这些报告都是极好的资源，对未来项目的平稳运行有很大的帮助。

另外，要对项目的过程文件归档，项目组内部将对项目过程中的计划、需求、设计、源代码、变更、会议纪要、客户信件等文档整理归档(如“厦兴化工 ERP 建设”项目，按项目的环节，如项目准备等过程进行归档)，为以后的查询及参考作为一定的依据。项目档案常常在结束多年以后还有用，良好的项目档案能为当前的项目节省时间和金钱，有时还能对组织进行审计等快速提供有价值的信息。

验收结果后，项目成果的表彰形式有：

- 产品评奖，有集体和个人荣誉

如果一个项目开发得成功，为了通过社会公众对其做进一步论证和宣传，精明的项目管理者或甲乙方通常将项目交给政府的科技部门或其他权威机构进行论证和评奖，论证和评奖都有严格的流程和程序，填交许多规定格式的文档资料和电子资料，或者组成专家组，对项目进行论证和评奖，对于软件项目来说，经常被评为当地或更高级别的科技进步奖和科技创新奖等。

- 项目组骨干成为晋升或重点培养对象
- 人事考核(考绩)分数提高
- 领导的期许和承诺的实现
- 项目奖金发放
- 非金钱的物质奖励，如外出旅游奖励

14.2.4 项目后评价

项目后评价提供回顾、反思和总结项目工作的机会，采用定性和定量相结合的方法。项目后评价特点是：

- 后评价是一个学习过程(总结经验教训)
- 后评价又是增强投资活动工作者责任心的重要手段
- 后评价主要是为投资决策服务的

项目后评价与前期评估的区别是：时间点不同；前期评估主要是预测的工作，而项目后评价既有预测又有总结的工作。其区别可从图 14.4 看出。

确定后评价的内容主要依靠关键成功因素(CSF)和关键绩效指标(KPI)建立绩效基准。一般来讲，在软件项目管理中主要包括 5 个指标：

- 项目管理目标
- 项目技术和方案
- 项目执行过程
- 项目成本效益
- 项目管理影响

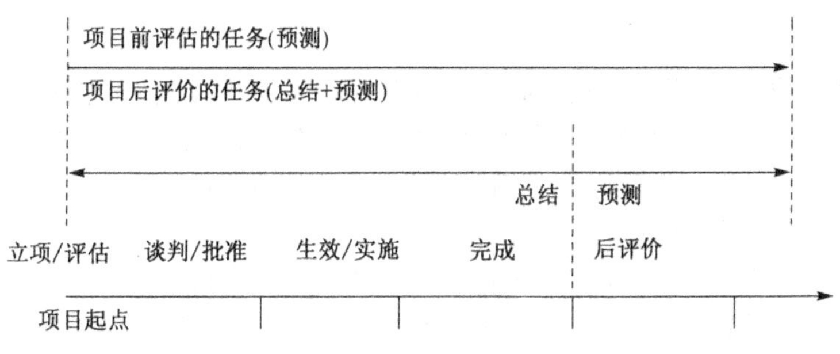

图 14.4　项目后评价与前期评估的区别

评价结果的五个等级分别为：

- 完全成功
- 成功
- 部分成功
- 不成功
- 失败

14.3　软件项目的后期维护

在软件运行和维护阶段对软件产品所进行的修改就是所谓的维护。要求进行维护的原因多种多样，归结起来有三种类型：

(1) 改正在特定的使用条件下暴露出来的一些潜在程序错误或设计缺陷。

(2) 因在软件使用过程中数据环境发生变化或处理环境发生变化，需要修改软件以适应这种变化。

(3) 用户和数据处理人员在使用时常提出改进现有功能，增加新的功能，以及改善总体性能的要求，为满足这些要求，就需要修改软件把这些要求纳入到软件之中。

由这些原因引起的维护活动可以归为以下几类：

(1) 改正性维护

在软件交付使用后，必然会有一部分隐藏的错误被带到运行阶段来。这些隐藏下来的错误在某些特定的使用环境下就会暴露出来。为了识别和纠正软件错误、改正软件性能上的缺陷、排除实施中的误使用，应当进行的诊断和改正错误的过程，就叫做改正性维护。

(2) 适应性维护

随着计算机的飞速发展，外部环境(新的硬、软件配置)或数据环境(数据库、数据格式、数据输入/输出方式、数据存储介质)可能发生变化，为了使软件适应这种变化，而修改软件的过程就叫做适应性维护。

(3)完善性维护

在软件的使用过程中，用户往往会对软件提出新的功能与性能要求。为了满足这些要求，需要修改或再开发软件，以扩充软件功能、增强软件性能、改进加工效率、提高软件的可维护性。这种情况下进行的维护活动叫做完善性维护。

在维护阶段的最初一、二年，改正性维护的工作量较大。随着错误发现率急剧降低，并趋于稳定，就进入了正常使用期。然而，由于改造的要求，适应性维护和完善性维护的工作量逐步增加。实践表明，在几种维护活动中，完善性维护所占的比重最大，来自用户要求扩充、加强软件功能、性能的维护活动约占整个维护工作的 50%。

(4) 预防性维护

除了以上三类维护之外，还有一类维护活动，叫做预防性维护。这是为了提高软件的可维护性、可靠性等，为以后进一步改进软件打下良好基础。通常，预防性维护定义为："把今天的方法学用于昨天的系统以满足明天的需要"。也就是说，采用先进的软件工程方法对需要维护的软件或软件中的某一部分(重新)进行设计、编制和测试。

在整个软件维护阶段所花费的全部工作量中，预防性维护只占很小的比例，而完善性维护占了几乎一半的工作量，参看图 14.5。从图 14.6 中可以看到，软件维护活动所花费的工作占整个生存期工作量的 70%以上。

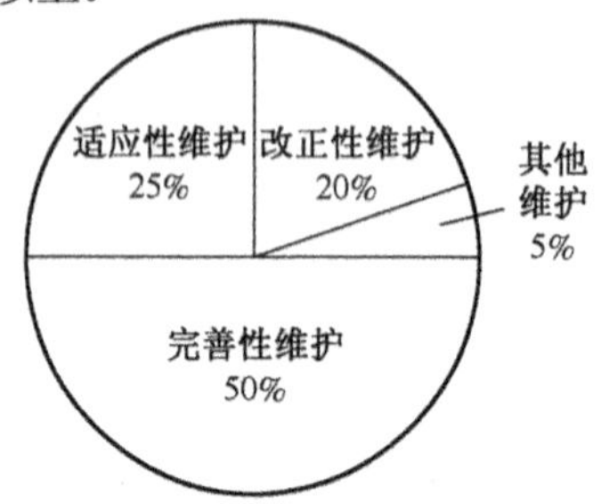

图 14.5 三类维护占总维护比例

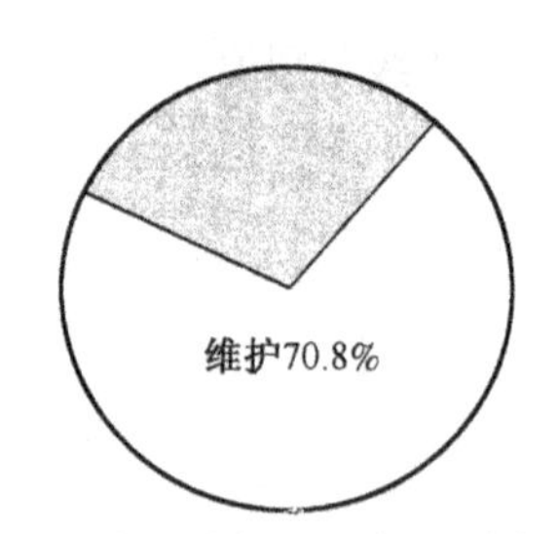

图 14.6 维护在软件生存期所占比例

14.4 项目总结文档编写

在项目完成后，都要进行项目总结文档的编制，其目的是分析项目成功和不足之处，对项目进行一个客观的评价，并为下次项目积累经验。很多项目没能进行很好的总结，推脱的理由有项目总结时项目人员已经不足或不全、现在有新的项目要接没有时间、写了没人看等。这些理由全不是正确的，无论如何也要进行总结，只能总结当前，才能提高以后。项目总结文档纲要见附件 10。

项目的成员应当在项目完成后，为取得的经验和教训写《项目总结报告》，总结在本项目中哪些方法和事情使项目进行得更好、哪些为项目制造了麻烦、以后应在项目中避免什么情况、哪些事情应在后面的项目中坚持等。为以后的项目人员更好的工作提供一个极好的资源和依据。

项目开发总结报告书模板见附件 10。

14.5 软件项目成功的关键因素和方法

对于软件开发的项目管理，经过多人多年的项目管理经验总结，对成功的关键因素和方法进行了整理(特别是项目计划方面的因素和方法)。分别列举出如下：

● 定义项目成功的标准

在项目的开始，要保证各方对于判断项目是否成功有统一的认识。通常，跟紧预定的进度是唯一明显的成功要素，但是肯定还有其他的因素存在，又比如，增加本行业软件开发的市场占有率、获得指定的销售量或销售额、取得特定用户满意程度、淘汰一个高维护需求的遗留系统等。

● 把握各种要求之间的平衡

成功的项目必须是在时间、成本和质量三个方面达到预期的标准或期望，因此在管理工作中应同时顾及这三个方面。有一个根本的思想问题是最容易忽视的，也是软件系统的用户、软件开发商不想正视的，那就是：需求、资源、工期、质量四个要素之间的平衡关系问题。每个项目都需要平衡它的功能、人员、预算、进度和质量目标。我们把以上五个项目方面中的每个方面，综合成一个约束条件，必须在这个约束中进行操作；也可以定义成与项目成功对应的驱动力，或者定义成通向成功的自由程度。可以在一个规定的范围内调整。

● 沟通承诺

尽管可能无意中承诺了不可能的事件，但不要做一个明知不能保证的承诺。坦诚地和客户、管理人员沟通那些实际成果。任何以前项目的数据会帮助你做说服他们的论据，虽然这对于不讲道理的人来说没有真正的作用。

● 项目实施前，必须先进行计划

需要项目经理投入的很重要的一件事就是制定项目计划，包括进度计划、风险计划、质量计划、成本计划、文档编制计划等。计划将在实际工作中反映环境的变化。编制计划有相当大的工作量。有些人认为，花时间写计划还不如花时间写代码，但是我们不这么认为。困难的部分不是写计划，困难的部分是做这个计划——思考，沟通，权衡，交流，提问并且倾听。用来分析解决问题需要花费的时间，减少项目以后会带给你的意外。

● 把任务分解成“英寸大小的小圆石”

“英寸大小的小圆石”是缩小了的里程碑。把大任务分解成多个小任务，帮助你更加精确地估计它们，暴露出在其他情况下可能没有想到的工作活动，并且保证更加精确、细密的状态跟踪。

● 为大任务制定计划工作表

如果项目组经常承担某种特定的通用任务，需要为这些任务开发一个活动检查列表和计划工作表。每个检查列表应该包括这个大任务可能需要的所有步骤。这些检查列表和工作表将帮助小组成员确定和评估与他必须处理的大任务相关的工作量。

● 在质量控制活动后应该有修改工作

几乎所有的质量控制活动，如测试和技术评审，都会发现缺陷或其他提高的可能。项目进度或工作细分结构，应该把每次质量控制活动后的修改，作为一个单独的任务包括进去。如果不用做任何的修改，说明项目组已经走在了计划的前面。

● 为“过程改进”安排时间

通常，项目组成员已经淹没在他们当前的项目中，但是如果要把项目组织提升到一个更高的软件工程能力水平，就必须投一些时间在“过程改进”上。从项目进度中留出一些时间，因为软件项目活动应该包括做能够帮助下一个项目更加成功的过程改进。

● 管理项目的风险

如果项目组不去识别和控制风险，那么会被它们控制。在项目计划时花一些时间集体讨论可能的风险因素，评估它们的潜在危害，并且决定如何减轻或预防它们。

● 根据工作计划而不是日历来估计

人们通常以日历时间做估计工作计划，但是有效的方法是，估计与任务相关联的工作计划(以“人时”为单位)的数量，然后把工作计划转换为日历时间的估计。这个转换基于每天有多少有效的小时花费在项目任务上，包括可能碰到的任何打断或突发调整请求、会议等。

● 不要为人员安排超过工作时间(8 小时)的任务量

跟踪项目组成员每周实际花费在项目指定工作上的平均小时数。一个成员一周理论上工作 40 小时，但不要因为在一项特定工作上每周花费 10 小时，就去假设他或她可以马上做 4 个这种任务，如果他或她能够处理完 3 个任务就很不错了。

● 将培训时间放到计划中

确定你的组员每年在培训上花费多少时间，并把它从组员工作在指定项目任务上的可用时间中减去。你可能在平均值中早已经减去了休假时间、生病时间和其他的时间，对于培训时间也要同样的处理。

● 记录估算和如何达到估算

在准备估算工作时，把它们记录下来，并且记录是如何完成每个任务的。理解创建估算所用的假设和方法，能够使它们在必要的时候更容易防护和调整，而且它将帮助改善估算过程。

● 记录估算并且使用估算工具

有很多商业工具可以帮助估算整个项目。根据它们真实项目经验的巨大数据库，这些工具可以提供可能的进度和人员分配安排选择。它们同样能够帮助避免进入“不可能区域”，即将任务量、小组劳动力和进度安排组合起来一看，根本不可能成功。

● 遵守学习曲线

如果在项目中第一次尝试新的过程、工具或技术，必须承受短期内生产力降低的代价。不要期望在新软件工程方法的第一次尝试中就获得惊人的效益，在进度安排中考虑不可避免的学习曲线。

● 考虑意外缓冲

事情不会像项目计划的那样准确地进行，所以预算和进度安排应该在主要阶段后面包括一些意外的缓冲，以适应无法预料的事件。

● 记录实际情况与估算情况

如果不记录花费在每项任务上的实际工作时间，并和估算做比较，将永远不能提高估算能力，估算将永远是猜测。

● 只有当任务100%完成时，才认为该任务完成

使用“英寸大小的小圆石”的一个好处是：可以区分每个小任务要么完成了，要么没有完成。这比估计一个大任务在某个时候完成了多少百分比要实在得多。使用明确的标准来判断一个步骤是否真正地完成了。

● 公开、公正地跟踪项目状态

创建一个良好的风气，让项目成员对准确地报告项目的状态感到安全。努力让项目在准确的、基于数据的事实基础上运行，而不是从因为害怕报告坏消息而产生的令人误解的乐观主义。使用项目状态信息在必要的时候进行纠正操作，并且在条件允许时进行表扬。

● 坚持进行阶段评审

评审是进行项目管理的重要手段，不能将评审流于形式，评审者应负予相应的责任，它可以及时发现和纠正项目各阶段出现的问题。

● 项目经理应当责权对等

项目经理应当对项目的结果负责，也应被授予足够的权力以承担相应的责任。有相应的获取或协调资源权力，做相应的有价值的决策等。

● 创造好的环境

项目管理要采取必要的考核和激励措施，建立一个和谐、向上的氛围，完善的沟通机制，能使项目组成员都为项目目标而努力工作。

● 重视文档的工作

将文档看成是软件的另一组成部分，它是项目组成员之间最重要的正式沟通媒体，好的文档便于开发工作的开展、日后维护和版本升级。

● 采用现代程序设计技术和辅助项目管理工具

只要有心去用它们，必然发现它们的帮助很大。

14.6　软件业的发展趋势

软件业的发展日新月异，它将在当今信息技术的飞速发展背景下，不断有新技术推陈出新，可以从以下几个方面来列举信息技术的发展趋势：

(1) 基础平台

第二代互联网(Web 2.0)、移动计算与应用、无线通信技术、3G 网络、超强的服务器和容灾存储设备。

(2) 新兴技术与标准

云计算、数字媒体、中间件、Webservice、XML、SOA 等。

(3) 软件技术平台

.NET、J2EE 和 Android 等。

(4) 企业最新应用

物联网应用、信息化与工业化的融合、知识管理、电子商务、企业智能、数据仓库与数据挖掘、决策支持系统、协同门户等。

其中，有关 SOA、云计算和物联网技术的描述，参见附件 11。

项目总结案例分析

“厦兴化工 ERP 系统”是一个基于 SAP 的项目，其实施与一般的软件开发有差异，通过以前章节的案例举例和阐述，现分析一下厦兴化工的成功经验。

厦兴化工 ERP 系统从 2008 年年初开始筹备，当时存在不少困难：公司投产不久，一些业务流程尚未固化，相关制度也在不断完善，对 ERP 业务流程的制定是一个挑战；ERP 是该公司 2008 年的一大目标，项目实施周期短(前期上线的整个周期前后才 6 个月)，时间紧迫；ERP 要上线的模块多(几乎涵盖公司所有业务部门)，公司刚成立，人力吃紧，项目组中的 KEYMAN 都不能全职投入项目中。这些困难再加上企业实施 ERP 的成功率很低，许多同仁对 ERP 是否能成功实施尚有疑虑。

在领导高度重视下，项目全体齐心协力，克服实施过程中的各种困难，SAP 系统终于如期成功上线，回顾整个项目的实施过程，总结出如下的成功的经验：

(1) 领导重视：落实“信息化建设就是一把手工程”的原则，成立由领导组成的项目指导委员会，对重大决策和重要资源进行分配。另外，企业中高层管理人员在协调、组织和规划上考虑得更周到，因此在实施信息化建设的过程中，企业中高层管理人员的参与，使企业流程重组更加合理，更加适应企业未来发展方向。

(2) 严谨的实施过程：项目实施采用科学的项目管理方法，在每个里程碑都有严格的质量评审。

(3) 专业的实施团队：团队在实施过程中起着举足轻重的作用。在顾问公司的选择上，项目组对 6 家合格厂商进行量化的评估，选出有经验的顾问公司；从各部门中选择业务骨干组成关键用户的团队；IT 队伍中，大部分工程师也有大量的软件开发或 SAP 经验。

(4) 引进专家支援：项目组在实施过程中，得到兄弟公司 SAP 技术工程师的支援，顾问公司也外聘了资深顾问，指导 SAP 系统的实施。

(5) 以用户为中心：及时反应各部门需求，主动搜集意见与建议，讨论解决方案。

(6) 重视培训：长期进行面向各层次培训，包括理念和操作，特别是培养种子用户。

(7) 整体规划、分步实施的策略：对困难有充分的认识，实施从易到难、从少到多、循序渐进；进行整体的规划设计后，再按计划严格地执行和监督。

软件开发的项目是一项艰苦、风险性高、多人协作的工程，在平时工作实践中，有关项目管理方面的经验和教训总结如下：

(1) 可行性分析是项目启动前不可忽略的环节

在实施一个项目之前，必须从经济性、技术可行性、社会和时间等因素去分析软件系统实施的可行性，而不应主观臆断，或者还没有分析就开始实施。许多委托方和开发商喜欢把可行性分析当做一个走过场的环节，心里先默认其可行，再来找理由，如此的项目可行性分析必然不客观，等于没有做分析。

(2) 开发之前必须认真地进行工作量的估计

如果草率地制定一个开发日程表，没有认真地估计项目难度，实际完成时间与估计完成时间往往有较大差别，容易打击士气和影响用户的信心，计划也变成一纸空文。有关计划的方面，前面已进行了较多的分析了。

(3) 项目应得到明确的许可，并由投资方或用户方签字实施

在实现项目目标的过程中获得明确的许可是非常重要的。应将投资方的签字批准视为项目的一个出发点。具体的做法是：开发方和委托方首先要签订详细的、正式的合同；在对用户需求做出详细分析后，整理出系统功能报告，要求投资方或用户方签字确认，以此作为功能界定的依据。

(4) 项目经理必须以身作则

项目经理应以自己的实际行动向项目小组成员传递一种紧迫感，由于项目在时间、资源和经费上都是有限的，项目经理必须带头加班，定期检查，经常召开例会，也可以制作一些提醒的标志置于项目的场所。

(5) 鼓动投资方和用户主动介入项目

应尽量让用户多参与项目的开发，在项目早期要让用户帮助确定项目目标；在项目进行中，让用户对完成的阶段性目标进行评估，帮助项目经理获得必要的文件资料。

(6) 采用软件的复用技术

开发和积累通用的组件，大大提高将来开发的效率。

(7) 系统要经过单元测试和集成测试后，方可交予用户，进入系统测试

不经过严格测试阶段，将系统交给用户使用，是对用户不负责任的行为，将大大影响项目的成功。

(8) 不断改进软件开发过程实践的必要性

通过多次项目的开发，应对技术和管理进行总结，不断优化软件的开发过程及其管理方法。

本章小结

本章首先介绍辅助项目管理的工具，接着说明项目的收尾，即软件项目管理收尾、软件项目审计、软件项目验收、软件项目后评价，说明了项目的后期维护方法，提出项目总结文档编写的内容，论述了项目成功的关键因素和方法。

同时，结合“厦兴化工 ERP 建设”的实际案例，总结其成功因素与项目管理的经验，最后说明软件业的未来和发展趋势。

复习思考题

1. 你知道的常用的项目辅助管理工具有哪些？
2. 什么是项目的收尾？它包括哪几个方面的内容？
3. 软件项目审计的作用和任务是什么？
4. 理解软件项目验收的过程。
5. 软件运行和维护可分为几类？
6. 项目后评价与前期评估的区别有哪两点？
7. 总结软件业的发展趋势及新技术。

附件 1　项目干系人分析

1. 概述

项目干系人指的是参与项目或受项目活动影响的人。项目干系人既可能来自组织内部，也可能来自组织外部，可能直接参与到项目当中，也可能只是受项目的影响。一般地说，内部的项目干系人一般包括项目发起人、项目组、辅助人员、内部项目客户等，其他一些内部项目干系人还包括高级管理层、其他职能经理、其他项目经理等。由于组织可用的资源是有限的，项目在使用组织有限资源的时候就必然对高级管理层、其他职能经理和其他项目经理等造成影响。因此，这些次要的内部项目干系人虽然不直接涉入项目，但由于项目从另外一些方面对之构成影响，他们也仍然属于项目干系人。外部项目干系人包括组织外部的顾客(如果有的话)、竞争对手、供应厂商，以及其他一些处于组织外部的项目涉及的或受项目影响的团体，比如政府、社会团体甚至是相关市民等。

项目干系人的需要和期望在项目开始直至结束都是非常重要的。成功的项目经理都会与各项目干系人发展良好的关系，以确保对其需要和期望有较好的了解。

2. 项目干系人分析

下面以厦兴化工公司的 ERP 项目为例，分析涉及的项目干系人。

2.1　项目的背景

厦兴化工公司于 2008 年开始启动 ERP 项目建设，使用 SAP 作为 ERP 系统的软件，请国内某大型 SAP 管理咨询公司作顾问厂商。在公司领导高度重视下，项目组全体成员齐心协力，于 2003 年 11 月成功地实施了目前比较成熟的 ERP 的 SAP 系统。厦兴化工公司的 SAP 系统采用先进的技术，具有高可靠性、易于操作和管理、可扩展性等特点。目前，公司已实施 FI(财务会计)、CO(企业控制)、TR(金库)、MM(物料管理)、PP(生产计划)、SD(销售与分销)、HR(人力资源管理)、PM(工厂维护)等模块。SAP 的成功实施，为公司带来了有形和无形的效益。

2.2　项目干系人分析

项目的内部组织为厦兴化工公司，内部项目干系人包括：

(1) 项目发起人

项目的发起人为厦兴化工公司，ERP 项目的实施，是业务管理、信息管理和优化流程的需要，项目的成功将给公司带来有形和无形的效益。如果失败，公司将浪费大量的人力、财力和物力，影响公司的竞争力。

(2) 项目指导委员会

由公司高层管理人员组成，包括董事长、总经理、所有副总经理和公司的项目经理。其主要任务是：

- 负责公司远景规划，设定优先级，批准项目的实施范围，解决相关公司层问题。
- 调用必要的资源与项目，激励项目团队。
- 监控项目进展和对项目组织进行划分。
- 给项目组织核心人员能够做出决策的授权。

项目的成败，与项目指导委员会的决策密切相关，也影响项目指导委员会所有成员的工作绩效。

(3) 内部项目组及辅助人员

1) 公司项目经理

公司项目经理是项目的日常执行和管理领导，主要负责项目日常管理、管理和定义实施范围、获得和分配项目资源(包括顾问厂商资源)、向指导委员会和项目组成员沟通协调项目状态、监控和推进问题解决流程、采取行动调整偏离目标、监控和管理项目最终数据准备、安排用户培训等。

公司项目经理对项目的成败承担最重要的责任，也是项目绩效最直接的体现者，项目经理必须投入大量时间在项目中，项目成败与其息息相关。

2) 公司 IT 组人员

公司 IT 组人员是项目各模块的协作者和部分功能的开发者，是项目主要的实施力量，其主要职责为：

- 参加未来流程设计，配合业务关键用户规划业务蓝图。
- 负责本模块文档管理。
- 负责本模块数据整理，并在顾问指导下进行数据导入。
- 参与本模块相关接口设计、测试和维护。
- 参与系统测试并评审结果。
- 负责本模块联络，协调关键用户资源。上线后本模块系统支持。

作为项目的主要执行之一，成员必须投入大量时间处理项目的日常事务，其日常工作情况影响到项目性能，反映出 IT 组所有成员的工作效能。

3) 各模块关键用户

关键用户是指从各业务部门选出的业务骨干人员，可以全职或兼职，其主要工作任务为：

- 在项目经理的领导下提出符合自身特点的业务需求。
- 帮助制作文档，评审需求以确保后续 ERP 测试的解决方案能满足这些需求，并负责所制作文档的更新。
- 参加讨论和陈述并确认未来流程，如有争议以整体流程最适性为考量，必要时提交业务决策组和项目指导委员会决策。
- 与业务决策组一同工作并完成最终文档。
- 制作最终用户手册，在厂商的顾问指导下，对最终用户进行培训。
- 确认数据的来源、分析数据完整性、修改数据的可靠性、输出的格式要求及报表的需求。
- 执行系统测试，记录出错日志，并过滤出错日志。在顾问的指导下解决测试中的出错问题，并在此后进行再测试以确认系统的安全性、稳定性。
- 上线支持本模块最终用户系统操作。

在项目实施期间，关键用户的一个重要成绩是自身负责模块的实施情况和与项目组其他成员的配合度。

(4) 业务决策组

由各部门主管组成，主要是负责自身管理的领域的业务需求，确认系统的未来蓝图，项目最终业务流程影响到各业务部门主管的日常工作和人员安排。

(5) 内部项目客户

也就是公司内部用户，或称最终用户，他们是 ERP 系统的使用者，系统的实用性、与业务的匹配度、可操作性(含用户界面等)、安全性、可扩展性等，直接影响到最终用户的工作效率。

(6) 公司其他人员

在项目的实施过程中，需要公司各部门的配合，如需要后勤部门提供厂商工作场所、住宿等，项目组成员的交通安排等。当然，项目可能增加这些部门的工作量。

该项目的外部项目干系人主要包括：

(1) 项目的厂商

厂商主要包括：SAP 实施顾问、SAP 软件提供商、硬件及网络厂商等，项目的执行情况影响到这些公司的效益(利润)、知名度、客户口碑及厂商在同行的竞争力等。

(2) 竞争对手

公司的外部同行竞争公司，项目的成败通过影响原公司(如“厦兴化工公司”)，间接影响到这些竞争公司的经营情况，这对于垄断性行业更加明显。

(3) 公司业务伙伴

包括公司的供应商(EC)、产品客户(CRM)和银行(网银)金融部门等，系统的成功实施，可以更实时、更准确地为他们提供所需的业务信息。可能还需与业务伙伴单位的电脑系统进行连接，编制数据接口等。

(4) 政府机构和社会团体

一个大项目的实施情况，可能会影响到该区域的政府机构或社会团体，特别是难度高且成功的项目，对同区域的企业起到先锋模范的表率作用。

附件 2　ERP 项目范围说明书

1. 项目目标

集团公司实施 ERP 系统的主要目标在于，战略层面上配合集团集团管理的模式，为集团业务增长和整合提供系统支撑平台；战术层面上强化总管理处的职能，加强集团及关联公司内部的协同性，提高运营效率，提供准确及时的信息，提高决策的科学性。实施费用控制在 200 万以内，实施时间从 2008 年 5 月至 2008 年 12 月 31 日。

2. 实施范围

ERP 使用 SAP 产品，其功能模块将在集团进行实施，实施范围如下表：

序号	法人实体名称	需要实施的 ERP 模块							
		财务管理	成本管理	物料管理	设备管理	项目管理	销售管理	生产计划与控制	人力资源
1	公司一	√	√	√	√	√	√	√	√
2	公司二	√	√	√			√	√	
3	公司三	√	√	√			√	√	
4	公司四	√	√	√			√	√	

注：项目管理模块仅实施与 PM 模块相关的设备维护预算、成本费用核算功能。

3. 项目各阶段交付成果

结合 SAP 理念和现有 SAP R/3 4.6C 系统已实施的功能模块进行实施并优化，实施周期将分为项目准备、业务蓝图、系统实现、上线准备、上线与支持等五个阶段，各阶段工作项目和交付件如下表，并且对于交付件以双方签字作为验收完成的依据。

项目阶段	工作项目	交付件（成果）
1.项目准备	项目启动 项目计划 SAP 基础培训	项目计划 项目管理标准和流程 技术需求计划
2.业务蓝图	总体设计 详细设计	系统组织架构图 总体流程图 业务流程图和说明 客户化开发需求
3.系统实现	系统配置 单元测试 集成/用户接受测试 编写用户操作手册 权限设计 数据收集清理和试转换 制定培训计划 客户化开发	系统配置文档 单元测试文档 集成/用户接受测试计划 集成/用户接受测试文档 数据转换清单和模板

续表

项目阶段	工作项目	交付件(成果)
4.上线准备	权限设置和测试 整理培训教材 最终用户培训 制定系统切换计划 制定应急预案	权限设计表 系统切换计划 上线支持计划 静态数据 动态数据 应急预案
5.上线与支持	上线动员 系统切换 生产支持 日清日结	问题清单及解决方案 月结报告 项目验收与总结文档

4. 乙方(顾问)公司工作内容

顾问公司实施过程中的工作，包括项目可行性分析、项目组织与计划、系统总体规划、系统环境搭建、需求调研、企业业务流程诊断、业务流程整合(改进)、系统配置和实现、系统测试、报表和接口移植技术支持、系统评价、工具和系统使用培训、知识转移等多方面内容。

5. 项目成功的关键因素

省略。

附件3　项目计划书

1. 引言

1.1 编写目的

[说明编写这份项目开发计划的目的，并指出预期的读者。]

1.2 背景

待开发软件系统的名称；

a．本项目的任务提出者、开发者、用户及实现该软件的计算中心或计算机网络；

b．该软件系统同其他系统或其他机构的基本的相互来往关系。

1.3 定义

[列出本文件中用到的专门术语的定义和外文首字母组词的原词组。]

1.4 参考资料

[列出用得着的参考资料。]

2. 项目概述

2.1 工作内容

[简要地说明在本项目的开发中须进行的各项主要工作。]

2.2 主要参加人员

[扼要地说明参加本项目开发工作的主要人员的情况，包括他们的技术水平。]

2.3 产品

2.3.1　程序

[列出需移交给用户的程序的名称、所用的编程语言及存储程序的媒体形式，并通过引用有关文件，逐项说明其功能和能力。]

2.3.2　文件

[列出需移交给用户的每种文件的名称及内容要点。]

2.3.3　服务

[列出需向用户提供的各项服务。]

2.3.4　非移交的产品

[说明开发集体应向本单位交出但不必向用户移交的产品。]

2.4 验收标准

[对于上述这些应交出的产品和服务，逐项说明或引用资料说明验收标准。]

2.5 [完成项目的最后期限]

2.6 [本计划的批准者和批准日期]

3. 实施计划

3.1 工作任务的分解与人员分工

[对于项目开发中需完成的各项工作，从需求分析、设计、实现、测试直到维护，包括文件的编制、

审批、打印、分发工作，用户培训工作，软件安装工作等，按层次进行分解，指明每项任务的负责人和参加人员。]

3.2　接口人员

[说明负责接口工作的人员及他们的职责。]

3.3　进度

[对于需求分析、设计、编码实现、测试、移交、培训和安装等工作，给出每项工作任务的预定的开始日期、完成日期及所需资源，规定各项工作任务完成的先后顺序以及表征每项工作任务完成的标志性事件。]

3.4　预算

[逐项列出本开发项目所需要的劳务以及经费的预算和来源。]

3.5　关键问题

[逐项列出能够影响整个项目成败的关键问题、技术难点和风险，指出这些问题对项目的影响。]

4. 支持条件

[说明为支持本项目的开发所需要的各种条件和设施。]

4.1　计算机系统支持

[逐项列出开发中和运行时所需的计算机系统支持，包括计算机、外围设备、通信设备、模拟器、编译程序、操作系统、数据管理程序包、数据存储能力和测试支持能力等，逐项给出有关到货日期、使用时间的要求。]

4.2　需由用户承担的工作

[逐项列出需要用户承担的工作和完成期限，包括需由用户提供的条件及提供时间。]

4.3　需由外单位提供的条件

[逐项列出需要外单位分合同承包者承担的工作和完成的时间。]

5. 专题计划要点

[说明本项目开发中需制订的各个专题计划的要点。]

附件4 测 试 文 档

1. 测试计划书

略。

2. 测试分析报告

《测试分析报告》纲要和编写说明如下。

1. 引言

1.1 编写目的：阐明编写测试分析报告的目的并指明读者对象。

1.2 项目背景：说明项目的来源、委托单位及主管部门。

1.3 定义：列出测试分析报告中所用到的专门术语的定义和缩写词的原意。

1.4 参考资料：列出有关资料的作者、标题、编号、发表日期、出版单位或资料来源，可包括：项目的计划任务书、合同或批文；项目开发计划；需求规格说明书；概要设计说明书；详细设计说明书；用户操作手册；测试计划；测试分析报告所引用的其他资料、采用的软件工程标准或工程规范。

2. 测试计划实施情况

2.1 机构和人员：给出测试机构名称、负责人和参与测试人员名单。

2.2 测试结果：按顺序给出每一测试项目的：实测结果数据；与预期结果数据的偏差；该项测试表明的事实；该项测试发现的问题。

3. 软件需求测试结论

按顺序给出每一项需求测试的结论。包括：证实的软件能力；局限性(即该项需求未得到充分测试的情况及原因。

4. 评价

4.1 软件能力：经过测试所表明的软件能力。

4.2 缺陷和限制：说明测试所揭露的软件缺陷和不足，以及可能给软件运行带来的影响。

4.3 建议：提出为弥补上述缺陷的建议。

4.4 测试结论：说明能否通过。

3. 测试用例举例

下面是"某市人事信息平台"项目中"《填写月考核表》权限测试"的测试用例描述。

《填写月考核表》权限测试

1 测试用例的名称

填写月考核表界面权限控制

---

2 测试用例的目的

测试不同权限级别用户进入该界面后，具有不同的读写权限。

---

3 测试方法

分别以不同级别用户登录，进入《填写月考核表》界面，看是否符合下面所列出的不同情况下不同级别用户具有的不同权限：

(1) 系统设定数据输入方式为：管理员统一录入

1）主管领导或管理员登录:

● 浏览并修改所有人员、所有月份的考核表

● 可以添加记录，输入新的一份考核表数据

2) 小组领导或普通用户登录

● 只能查看本人的月考核表

● 无修改、添加的权限

(2) 系统设定数据输入方式为：用户个人录入数据

1）主管领导或管理员登录

● 查看所有人员所有月份的考核表，只有读的权限，无修改权限

2）小组领导或普通用户登录

● 查看个人已提交过的月考核表

● 填写新的考核表

● 修改领导还未审核过的考核表

4 测试用例的输入

用不同权限级别的账号登录

5 期待的输出

6 实际的输出

4. 单元测试报告模板

单元测试报告

填表日期: ____________　　　　编号: ______________

开发项目名称: ____________

单元名称		责任人		单元所属子系统	
序号	功能名称	操作方法	输出或测试结果	修改建议	备　注
1					
2					
测试结论	未实现的模块: 1. 2. 3. … 软件中建议补充的功能模块 1. 2. 3. … 相关问题与建议 1. 本单元是否很好地实现了要求它实现的所有功能? 2. 在正常情况下，系统是否能正常工作? 3. 其他改进的建议。				

填写表格说明:

1. 单元名称填写测试计划中测试的项目名称，每个测试项目填写一份单元测试表。
2. 序号从1开始累加。
3. 填写表格可以根据内容加大。
4. 操作方法包含输入的数据，操作的过程，写明问题是如何出现的。

测试人签名：__________ 日期：__________ 审核人：__________ 时间：__________

5. 软件修改和调试报告单

软件修改和调试报告单

单元名称：__________________

所属子系统：________________

序号	问题编号	软件修改内容和情况简述	问题是否解决	回归测试情况	回归测试人员

备注:

1. 本表先由开发人员对应的一份《单元(集成)测试报告》填写，后交测试人员填写，最后由测试组长签名。
2. 问题编号必须与《单元(集成)测试报告》中的编号相对应。序号从1起累加。
3. 调试报告单中必须对回归测试情况做出说明或描述，由测试人员填写。
4. 填写表格可以根据内容加大。

软件修改人签名：__________ 日期：_____

测试小组长签名：__________ 日期：_____

6. 系统常见问题检查表模板（以 Delphi 为开发工具）

系统常见问题测试表

单元名称____________ 系统名称 ________________

初次测试日期________________

一、界面问题	是	否	已纠正
1. 窗口是否可以最大化及调回初始位置 问题的模块或路径: 1) 2)	[ ]	[ ]	[ ]
2. 模态窗口是否处理成不可拉伸 问题的模块或路径:	[ ]	[ ]	[ ]
3. 窗口的标题是否正确 问题的模块或路径:	[ ]	[ ]	[ ]
4. 窗口“退出”：仅处于 dsEdit 的时候，退出没有保存提示 问题的模块或路径:	[ ]	[ ]	[ ]
5. 通用查询在查不到记录的时候，是否有相关的提示 问题的模块或路径:	[ ]	[ ]	[ ]
6. 输入子窗口的大小可以控制 问题的模块或路径:	[ ]	[ ]	[ ]
7. 工具栏的 Hint 是否正确 问题的模块或路径:	[ ]	[ ]	[ ]
8. 是否所有 Bitbtn 或者 Button 的 caption 是中文	[ ]	[ ]	[ ]
9. 状态条的设置是否合理和符合标准 问题的模块或路径:	[ ]	[ ]	[ ]
10. DbGrid 的 Title 字体颜色、居中等问题是否已处理 问题的模块或路径:	[ ]	[ ]	[ ]
11. 每个 Group 在的标题是否与其内容相符 问题的模块或路径:	[ ]	[ ]	[ ]
二、控制类的问题			
1. 部分控件在输入时对非法字符是否控制 问题的模块或路径:	[ ]	[ ]	[ ]
2. 按 Enter 键时焦点是否会往下个控件跳 问题的模块或路径:	[ ]	[ ]	[ ]
3. TabOrder 的顺序是否正确 问题的模块或路径:	[ ]	[ ]	[ ]
4. 空记录在删除的时候，是否会出错 问题的模块或路径:	[ ]	[ ]	[ ]
5. 字段赋值后如改变焦点位置会改变值 问题的模块或路径:	[ ]	[ ]	[ ]

6. 同一应用程序重复运行时，是否有提示和控制 [ ] [ ] [ ]
问题的模块或路径：
7. 数据类型输错时，是否有相应的提示 [ ] [ ] [ ]
问题的模块或路径：
8. 必输项未输入时，保存时是否有相应的提示 [ ] [ ] [ ]
问题的模块或路径：
9. 单击“删除”按钮时，是否给出提示 [ ] [ ] [ ]
问题的模块或路径：

三、控件类问题

1. Dbgrid 是否已经设置成只读，它上面的 DbComBox 是否正确 [ ] [ ] [ ]
问题的模块或路径：
2. 部分时间控件是否有默认值 [ ] [ ] [ ]
问题的模块或路径：
3. 是否有工作单位应该用下拉列表，而没有使用 [ ] [ ] [ ]
问题的模块或路径：

四、其他功能

1. 是否有打印功能未实现 [ ] [ ] [ ]
问题的模块或路径：
2. 打印报表格式与实际报表是否相符 [ ] [ ] [ ]
问题的模块或路径：

审查结果

1. 如果上述问题的答案均为“否”，那么测试通过，请在此处标记并且在最后签名
2. 如果上述问题的答案为“是”，则写出问题的模块或路径。
3. 如果代码存在严重的问题，例如多个问题的答案为“是”，那么程序编制者纠正这些错误，并且必须重新安排一次单元测试。

估计下一次单元测试的日期：______________________

测试人签名：______________________ 日期：______________________

附件5　项目承包合同书

合同编号：XDS2002XXXX

地　　点：

甲方：某网络科技有限公司　　　　　　　　乙方：

甲、乙双方在自愿和协商的基础上，就______软件产品开发项目承包事宜签订本合同：

一、甲方聘请乙方担任此项目的项目经理，履行某软件产品开发项目。

二、合同期限自签定之日起，到该项目完成并通过用户系统验收止，期限共___天，从_____年___月___日至____年___月___日。

三、在合同进行期间，乙方履行项目经理职责，全权处理项目相关事务。直接向公司主管该项目的领导负责。

四、合同签定后，乙方在征得公司领导的同意后，有权在技术部内自行组织___名技术人员成立项目组协助其完成该项目工作。若选定的技术人员未完成原有项目，应保证不影响其原有工作。项目经理认为必要时可自行与项目组内的成员另行签订工作合同，规定参与项目组工作的人员之工作职责、收益办法、责任等，经公司批准后生效。

五、乙方保证在合同“二”条款规定的期限内完成本项目，如因自身原因未在合同期限内完成，每逾期一周扣除本人项目提成的___%。

六、合同签订之日起，至项目按时完成时止，乙方享受项目经理特殊津贴，额度为____元人民币/月。若该项目未按规定期限完成，则超过规定期限的时间不再享受项目经理特殊津贴。

七、乙方在用户签定系统验收报告书后(根据甲方与用户签订的合同及其附件详细说明)，可获得本项目利润___%的项目提成，其中的___%为乙方应得的项目经理奖，其他___%为项目组其他人员根据工作情况分配；乙方在用户支付完全款后，可获得本项目利润___%的项目提成；乙方有权力决定分配方式，但要在“公平”原则下，使项目组成员得到应得的提成奖励。

项目利润的计算方法如下：

项目利润=项目收入–项目成本(购买软硬件等)–工程费用(包括差旅费、红白票费、项目组成员工资、津贴、外包费用)–税金及各类附加费

注：上述的项目收入为实际收入总金额；项目成本、费用、税金及附加费等费用按照财务核算额度为准。

八、乙方所领导的项目组在项目进行期间若加班工作，隔日不受甲方考勤规定限制。

九、乙方在项目进行期间，有权对项目组内人员视其工作情况予以相应奖励、处罚或更换处理，项目组每月可获一定数额的项目特殊津贴，作为物质奖励基金，由乙方支配，根据项目组成员的工作表现予以发放。甲方对乙方的决定应予以积极配合。每月项目特殊津贴计算方法如下：

月项目特殊津贴=项目组人数(项目经理除外)×___元

十、乙方须定时(每周)向甲方指定负责人汇报项目进度，甲方有随时监督了解项目进展情况的权利。

十一、项目通过用户系统验收后一周内，乙方应将该项目的所有文档(需求、设计、源代码及注释、使用说明等电子文档)归档保存于行政部及本部门并对外保密。

十二、甲方在下列条件下，可终止此合同，另聘项目经理：

(1)项目组成员中，三分之二以上要求更换项目经理时;

(2)无特殊原因，项目某阶段进度拖延超过三周时;

(3)项目经理因各种原因无法履行项目经理职责时。

十三、乙方在合同期限内尚未完成项目的情况下，无特殊原因，拒不履行项目经理职责者，须个人向甲方赔偿_____元人民币。如由此造成甲方的经济损失，应视损失大小予以相应赔偿，并承担相应法律责任。

十四、在项目履行过程中，未经甲方同意，乙方不得擅自离职、辞职。违者参照第十三条的规定处罚。

十五、本合同未尽事宜，由甲乙双方协商解决。

十六、本合同的解释权归某网络科技有限公司所有。

甲方: 乙方:

代表: (签章) (签章)

日期: 年 月 日 日期: 年 月 日

附件6　工作评审表

厦兴化工 ERP 项目关键用户和 IT 人员工作评审表

序号	评估项目名称	分值	评分	评分说明	备注
	一、工作量及工作难度				
1	所负责模块的流程数				
2	任务按时完成情况				
3	实施模块的难度、概念的可理解性				
4	负责模块的关联性				
5	提出合理化建议情况				
	二、工作质量与效率				
6	需求的把握				
7	流程设计能力及熟悉度				
8	文档水平(计划、报告等)				
9	配置情况				
10	维护水平				
11	用户满意度				
	三、工作态度与团队精神				
12	技术保密				
13	服从领导情况				
14	积极思考问题、创新意识				
15	虚心改进问题				
16	合作精神				
17	责任感				
	四、日常工作能力				
18	组织与协调能力				
19	文档编写水平				
20	使用软件工具的情况				
21	口头表达与沟通能力				
	五、其他因素				
22	IT 人员的其他工作量带来的影响				
	总分				

评估备注:

1. 各评估项总分为 100，总分为每项得分的求和数。

2. 评估依据为顾问公司提供的各类资料、与顾问公司的访谈情况、对外界的调查和个人对顾问公司的了解等。

3. 本表的有效性需石化 ERP 项目负责人确定。

分四级：60 分以下(4 级)；60～70 分(3 级)；71～80 分(2 级)；80 分以上(1 级)

附件7 需求分析、概要和详细设计提纲

1 需求分析报告

1.1 引言

- 编写目的(阐明编写需求分析报告的目的)
- 项目背景(应包括:a.项目的委托单位、开发单位和主管部门;b.该软件系统与其他系统的关系。)
- 名词解释(列出文档中所用到的专门术语的定义和缩写词的原文。)
- 参考资料(列出有关资料的作者、标题、编号、发表日期、出版单位或资料来源,可包括:a.立项报告;b.项目开发计划;c.文档所引用的资料、标准和规范。)

1.2 任务概述

- 目标

叙述该项软件开发的意图、应用目标、作用范围以及该软件的背景资料。解释被开发软件与其他有关软件之间的关系。如果本软件是一个独立的软件,而且全部内容自含,则说明这一点。如果定义的产品是一个更大系统的一个组成部分,则应说明本产品与该系统中其他各组成部分之间的关系。

- 假定与约束

列出本软件开发工作的假定与约束,例如经费限制、开发期限等。

1.3 数据描述

- 数据分为静态数据和动态数据。所谓静态数据,指在运行过程中主要作为参考的数据,它们在很长一段时间内不会变化,一般也不会随着运行而改变。所谓动态数据,包括所有在运行中要发生变化的数据,以及在运行中要输入、输出的数据。
- 静态数据(系统运行前已有的数据)。列出所有作为控制或参考用的静态数据,并给出名称。
- 动态数据(系统运行过程中需要的输入数据以及系统运行过程中产生的输出数据)。列出所有动态数据,并给出名称。

1.4 功能需求

- 流程图

画出系统的整体流程图。

- 功能划分

对于流程图中的各个功能用树状结构自顶向下进行细化,并对底层的功能进行编码,给出功能标识符。

- 功能描述

对底层所要完成的功能进行详细描述,填入下表中:

功能名称	功能标识符	功能详细描述

● 数据与功能的对应关系

用一张矩阵图说明功能描述中的各个功能与数据描述中的静态数据、动态数据之间的对应关系，例如：

功能标识符	输　入	输　出
功能标识符 1	静态数据名称 动态数据名称(例如用户在运行过程中需要用键盘输入数据)	动态数据名称(例如在运行过程中需要写日志或输出一个报表)
功能标识符 2	动态数据名称	动态数据名称
…		

1.5　性能需求

● 时间要求

例如响应时间、更新处理时间、数据转换和传送时间等。

● 适应性(在操作方式、运行环境、与其他软件的接口等发生变化时，所具有的适应能力)

1.6　运行环境描述

● 硬件设备

● 支持软件(操作系统、数据库、其他软件系统如 Lotus Notes 等)

● 接口(硬件接口、软件接口)

● 控制(说明控制该软件的运行的方法)

● 用户界面(反映业务流程的用户界面)

1.7　其他需求

● 如可用性、安全保密、可维护性、可跨平台性等(分高、中、低定性详细描述)

2　概要设计书

2.1　引言

● 编写目的(阐明编写概要设计书的目的，指明读者对象)

● 项目背景(应包括：a.项目的委托单位、开发单位和主管部门；b.该软件系统与其他系统的关系)

● 定义(列出本文档中所用到的专门术语的定义和缩写词的原意)

● 参考资料(列出有关资料的作者、标题、编号、发表日期、出版单位或资料来源，可包括：立项报告；项目开发计划；需求分析报告；文档所用的资料、采用的标准或规范)

2.2　总体设计

● 需求概述

● 运行环境

简要说明对本系统的运行环境(包括硬件环境和支持环境)的规定。

● 处理流程

针对需求分析报告中功能需求的功能描述部分，用图的形式表示出完成该功能的模块的处理流程，并注明各个模块之间的接口参数。

● 总体结构

针对需求分析报告中功能需求的功能描述部分，用树状图的形式，自顶向下的表示出完成该功能的所有模块的结构图。

● 功能分配(表明各项功能与程序结构的关系)

用一张矩阵图说明各项功能需求的实现与各模块的分配关系。

	模 块 1	模 块 2	…
功能需求 1	★		
…		★	
功能需求 n		★	

2.3 接口设计

● 用户接口

说明向用户提供的命令和它们的语法结构，以及软件的回答信息。

● 外部接口

说明本系统与外界的所有接口，包括软件与硬件之间的接口，本软件与其他软件之间的接口关系。

● 内部接口

针对在总体设计部分的总体结构中列出的模块树状结构图，对树状图中位于同一层的各个模块之间的接口进行详细说明。

2.4 数据结构设计

● 逻辑结构设计(数据字典)

● 物理结构设计

数据字典的存储要求、访问方法、存取的物理关系(包括索引、设备等)

● 数据结构与程序的关系

用一张矩阵图说明各个数据库表与各模块的对应关系。

	模 块 1	模 块 2	…
数据库表 1	★		
…		★	
数据库表 n			

2.5 出错处理设计

● 出错输出信息

用表的形式说明可能出现的出错或故障情况出现时，系统输出信息的形式、含义以及处理方法。

● 出错处理对策

说明故障出现后可能采用的补救措施，包括:

后备技术：当原始数据丢失时启用数据副本的技术;

性能降级：当系统崩溃时，暂时采用人工处理的办法;

恢复及再启动：是软件从故障点恢复执行或使软件从头开始运行的方法。

2.6 安全保密设计

指从系统安全保密角度考虑，在程序设计和数据库设计中做出的一些安排。例如为了保证传输数据的完整性与保密性，需要在传递数据前对数据进行加密。

2.7 系统维护设计

说明为了系统维护的方便而在程序设计中做出的安排，包括在程序中专门安排用于系统的检查与维护的检测点和专用模块。

3 详细设计书

3.1 引言

● 编写目的(阐明编写详细设计书的目的，指明读者对象)

- 项目背景(应包括: a.项目的委托单位、开发单位和主管部门; b.该软件系统与其他系统的关系)
- 定义(列出文档中所用到的专门术语的定义和缩写词的原意)
- 参考资料(列出有关资料的作者、标题、编号、发表日期、出版单位或资料来源，可包括：项目的计划任务书、合同或批文；立项报告；项目开发计划；需求分析报告；概要设计书；测试计划；文档中所引用的其他资料、软件开发标准或规范)

3.2　总体设计

- 需求概述
- 软件结构(如给出软件系统的结构图)

对概要设计书中的总体结构部分的各个模块，用列表的方式给出该模块包含的程序的名称、标识符、功能列表。

3.3　程序描述

(逐个程序给出以下的说明：)

- 功能

说明该程序应具有的功能。

- 性能

说明对该程序的性能要求，包括精度、灵活性、时间特性等要求。

- 输入项目

给出每一个输入项目的特性，包括名称、标识符、数据的类型和格式、数据值的有效范围、输入的方式、输入媒体等。

- 输出项目

给出每一个输出项目的特性，包括名称、标识符、数据的类型和格式、数据值的有效范围、输出的形式、输出媒体等。

- 算法

本程序所选用的算法，具体的计算公式和计算步骤。

- 流程逻辑

用流程图的形式辅以必要的说明来表示本程序的逻辑流程。

- 接口

说明本程序所隶属的上一层模块及隶属于本程序的下一层模块、子程序，说明参数赋值和调用方式，说明与本程序直接关联的数据库。

- 限制条件
- 测试要点(给出测试模块的主要测试要求。)
- 尚未解决的问题

附件 8　配置计划提纲

引言

目的

定义

参考资料

职责

以公司的控制程序为准，本部门具体职责人为：________

实现

- 软件结构层次树中软件位置的标识方法；
- 程序组成部分的命名约定；
- 版本级别的命名约定；
- 软件产品的标识方法；
- 规格说明、测试计划与测试规程、程序设计手册及其他文档的标识方法；
- 媒体和文档管理的标识方法；
- 文档交付过程；
- 软件产品库中软件产品入库、移交或交付的过程；
- 问题报告、修改请求和修改次序的处理过程；
- 交付用户的产品的组成过程控制；
- 软件库的操作，包括准备、存储和更新模块的方法及标识；
- 软件配置管理活动的检查；
- 问题报告、修改请求或修改次序的文档要求，指出配置修改的目的和影响；
- 软件进入配置管理之前的测试级别；
- 质量保证级别确定，例如，在进入配置管理之前，验证软件满足有关基线的程度。

软件配置管理活动

配置状态的记录和报告

1．指明怎样收集、验证、存储、处理和报告配置项的状态信息；

2．详细说明要定期提供的报告及其分发方法；

3．如果有动态查询，要指出所提供的动态查询的能力；

4．如果要求纪录用户说明的特殊状态时，要描述其实现手段。例如，在配置状态纪录和报告中，通常要描述的信息有：

- 规格说明的状态；
- 修改建议的状态；
- 修改批准的状态；
- 产品版本或其修改版的状态；
- 安装、更新或交付的实现报告；
- 用户提供的产品(如操作系统)的状态；
- 有关开发项目历史的报告。

配置的检查和评审

1．定义软件生存周期的特定点上执行的检查和评审中软件配置管理计划的作用；

2．规定每次检查和评审所包含的配置项；

3．指出用于标识和解决在检查和评审期间所发生的问题的工作规程。

附件 9　沟通管理的工作报告文档

项目工作周报表

1．本周完成的任务、进度计划与实际执行情况的比较。

序号	工作任务描述	进度计划	实际执行
1		天	天
2		天	天
3		天	天
4		天	天

2．本周的解决的技术问题、取得的技术描述、遇到的问题和解决办法。

3．本周未完成的任务及其原因。

4．下周工作任务、工作重点。

序号	工作任务描述	进度计划
1		天
2		天
3		天
4		天

5．工作建议或其他说明。

报告人：__________

报告时间：________

报告审阅意见：________________________________

审阅人：__________

审阅时间：________

每日的工作记录表

日期：　　年　　月　　日——　　年　　月　　日

备注：本报告必须在每周五下午下班前交

星期	实际工作内容描述	完成情况或存在的问题	备　注
一			
二			
三			
四			
五			
六			
日			

本报告作为考核员工的业绩的重要依据。

记录人：________

双周滚动计划举例

	日期	周	时间	工作任务	协调人	参与人
单元测试	～2008/09/07(第一周)	一 七	全天	单元测试并制作单元测试文档	各模块顾问	
系统配置	～2008/09/07(第一周)	一 七	全天	完成系统配置文档(后续阶段可随系统配置调整作相应修改)	各模块顾问	IT 人员
系统管理	2008/09/02～(自第一周起)	二	全天	系统管理 生产系统安装	Basis 顾问	IT 人员
权限	2008/09/04(第一周)	三		权限培训	Basis 顾问	IT 人员
权限	2008/09/08～2008/09/17(第二、三周)	一 三		权限需求定义		
开发	2008/09/01～2008/09/03(第一、二周)	一 三	全天	完成开发计划	ABAP 顾问	IT 人员、关键用户
开发	2008/09/04～(自第一周起)	四		开始报表、功能增强、接口、表单开发		
数据准备	～2008/09/19(至第三周)	一 五	全天	MM，FI/TR 完成静态、动态数据准备及导入策略整理并形成文档	各模块顾问	关键用户、IT 人员
项目例会	2003/09/04(第一周)	四	下午	项目例会	相关模块顾问	相关模块关键用户、IT 人员等项目组成员

附件 10　项目总结报告与验收报告

引言

本总结报告的目的在于对_______项目进行总结，向公司报告项目的成本、进度、完成情况、文档情况等内容。

本项目名称为_______，版本为_______，最终用户为_______。

本项目人员组成为：_______

本项目参考文件为：_______

项目结果

已完成产品

目前已完成的产品见下表(列出子系统)，主要针对软件产品。

子系统名称	阶段	原定成时间	实际完成时间	备注

现场实施情况总结

本项目包括现场、每个现场的负责人、实施情况、存在的问题、预计全部完成时间见下表。

产品文档

本项目目前产生的文档见下表。

文档名称	日期	责任人	份数	评审(Y/N)
开发计划				
质量计划				
配置管理计划				
需求规格说明书				
概要设计				
详细设计				

续表

文档名称	日期	责任人	份数	评审(Y/N)
操作手册				
测试计划				
测试报告				
现场测试记录				
配置管理报告				
设计确认				
顾客意见记录				
顾客意见处理记录				
顾客培训记录				
验收报告				

进度

成本

本项目目前已花费人力为___人月。

本项目出差费用为_______元。

目前存在的主要问题

顾客反映最大的三个问题为：

项目组成员反映最大的三个问题为：

项目功能中存在的主要问题为：

项目评价

项目效率的评价

项目管理的评价

经验与建议

文档编号		文档版本号	页数
		1.0	共 3 页
用户名称	某公司		

某公司 ERP 服务器及备份系统建设
用户验收报告

1．验收时间与地点

验收日期：2008 年 2 月 17 日

验收地点：某公司中心机房

2．验收组

用户方验收组成员：

用户方验收组长：

乙方公司验收组成员：

乙方公司验收组长：

3．验收性质

□初验　　　□终验

4．验收依据

文件名称	编　号	版本号/发布日期	编制/出版单位
合同书			
需求规格说明书			
硬件验收记录表			
系统集成测试报告			

5．验收内容

5.1　提交用户的文档清单

文档名称	验收情况	说　明
项目验收证书	□合格　□不合格	
用户验收报告	□合格　□不合格	
需求规格说明书	□合格　□不合格	
用户指南之 VERITAS 使用指南	□合格　□不合格	
用户指南之主机 CLUSTER 配置	□合格　□不合格	
系统集成测试报告	□合格　□不合格	
硬件验收记录表	□合格　□不合格	
硬件序列号登记表	□合格　□不合格	
用户培训记录表	□合格　□不合格	
用户培训签到记录	□合格　□不合格	
项目实施过程满意度调查	□合格　□不合格	
项目实施满意度调查	□合格　□不合格	

验收人员：　　　　　　　　　　验收时间：

5.2　系统验收

验 收 内 容	验 收 结 论	说　明
主机 CLUSTER 系统是否运行正常	□合格　□不合格	
VERITAS 备份软件是否运行正常	□合格　□不合格	

验收人员：　　　　　　　　　　　　验收时间：

6．系统整体验收结论

□通过验收。

□通过验收，但还需要需要解决下列问题：

验收中发现的问题及解决要求/方法(可附页)：

因为还有一台 PV 132T (LTO-2) 磁带库尚未安装，则在此进行备注说明：

某公司在需要安装磁带库的时候，必须提前 5 个工作日向乙方公司以 Email 和电话确认的方式提出安装要求。而乙方公司必须安排相应的技术人员到某公司进行安装调试。

□不通过验收。

用户方代表签字：　　　　　　　　　　　　乙方公司代表签字：

日期：　　　　　　　　　　　　　　　　　日期：

用户方盖章：　　　　　　　　　　　　　　乙方公司盖章：

附件11　新　技　术

1. SOA

SOA(Software-Oriented Architecture)，即面向服务架构。软件架构描述了软件系统的蓝图，即构成一个程序或系统的构件的结构，构件间的互联，以及管理构件的设计和演化的原则和指导。从技术上看，SOA代表了一种开放的、可扩展的、可联绑的、可组合的设计泛型，是软件构件技术在分布设计计算环境的自然延伸。SOA的基础设施是已有中间件平台的演化和发展，保留了传统架构的成功特征。

作为20世纪末最伟大的技术进步，Internet的发展和普及为人们提供了一种全球范围的信息基础设施，形成了一个资源丰富的计算平台，而以分布计算为代表的软件技术的发展和变革，正在深刻地影响着人类社会生活和工作的方式。以Internet为主干，各类局域网(有线网和无线网)局部设施，再加上各种信息处理设备和嵌入设备作为终端，构成了人类社会的虚拟映像，成为人们学习、生活和工作的必备环境。进入21世纪后，Internet平台得到进一步的快速发展与广泛应用，各种信息资源(运算资源、数据资源、软件资源、服务资源)数级增长。目前，三网合一和宽带接入等技术的发展，进一步促进了Internet的增长，Internet产业正在成为全球最大的产业。在开放、动态的Internet环境下，实现灵活的、可信的、协同的信息资源共享和利用已经成为信息化社会的重大需求。近年来，基于服务概念的资源封装和抽象逐渐成为资源发布、共享和应用协同的重要技术基础，由此产生了一种新的IT架构组织模式——SOA。

SOA的理念最初由全球最具权威的IT研究与顾问咨询公司Gartner于1996年提出，当时的定义是“A Service-oriented architecture is a style of multitier computing that helps organizations share logic and data among multiple applications and usage modes”。SOA当时未引起人们的真正关注，因此在接下来相当长一段时间内归于沉默。进入21世纪之后，Internet风起云涌，越来越多的企业将业务转移到互联网领域，带动了电子商务的蓬勃发展，为了能够将公司业务打包成独立的、具有强大伸缩性的可跨越Internet访问的服务，人们提出了Web服务的概念，这是SOA实践的真正发端。

SOA的出现和流行，是软件技术(特别是分布计算技术)发展到一定阶段的自然产物。软件技术的发展，遵循着自身的规律，驱动软件技术不断向前发展的核心动因之一是复杂性控制。回顾软件技术的发展历史，构成软件系统的基本元素——软件实体经历了从语句、函数、过程、模块、抽象数据类型、对象、构件等多个阶段。在软件技术的发展过程中，软件实体的主要发展趋势是主体化，即内容的自包含性、结构的独立性和实体的适应性。每一种新兴的软件技术的出现，都是为了应对当时最为紧要的某些复杂性控制问题，从而更好地去适应日益开放的开发与应用环境对软件的需求。

20世纪80年代以来，面向对象的方法获得了巨大成功。当面向对象的方法应用于大规模工业化软件生产环境时，出现了基于构件的软件开发方法(Component Based Software Development，CBSD)，通过组装预先定制好的软件构件来构造应用系统，从而有效地支持软件复用，CBSD体现了“购买而不是重新构造”的哲学。在构件技术逐步成熟的基础上，由于人们对更大力度软件复用和更灵活软件互操作所带来的业务敏捷性的高度关注，又导致了SOA的出现。作为SOA中最为核心的概念，服务是软件构件在开放、动态、多变的Internet环境下的一种自然扩展和延伸，它作为应用开发基本单元，能够快速、便捷、低耗地开发和组装应用系统，并有效地解决在分布、异构的环境中数据、应用和系统集成的问题。

简言之，SOA 是伴随着 Internet 以及分布计算技术的飞速发展而兴起的，是软件构件技术的直接后继阶段，属于整个软件技术一脉相承的技术体系，仍然遵循着软件技术发展的内在规律并为之所驱动。

SOA 是一个组件模型，它将应用程序的不同功能单元(称为服务)通过这些服务之间定义良好的接口和契约联系起来。接口是采用中立的方式进行定义的，它独立于实现该服务的硬件平台、操作系统和编程语言。这使得构建在这样的系统中的服务可以以一种统一和通用的方式进行交互。

SOA 是一种企业架构，因此它是从企业的需求开始的。但是，SOA 和其他企业架构方法的不同之处在于 SOA 提供的业务敏捷性。业务敏捷性是指企业对变更进行快速、有效地响应，并且利用变更来得到竞争优势的能力。对架构设计师来说，创建一个业务敏捷的架构意味着创建这样一个 IT 架构，它可以满足当前还未知的业务需求。要满足这种业务敏捷性，SOA 的实践必须遵循以下原则：

(1) 业务驱动服务，服务驱动技术：从本质上说，在抽象层次上，服务位于业务和技术之间。面向服务的架构设计师一方面必须理解业务需求和可以提供的服务之间的动态关系；另一方面同样要理解服务与提供这些服务的底层技术之间的关系。

(2) 业务敏捷是基本的业务需求。SOA 考虑的是下一个抽象层次：提供响应变化需求的能力是新的“元需求”，而不是一些业务上的固定不变的需求。硬件系统上的整个架构都必须满足业务敏捷的需求，因为在 SOA 中任何的瓶颈都会影响到整个 IT 环境的灵活性。

SOA 的体系结构提供了一种方法，通过这种方法，可以构建分布式系统来将应用程序功能作为服务提供给终端用户。其组成元素可以分成功能元素和服务质量元素。下图展示了 SOA 体系结构堆栈以及在一个面向服务的体系结构可能观察到的元素。

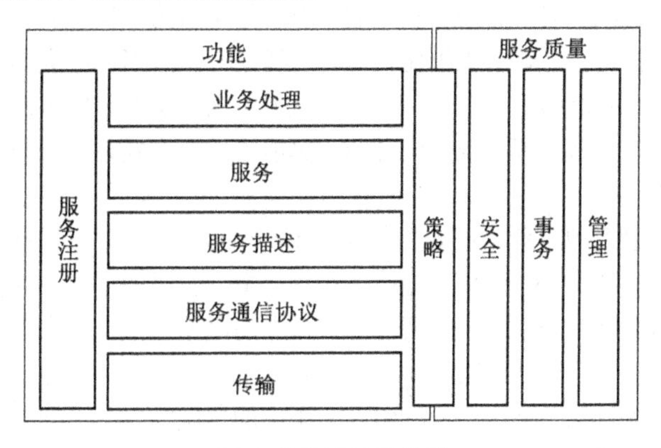

SOA 的体系结构元素

SOA 的良好业务影响：

(1) 敏捷性：SOA 支持更加快速地开发业务流程以及更加轻松地对业务流程进行改变，它可以使组织更迅速地适应他们业务环境的改变。这就转化为实际的市场优势，因为它能够使产品和服务比竞争对手更快速地推向市场。

(2) 一致性：业务与 IT 之间更加紧密的合作关系抛开了阻碍 IT 实现业务需求的传统阻碍。业务领域中的服务足迹是一项业务功能，并且用业务术语对其进行了描述。它实现的细节是隐藏的。

(3) 业务流程的改进：一般而言，任何 SOA 与业务流程的再次思考都是相关的。这种业务流程重构对优化组织运营业务的方式而言是一次机会。良好的重构工作能够使业务的运营效率得到显著提高。

(4) 灵活性：在 SOA 中坚持良好的软件工程实践能够提高 IT 对业务需求的响应。缩短了产品和服务的上市时间，降低了开发与改变流程的成本。

（5）数据统一：服务接口可提供统一数据特征的机会，以使服务接口使用遵照统一的数据模型的数据。

（6）运行监控：用于支持 SOA 的技术和原理使对业务流程的监控更加轻松。这种监控类型支持来自日常运行的反馈。该反馈可用来衡量组织对其战略目标的实现情况如何。

（7）利用操作平台：SOA 使用操作平台为服务提供业务功能。这意味着对现有系统的投资可通过将其重新包装到服务中来使用。

2．云计算

当前，全球 IT 产业正在经历着一场声势浩大的“云计算”浪潮。云计算(Cloud Computing)秉承“按需服务”的理念，狭义的云计算指 IT 基础设施(硬件、平台、软件)的交付和使用模式，广义的云计算指服务的交付和使用模式，即用户通过网络以按需、易扩展的方式获得所需的 IT 基础设施/服务。云计算是商业模式的创新，主要实现形式包括 SaaS、PaaS 和 IaaS。云计算和移动化是互联网的两大发展趋势。云计算为移动互联网的发展注入了动力。

随着数字技术和互联网的急速发展，特别是 Web 2.0 的发展，互联网上的数据量高速增长，导致了互联网数据处理能力的相对不足；但互联网上同样存在着大量处于闲置状态的计算设备和存储资源，如果能够将其聚合起来统一调度提供服务则可以大大提高其利用率，让更多的用户从中受益。目前，用户往往通过购置更多数量和/或更高性能的终端或者服务器来增加计算能力和存储资源，但是不断提高的技术更新速度与昂贵的设备价格常让人望而却步。如果用户能够通过高速互联网租用计算能力和存储资源，就可以大大减少对自有硬件资源的依赖，而不必为一次性支付大笔费用而烦恼。这正是云计算要实现的重要目标之一。通过虚拟化技术将资源进行整合形成庞大的计算与存储网络，用户只需要一台接入网络的终端就能够以相对低廉的价格获得所需的资源和服务而无需考虑其来源，这是一种典型的互联网服务方式。云计算实现了资源和计算能力的分布式共享，能够很好地应对当前互联网数据量高速增长的势头。

云计算这个概念的直接起源是亚马逊 EC2(Elastic Compute Cloud)产品和 Google-IBM 分布式计算项目。这两个项目直接使用到了“Cloud Computing”这个概念。之所以采用这样的表述形式，很大程度上是由于这两个项目与网络的关系十分密切，而“云”的形象又常常用来表示互联网。因此，云计算的原始含义即为将计算能力放在互联网上。当然，云计算发展至今，早已超越了其原始的概念。

云计算至今为止没有统一的定义，不同的组织从不同的角度给出了不同的定义，根据不完全的统计至少有 25 种以上。例如，Gartner 认为，云计算是一种使用网络技术并由 IT 使其具有可扩展性和弹性能力作为服务提供给多个外部用户的计算方式。美国国家标准与技术实验室对云计算的定义是：“云计算是一个提供便捷的通过互联网访问一个可定制的 IT 资源共享池能力的按使用量付费模式(IT 资源包括网络、服务器、存储、应用、服务)，这些资源能够快速部署，并只需要很少的管理工作或很少的与服务供应商的交互”。随着应用场景的变化和智能技术的发展，关于云计算的定义还在不断产生新的观点。

云计算将网络上分布的计算、存储、服务构件、网络软件等资源集中起来，基于资源虚拟化的方式，为用户提供方便快捷的服务，它可以实现计算与存储的分布式与并行处理。如果把“云”视为一个虚拟化的存储与计算资源池，那么云计算则是这个资源池基于网络平台为用户提供的数据存储和网络计算服务。互联网是最大的一片“云”，其上的各种计算机资源共同组成了若干庞大的数据中心及计算中心。

但是，云计算并不是一个简单的技术名词，并不仅仅意味着一项技术或一系列技术的组合。它所指向的是 IT 基础设施的交付和使用模式，即通过网络以按需、易扩展的方式获得所需的资源(硬件、平台、软件)。提供资源的网络被称为“云”。从更广泛的意义上来看，云计算是指服务的交付和使用模式，即通过网络以按需、易扩展的方式获得所需的服务，这种服务可以是IT基础设施(硬件、平台、软件)，也可以是任意其他的服务。无论是狭义还是广义，云计算所秉承的核心理念是“按需服务”，就像人们使用水、电、天然气等资源的方式一样。这也是云计算对于ICT领域乃至于人类社会发展最重要的意义所在。

云计算的主要特征有：

- 具有“作为服务”交付的能力；
- 以高度可扩展的弹性方式交付服务；
- 利用因特网技术和方法来开发和交付服务；
- 资源虚拟化及资源的自动管理与配置；
- 可实现海量数据的分布式并行处理；
- 低成本并对用户透明。

云计算的工作原理是，在典型的云计算模式中，用户通过终端接入网络，向“云”提出需求；“云”接受请求后组织资源，通过网络为“端”提供服务。用户终端的功能可以大大简化，诸多复杂的计算与处理过程都将转移到终端背后的“云”上去完成。用户所需的应用程序并不需要运行在用户的个人电脑、手机等终端设备上，而是运行在互联网的大规模服务器集群中；用户所处理的数据也无需存储在本地，而是保存在互联网上的数据中心里。提供云计算服务的企业负责这些数据中心和服务器正常运转的管理和维护，并保证为用户提供足够强的计算能力和足够大的存储空间。在任何时间和任何地点，用户只要能够连接至互联网，就可以访问云，实现随需随用。

云计算的关键技术是，随着处理器技术、虚拟化技术、分布式存储技术、宽带互联网技术和自动化管理技术的发展而产生的。从技术层面上讲，云计算基本功能的实现取决于两个关键的因素，一个是数据的存储能力，另一个是分布式的计算能力。因此，云计算中的“云”可以再细分为“存储云”和“计算云”，即“云计算=存储云+计算云”。存储云：大规模的分布式存储系统；计算云：资源虚拟化+并行计算。

并行计算的作用是首先将大型的计算任务拆分，然后再派发到云中节点进行分布式并行计算，最终将结果收集后统一整理，如排序、合并等。虚拟化最主要的意义是用更少的资源做更多的事。

在计算云中引入虚拟化技术，就是力求能够在较少的服务器上运行更多的并行计算，对云计算中所应用到的资源进行快速而优化的配置等。

3. 物联网

所谓的物联网(Internet Of Things，IOT)，简单说就是把任何物品与因特网连接起来。

例如大陆的家电厂商海尔发布了世界上首台的“物联网冰箱”。这款新冰箱不仅可以储存食物，而且也可显示冰箱食物的保鲜期、食物特征、产地等信息，同时还和超市相连，让消费者足不出户，就可知道超市货架上的商品信息，并根据主人放入及取出冰箱内食物的习惯，制定合理的膳食方案，给消费者的生活带来全新的享受与体验。

如果把IOT的概念浓缩成一句话，那就是先前中国移动总裁王建宙所讲的“全面感知、可靠传递、智慧处理”。拓墣产业研究所进一步解释，全面感知就如海尔集团将其所有生产的家电产品装上传感器；可靠传输就要靠3G行动网络的完整布建及升级优化，再加上多元的无线通信网路，如Zigbee与WiFi等；智能处理则需要专业的感测知识，还有国家云端中心与物联网信息处理中心的完善运作。

物联网的架构如下图所示。

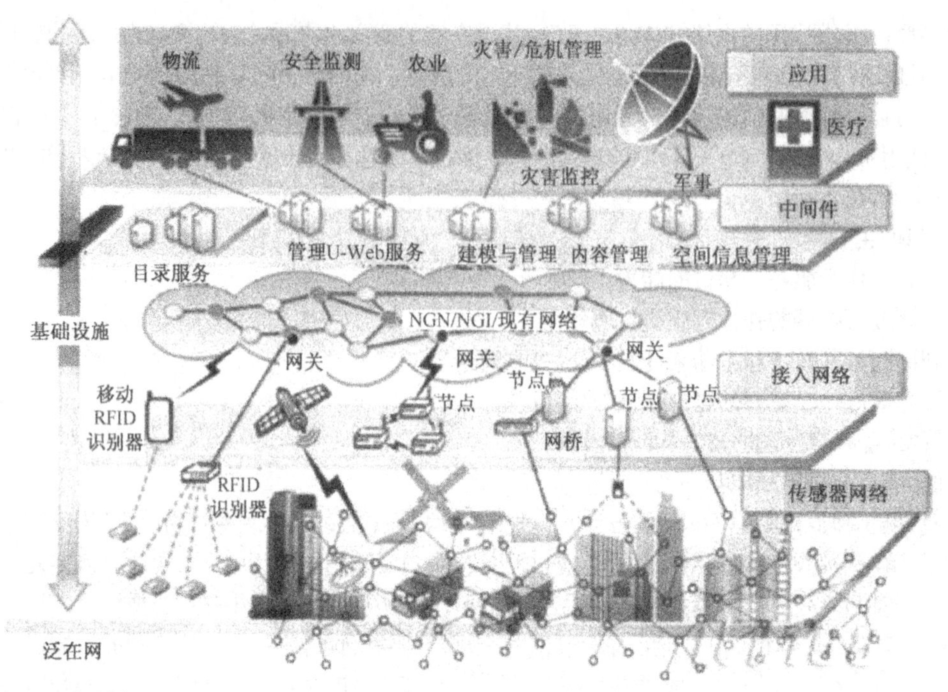

它由三层架构组成：

- D-Device：嵌入在现有的各类物体或环境中的智能装置，具备传感、控制、标识、通信、简单数据处理等一项或多项功能。
- C-Connect：包括与末端智能装置完成各类传感通信的智能控制设备，以及可以用来联入互联网的各类通信网络。
- M-Manager：包括完成各类基础服务的中间件和完成具体业务管理的应用软件。

物联网的三大特征是：

- 全面感知。对物理世界全方位探测、识别、定位、跟踪和监控等，具有大量感知节点、大数据量、实时数据、多维度数据等特点；
- 可靠传递。根据应用特点、应用环境选择一种或多种最佳通信方式，具有多种传感通信方式和联网方式并存的特点；
- 智能处理。具备海量数据智能分析决策和不断学习的能力，具备实时响应和远程控制能力，具备大范围信息共享和发布能力，对性能处理要求高。

实验1　用Visio制作软件项目相关图形

背景介绍：在软件项目中，通常需要使用建模工具绘制各种图形，如业务流程图、组织结构图、物理结构图等，本实验用微软的建模工具Visio 2007简体中文版来绘制各种图形。

实验工具：Visio 2007简体中文版。

实验内容：

1．安装Visio 2007简体中文版。

2．熟悉Visio 2007的使用，菜单，工具条，工具内置的各种形状。

3．按下图样式，分别绘制相应的图形。

3.1　某软件项目的组织结构

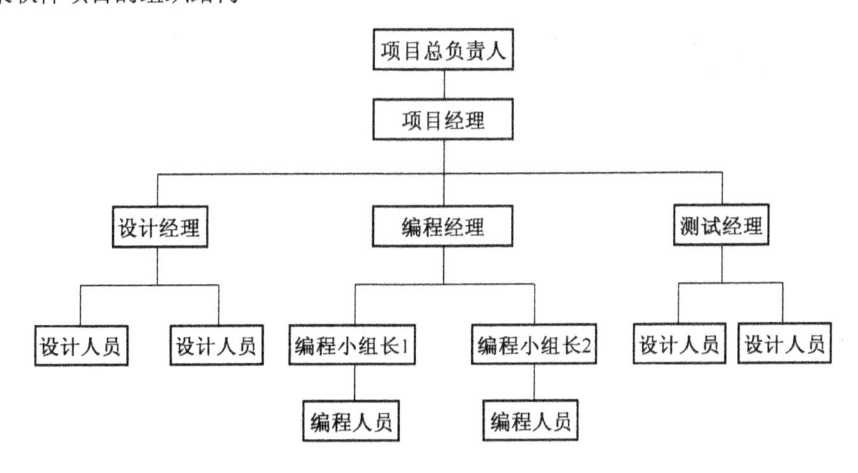

3.2　某集团OA项目系统架构简

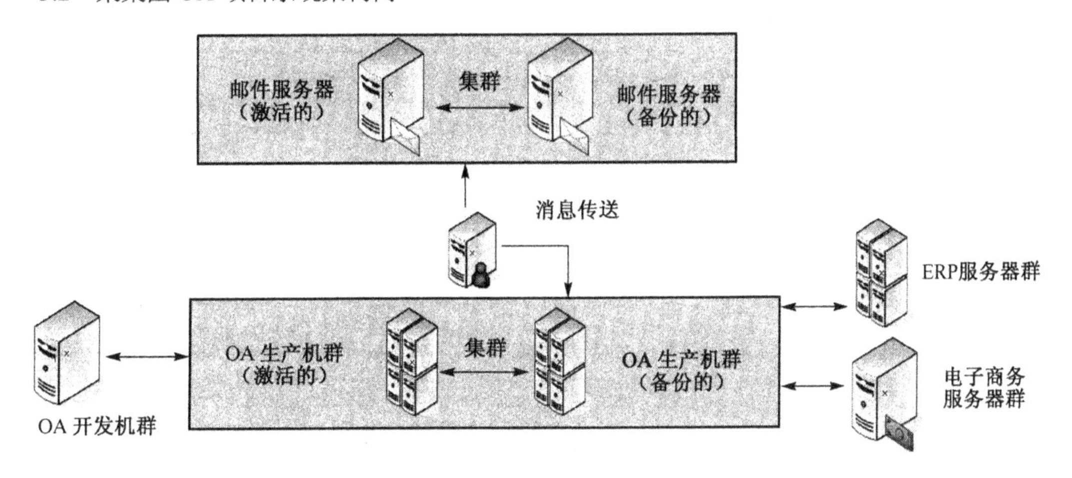

3.3 某OA项目的响应速度鱼骨图分析(服务器端)

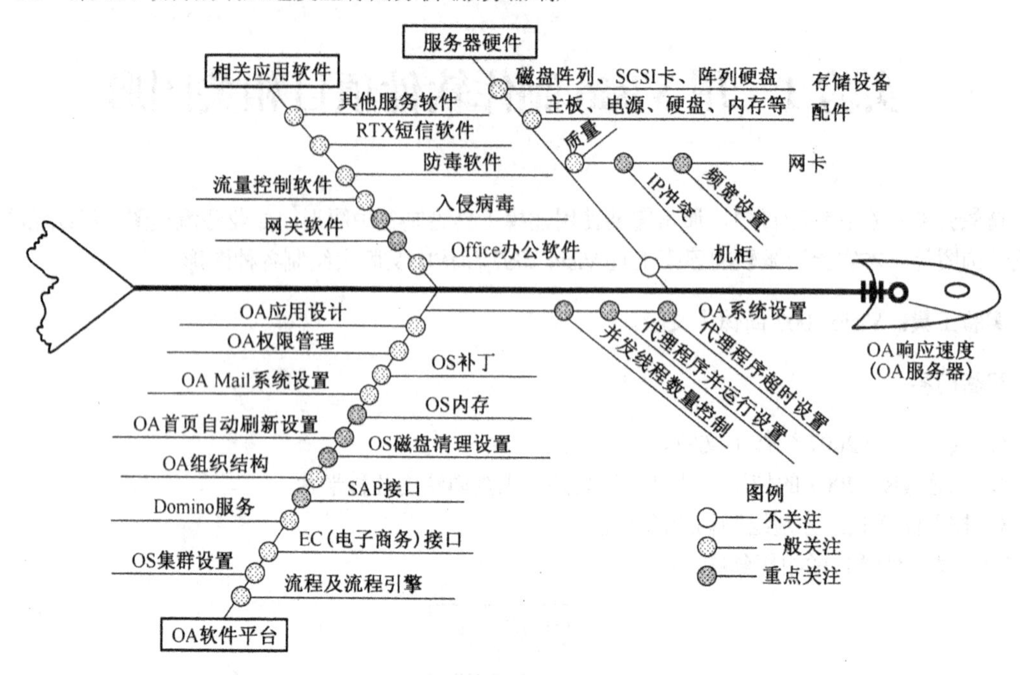

实验 2　Visio 制作业务流程图

背景介绍：在软件项目中，业务流程图用于描述系统的需求和某类业务工作流程中的各个环节，表示出一个组织的各部门协同作业情形。在信息系统中，业务流程图是开发软件的基础性工作。

实验工具：Visio 2007 简体中文版。

实验内容：按下图编制。

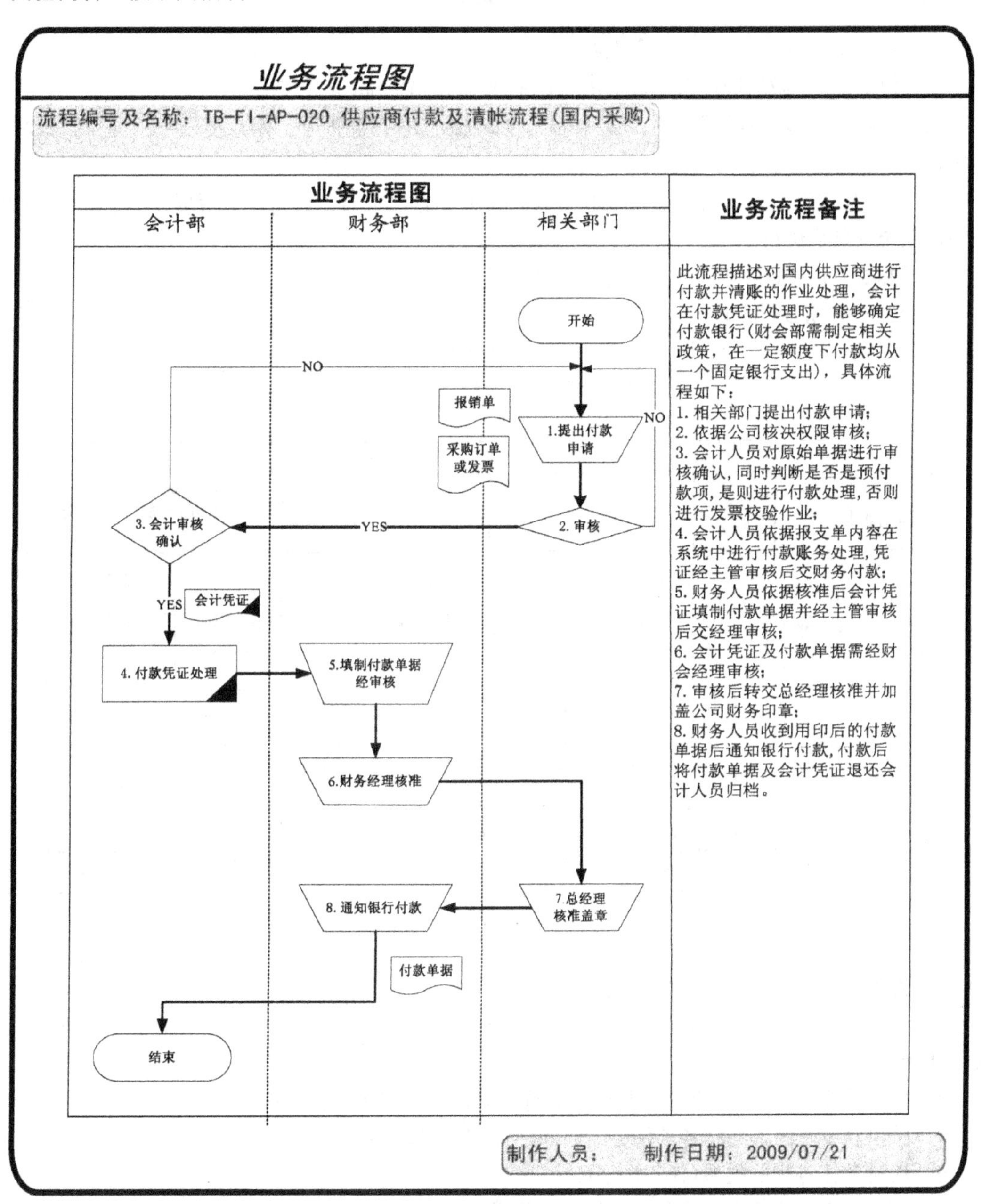

实验 3　用 Project 编制软件项目进度计划表

背景介绍：在软件项目中，Project 工具可用于分解任务、任务排序、编制项目进度计划和资源分配等。

实验工具：Project 2007 简体中文版。

实验背景：某公司的管理信息系统开发背景说明。

1．系统功能：邮件系统、财务系统。

2．使用平台：微软操作系统、SQL Server 数据库、Delphi 开发工具。

3．资源名称：项目经理金铭、项目助理胡军、系统管理员刘刚、网管员杨超、项目组成员张明、李伟、王军、刘志伟、林梅等。

4．约束与假设：机房网络设备重新布置，购买 2 台服务器。设备订货后要 1 个月才能到货。培训须在系统安装后进行。

5．要求时间：2009 年 3 月 1 日至 9 月 30 日。

系统开发的 WBS 图如下：

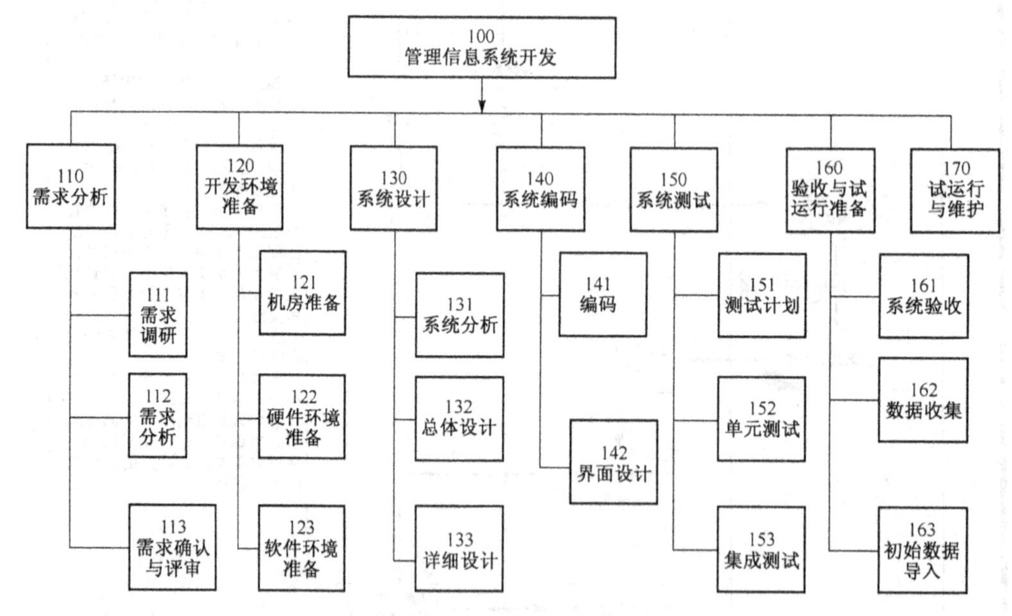

实验内容和步骤：

1．熟悉 Project 2007 简体中文版的使用。

2．先建立项目的资源表(包括人员和电脑等设备，对资源进行分组)，创建任务甘特图时从资源表中选择。

3．任务的建立在上述 WBS 图基础上进行分解，任务层级共分三级。

4．按项目要求时间进行各项任务的时间估计(开始和结束)。

5．明确各任务间的关系(任务排序)。

6．充分利用“备注”栏信息，对任务进行说明。

参 考 文 献

[1] 徐学军, 邹明信. 中国管理信息化研究[J]. 中国管理信息化, 2006, 9(1): 13-17.
[2] PETER ELEES 著, 尤克滨译. 敏捷与秩序-RUP 最佳实践[M]. 北京: 机械工业出版社, 2004.
[3] GARY POLLICE, 小型团队软件开发以 RUP 为中心的方法[M]. 北京: 中国电力出版社, 2004.
[4] 雷剑文. 超越传统的软件开发—极限编程的幻想与真实[M]. 北京: 电子工业出版社, 2005.
[5] KentBeck. 解析极限编程——拥抱变化[M]. 北京: 中国电力出版社, 2005.
[6] Watts S. Humphrey 著, 袁昱译. 小组软件开发过程[M]. 北京: 人民邮电出版社, 2000.
[7] Watts S. Humphrey 著, 吴超英等译. 个体软件开发过程[M]. 北京: 人民邮电出版社, 2001.
[8] 马子麟. 项目管理与全面质量管理[J]. 管理科学文摘, 1998, 2: 13-14.
[9] 杨律青. 基于 SAP 的项目风险管理[J]. 数字石油与化工, 中国石油和化学工业协会, 2007, 1: 198-199.
[10] 理查德・默奇, 简学译. IT 项目经理实践[M]. 北京: 电子工业出版社, 2001.
[11] 艾伦·埃斯克林著, 牛佳等译. 技术获取型项目管理——购买企业的未来[M]. 北京: 电子工业出版社, 2002.
[12] 靳慧俐. ISO9001 与软件工程质量体系[J]. 计算机系统应用, 1997, (8): 12-16.
[13] 白思俊主编. 现代项目管理(下)[M]. 北京: 机械工业出版社, 2002.
[14] 凯西·施瓦尔贝著, 王金玉, 时彬译. IT 项目管理[M]. 北京: 机械工业出版社, 2002.
[15] 韩万江 姜立新. 软件开发项目管理. 北京: 机械工业出版社, 2004.
[16] 杨律青. 基于 SAP 的 ERP 项目风险管理[J], 管理学报, 2006, (5)190-191.
[17] 丛书编委会. Project 2000 项目管理考前辅导[M]. 北京: 中国电力出版社, 2002.
[18] 楼渐君. 软件项目风险因素与项目产出的关系研究[D]. 浙江大学硕士学位论文, 2004.
[19] 叶柱秋, 姜云飞, 毛明志. 软件开发中的风险评估及其实践[J]. 计算机工程与应用, 2005, 41(28): 100-103.
[20] 方德英, 寇纪淞, 李敏强. 基于实物期权的 IT 项目开发风险决策方法[J]. 中国软科学, 2004, 2: 141-145.
[21] Boehm, B. W. Software Risk Manangement[M], IEEE Computer Society Press, 1989.
[22] Remenyi, D., 杨爱华等译. 运用风险管理终止 IT 项目失败[M]. 北京: 机械工业出版社, 2002.
[23] 张珞玲, 李师贤. 软件项目风险管理方法比较和研究[J]. 计算机工程, 2003, 29(3): 91-94.
[24] 汪卫民, 黄磊. 软件项目的风险管理[J]. 价值工程, 2004, 1: 126-128
[25] 杨律青. 面向风险的企业应用软件项目管理模型与方法研究[D]. 华中科技大学博士学位论文, 2005.
[26] 卢新元. 基于粗糙集的 IT 项目风险决策规则挖掘研究[D]. 华中科技大学博士学位论文, 2005.
[27] 张金隆. 现化管理信息技术[M]. 武汉: 华中理工大学出版社, 1995.
[28] 西曼著, 石坚燕译. SAP NetWeaver-SAP 新一代业务平台[M]. 北京: 东方出版社,2005.
[29] 张海藩. 软件工程导论(第三版)[M]. 北京: 清华大学出版社, 1998.
[30] 斯蒂芬 A. 金克拉夫茹,海燕,周燕译. 实施六西格玛的第一个 90 天[M]. 北京: 机械工业出版社, 2008.
[31] 马林. 六西格玛管理[M]. 北京: 人民大学出版社, 2004.
[32] 杨律青. 基于 SAP 的 ERP 项目风险管理[J]. 管理学报, 2005, (2): 194-196.
[33] 项目管理考前辅导丛书编委会. Project 2000[M]. 北京: 中国电力出版社, 2002.
[34] Roger S. Pressman 著, 郑人译. 软件工程-实践者的研究方法(原书第 6 版)[M]. 北京: 机械工业出版社, 2007.
[35] 西曼著, 王天扬等译. SAP 最佳业务实践[M]. 北京: 东方出版社, 2005.

[36] SOA 国际标准组织. SOA 国际标准[J]. 程序员大本营, 2007, 5: 12-15.

[37] Joseph Raynus 著, 邱仲潘等译. CMM 软件过程改进指南[M]. 北京: 电子工业出版社, 2002.

[38] 刁成嘉. 软件工程导论[M]. 天津: 南开大学出版社, 2006.

[39] 张岩波主编. 项目经理管理工具箱[M]. 北京: 中国纺织出版社, 2007.

[40] 林子禹. 基于 WEB 与组件技术的企业应用系统设计模型[J]. 计算机工程与应用, 2000, 6(1): 43-45.

[41] Plexousakis, M. K. D. A formal framework for business process modeling and design[J]. Information Systems Research, 2002, 27(5): 299-319.